Windows 2000, XP, Vista, 7
(Excel 2000~2003, 2007, 2010 対応)

Excelでここまでできる実験計画法

一元配置実験から直交配列表実験まで

森田　浩
今里　健一郎
奥村　清志　著

- 一元配置実験
- 二元配置実験
- 多元配置実験
- 2水準系直交配列表実験
- 3水準系直交配列表実験
- 多水準法と擬水準法
- 乱塊法と分割法
- 11のExcel解析

日本規格協会

Microsoft, Excel は米マイクロソフト社の登録商標です．
本書中では，™，® マークは明記しておりません．

はじめに

　ものづくりに携わる方は，生産の工程がよい状態に維持されているかどうか，製品の特性値について最適な状態を作り出すにはどのような条件でつくり込めばよいのかなど，日々，検討して努力されていることでしょう．

　こうした検討において，統計を少し勉強された方々は，統計的手法を活用すれば，母集団である全体の状態をサンプルから推測することができることをご存じであろうと思います．この統計的手法の一つに実験計画法というものがあり，この手法を使うことによってコントロールできる要因をどのような値にすれば，結果としての特性値を最適にできるのかということを知ることができます．しかし，この実験計画法を使って解析を行うには，高度な知識と計算能力が必要になってきますので，なかなか活用するに至っていないという方が多いのではないでしょうか．さらに，この手法は要因の条件によっていろいろな実験方法があり，どれを使えばいいのかわからないと悩む方も多いことでしょう．

　そこで本書では，実験計画法とはどういうもので，どんな場面で使うのか，事例を挙げながら活用の全体像をやさしく解説し，その上で実験計画法のタイプごとに，基礎理論と解析手法を解説しています．本書のねらいは，実験計画法は難しい，あるいは，使い方で悩むことが多いと感じておられる方々が，Excelで気軽に実験計画法に取り組めるようにすることです．

　まず第Ⅰ部で「実験計画法とは」とし，実験計画の概要と実験を進める基本的な流れを図解で解説しています．さらに，実験計画法で使われる用語もわかりやすく解説しています．第Ⅱ部では「実験計画法解析」とし，一元配置実験から直交配列表実験まで解析のアルゴリズム，解析例を解説し，11のExcel解析の操作手順を誰でも使えるように解説しています．紹介する手法には，多水準法，擬水準法，乱塊法，分割法なども取り入れています．第Ⅲ部では「実験計画法活用事例」とし，企業で取り組まれた実験計画法の設計から解析までのプロセスを紹介しています．

　使用するExcelは，2010，2007を基本に解説し，従来のExcel 2003にも対応できるように，Excel 2010，2007と異なるポイントは，適時，解説を加えています．本来Excelがもっている基本機能（グラフ，計算，関数，分析ツールなど）のみを使用し，特別なプログラム（ベーシック，アドイン）は一切使用していませんので，お持ちのパソコンですぐに解析を始めることができます．

　本書の出版に際し企画を強力に進めていただいた日本規格協会中泉純氏，伊藤朋弘氏並びにさちクリエイト佐野智子氏をはじめ，多くの方々のご尽力およびご意見をいただ

きましたことお礼申し上げます．さらに，この本を読んでいただいた方から，ご意見などがいただけますことを心待ちにしております．

2011年9月

著者一同

目　　次

はじめに …………………………………………………………………………………… 3

第Ⅰ部　実験計画法とは

第1章　最適解を求める実験計画法 ………………………………………… 11

1.1　実験計画法とは ………………………………………………………… 11
1.2　ばらつきから意味のある情報を引き出す実験計画法 ……………… 16
1.3　実験計画法を知るために ……………………………………………… 20

第2章　実験計画法を進めるにあたって …………………………………… 33

2.1　実験を計画するにあたって …………………………………………… 33
2.2　フィッシャーの三原則 ………………………………………………… 35
2.3　配置実験 ………………………………………………………………… 37
2.4　実験方法 ………………………………………………………………… 39
2.5　実験計画法の実施手順 ………………………………………………… 43

第3章　Excelによる統計解析の基本操作 ………………………………… 47

3.1　Excel関数による統計量の計算 ……………………………………… 47
3.2　Excel関数による分布表の確率を求める方法 ……………………… 53
3.3　Excel「分析ツール」による統計解析の実行 ……………………… 58
3.4　Excel「グラフ機能」によるデータのグラフ化 …………………… 62

第Ⅱ部　実験計画法解析

第4章　一元配置法 …………………………………………………………… 69

4.1　一元配置実験 …………………………………………………………… 69
4.2　一元配置法の解析例 …………………………………………………… 77

Excel 解析 1　一元配置法 ·· *79*

▶第 5 章　二元配置法 ·· *89*

5.1　二元配置実験 ·· *89*
5.2　繰り返しのある二元配置法の解析例 ·· *94*
　　　Excel 解析 2　繰り返しのある二元配置法 ·· *97*
5.3　交互作用のプーリング ·· *105*
5.4　交互作用がないときの最適水準と母平均の推定 ·· *106*
5.5　母平均の差の推定 ·· *108*
5.6　繰り返しのない二元配置実験 ·· *109*
5.7　繰り返しのない二元配置法の解析例 ·· *110*
　　　Excel 解析 3　繰り返しのない二元配置法 ·· *113*

▶第 6 章　多元配置法 ·· *121*

6.1　多元配置実験 ·· *121*
6.2　三元配置法の解析例 ·· *125*
　　　Excel 解析 4　三元配置法 ·· *130*

▶第 7 章　2 水準系直交配列表実験 ·· *139*

7.1　直交配列表による実験の計画 ·· *139*
7.2　2 水準系直交配列表実験の解析例 ·· *147*
　　　Excel 解析 5　2 水準系直交配列表実験 ·· *150*

▶第 8 章　3 水準系直交配列表実験 ·· *157*

8.1　3 水準系直交配列表 ·· *157*
8.2　3 水準系直交配列表実験の解析例 ·· *161*
　　　Excel 解析 6　3 水準系直交配列表実験 ·· *165*

▶第 9 章　多水準法と擬水準法 ·· *173*

9.1　いろいろな水準数の因子による実験 ·· *173*
9.2　多水準法による 4 水準因子の割り付け ·· *174*
9.3　擬水準法による 2 水準因子の割り付け ·· *175*
9.4　多水準法と擬水準法による 3 水準因子の割り付け ·· *177*
9.5　多水準法と擬水準法による直交配列表実験の解析例 ·· *177*
　　　Excel 解析 7　多水準法と擬水準法 ·· *182*

第10章　乱塊法と分割法 …… *191*

- 10.1　実験の効率化 …… *191*
- 10.2　乱塊法 …… *191*
- 10.3　乱塊法による解析例 …… *195*
  - **Excel 解析 8**　乱塊法 …… *199*
- 10.4　分割法 …… *203*
- 10.5　分割実験の解析 …… *203*
- 10.6　分割法の解析例 …… *212*
  - **Excel 解析 9**　分割法 …… *219*
- 10.7　直交配列表実験の分割 …… *226*
- 10.8　直交配列表実験における分割法の解析例 …… *229*
  - **Excel 解析 10**　直交配列表実験による分割法 …… *235*
- 10.9　実験の繰り返しと測定の繰り返し …… *244*
- 10.10　測定を繰り返した直交配列表実験の解析例 …… *246*
  - **Excel 解析 11**　測定を繰り返した直交配列表実験 …… *250*

第III部　実験計画法活用事例

第11章　企業における実験計画法の活用事例 …… *259*

- 11.1　日本ガイシ株式会社—燃料電池の開発 …… *259*
- 11.2　開発のねらいと技術課題 …… *260*
- 11.3　技術課題に対する背景理論 …… *261*
- 11.4　課題解決のための仮説 …… *263*
- 11.5　課題解決の進め方と実験計画法の利点 …… *264*
- 11.6　実験計画法の実施 …… *266*
- 11.7　実験計画法の活用にあたって大切なこと …… *276*

索　引 …… *279*

Excel 解析目次

Excel 解析 1　一元配置法 ································	79
Excel 解析 2　繰り返しのある二元配置法 ················	97
Excel 解析 3　繰り返しのない二元配置法 ················	113
Excel 解析 4　三元配置法 ································	130
Excel 解析 5　2 水準系直交配列表実験 ················	150
Excel 解析 6　3 水準系直交配列表実験 ················	165
Excel 解析 7　多水準法と擬水準法 ·····················	182
Excel 解析 8　乱塊法 ····································	199
Excel 解析 9　分割法 ····································	219
Excel 解析 10　直交配列表実験による分割法 ···········	235
Excel 解析 11　測定を繰り返した直交配列表実験 ·······	250

コラム目次

コラム 1　何を捨て，何を取っておくか？ ················	46
コラム 2　現場で感じとる ·································	66
コラム 3　比較の人生 ····································	88
コラム 4　分ければわかる ································	138
コラム 5　正しいかどうかより好ましいかどうか ·········	190
コラム 6　平均値とは実体のない数字 ···················	278

第 I 部

実験計画法とは

第 I 部では，実験計画法はどのような解析であり，どのような場面で活用されているのかを紹介します．また，実験計画法を進めるにあたって，ネックとなる用語を解説しています．そして，実際に Excel で解析するのに基本となる機能の解説と操作手順を図解で示します．

第1章 最適解を求める実験計画法

1.1 実験計画法とは

1.1.1 実験計画法とは

実験計画法とは，英国の統計学者フィッシャーによって作り出されたもので，統計的手法を活用して，少ない実験回数で実験の効果を上げる手法である．

実験の際の測定対象となるものに，問題となっている現象や結果を表す**特性**がある．その特性のもつ性質を調べたり，特性を改善する方策を見つけたりすることが，実験の目的である．

特性に影響を及ぼしている**要因**はいろいろと考えられる．このとき，どの要因が特性に影響を与えているのか，もし影響を与えているならその要因をどうすると特性がよくなるのか，そのときの特性値はいくらになるのかなど，要因と特性との関係を明らかにする必要がある．そのためには要因をいろいろと変化させてデータをとり，解析することになる．しかし，いい加減な設定でデータをとったのでは上で述べたようなことはわからない．これらの結果を精度よく効率的に得られるように，計画的にデータを採取し，そのデータの適切な解析方法を与えるのが実験計画法である（図1.1）．

実際には，真の特性値は，実験や観測で得られたデータから推し測ることになる．こ

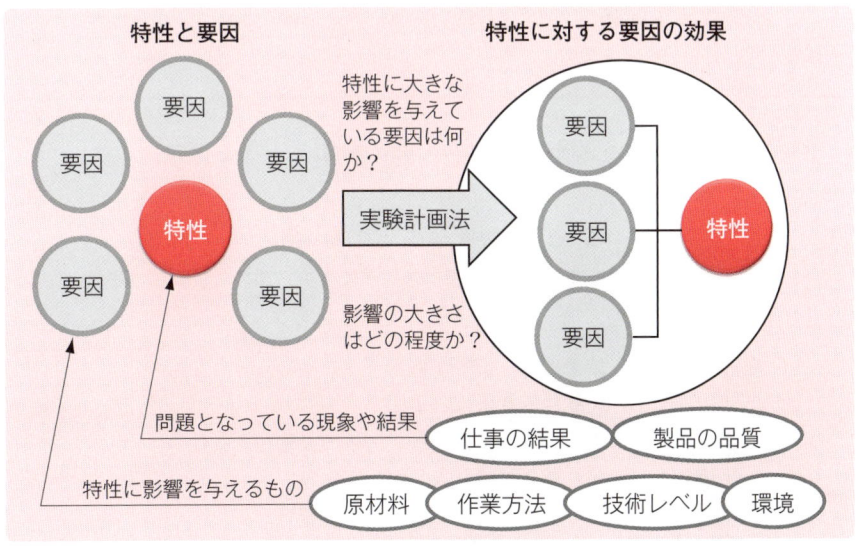

図1.1 実験計画法とは

こで使われるのが統計的推測である．これによってどんな要因が影響を及ぼしているか，客観的な基準で判断することができる．実験計画法は，品質管理，医学，工学，心理学，マーケティングや社会科学などの幅広い分野で活用されている（図1.2）．

設計・開発	生産準備	生産	技術
●設計条件の確立 ●試作実験の問題解消	●詳細設計条件の決定 ●量産時の問題解消	●工法，製法の最適化 ●品質不良の原因追究	●技術を定量的に把握 ●生産技術レベルの向上

図1.2 製造業における実験計画法の適用場面

特性にはさまざまな要因が絡み合っている．この影響具合を知るための実験を適切に計画するのは簡単ではない．実験の回数が多くなったり，無駄な実験に労力を費やしたりするのは避けたいところである．実験計画法とは，どのようにして効率的にデータをとるのか，得られたデータをどう解析するのかに対する明快な回答を示してくれる統計的手法である．

◀ 実験計画法とは ▶

実験計画法とは，
　　　どの要因が特性に影響を与えているのか
その要因が特性に影響を与えているなら，
　　　どのような値に設定すれば最適な特性値が得られるのか
を知ることができる手法である．そのために，
　　　どのようにデータをとればよいかの計画を立て
　　　データを収集し
　　　どのように解析すればよいのか
と進めていくものである．

なお，実験計画法で使われる主な用語と内容の説明を表1.1に示す．

表1.1 実験計画法で使われる用語

用　語	説　明
特　性	結果として現れる製品の品質
要　因	結果に対し影響がある，またはありそうなもの
因　子	実験に取り上げる要因
水　準	実験を行うにあたって因子の設定した条件
繰り返し	同じ条件で繰り返して行う実験
主効果	取り上げた因子のもたらす影響
交互作用	複数の因子の組合せで発生する効果

●シーン1　新製品の特性値と要因の最適値検討（設計・開発）

　ある素材メーカーで耐薬品性に優れている素材の開発を行っていた．現在，耐酸性度にムラがあることがネックになっていた．そこで，原材料である樹脂を3種類選定し，添加物を2種類用意し，どの組合せが耐酸性度を一番引き上げるか調べることになった．

　この場合，結果としての特性は「耐酸性度」であり，要因は「原材料」と「添加物」の2因子である．実験の組合せは，3水準×2水準であるが，原材料と添加物には交互作用がありそうだということが他の実験結果から予想されている．そこで，3水準×2水準×2回（繰り返し）＝12回の実験を行うこととした．

　その結果，A社の原材料とB社の添加物を使うと耐酸性度が一番高くなることがわかり，次の開発検討会で報告することにした．

●シーン2　合理化による原材料メーカーの検討（生産準備）

　ある原材料製造メーカーで合理化を図るため，製造機械を入れ替えることとなった．今回，導入するシステムは，コンパクトでありメンテナンスがしやすいという利点をもっているが，本来の製品品質が保証されるかどうかを検討することとなった．

　ここで重要となる製品品質の一つは，電気抵抗値である．最適な電気抵抗値を得るため，製造ラインで制御している条件の中で特に重要なものとして，「炭素含有量」「攪拌時間」「印荷電圧」など五つの条件が挙げられた．そこで，電気抵抗値を特性として，製造条件である五つを因子とし，実験を行った．ここで，因子と水準のすべての組合せでは多くの実験回数が予想されることから，直交配列表により最小の実験回数で結果を得る方法を採用した．

●シーン3　不良品の発生防止の検討（生産）

　ある部品メーカーの製造ラインにおいて，電気部品のセラミックスの強度不足によるトラブルが発生していた．そこで，強度不足の要因を特性要因図で検討したところ，焼成工程における「加熱温度」と「加熱時間」が重要な要因であることがわかった．

　強度不足が起こらないようにするために，加熱温度と加熱時間の最適値を検討することにした．そこで，この二つの因子について現状水準と望ましいと思われる水準の二つを水準として設定し，実験をすることとなった．ここで，2因子×2水準×2回（繰り返し）＝8回の実験を行い，それぞれの強度を測った．その結果，繰り返しありの二元配置実験を行い，強度に対する最適条件を求め，加熱温度を少し低めに設定を変更することにした．その後，セラミックスの強度不足は，発生していない．

●シーン4　お客様クレームに対応（技術）

　ある日，得意先に納入した製品が強度不足で鋼材が折れたというトラブルが発生した．お客様からのクレームに対し，営業部長は早速工場に飛んでいき関係者を集めて対策会議を始めた．

　関係者が集まって，この製品の強度に関連する要因を特性要因図で整理した．製造ラインからは製造工程における問題，技術からは原材料における問題，出荷部門からは梱包・搬送における問題などが挙げられた．いろいろな議論の結果，日々の管理データなどから，最近変更した原材料に問題がありそうだということがそこでわかった．技術部門は製品強度を最適にする原材料の選定を実験計画法を使って検討することになった．

1.1.2 特性と要因

　特性と要因の関係を調べるには，要因をいろいろと変えてデータをとって統計的な解析を行えばよい．しかし，適当な設定でデータをとったのでは適切な解析結果は得られない．実験計画法は，精度の高い結果を効率的に得られるようなデータの採取方法を計画し，その適切な解析結果を与えるものである．

　特性とは，製品のもっている機能や特徴を数値で表した品質指標である．寸法や重量，強度などの力学的特性や，耐電圧や抵抗値などの電気的特性，酸性度や水分含有率などの化学的特性などが挙げられる．

　要因とは，これらの特性に影響がある，または影響がありそうなものをいう．

　製品は原材料を人と機械で加工して作られる．そのため，特性となる品質は，仕事のプロセスによって作り込まれる．このプロセスの各要素が要因である．仕事のプロセスには，通常次の四つが考えられる．

① その仕事に従事する人たちのレベル（人：Man）
② 製造する機械や業務を進める処理システム（機械：Machine）
③ 取り扱う原材料や書類（材料：Material）
④ その仕事のやり方（方法：Method）

　この四つの頭文字，Man（人），Machine（機械），Material（材料），Method（方法）をとって 4M という．この 4M を管理することによって，よい製品を生み出すことができる．さらに，Environment（環境）を取り入れて，4M＋1E で要因を考えていくこともある（図 1.3）．

図 1.3　仕事の 4M＋1E

　特性に影響のありそうな要因を抽出するとき，特性要因図を活用すると抜けがなく，要因の整理ができる．

　特性要因図は，1951 年に原因を議論するのに使ったのが始まりだといわれている．故石川馨博士が，1963 年の仙台 QC サークル大会特別講演において次のように述べている．「ちょうどいまから 12 年前にはじめてこれ（特性要因図）を現場で使ってみました．神戸の川崎製鉄の葺合工場でみんな議論ばかりしていて原因が多く，思想統一がされていない．当時，工場長をやっておられた桑田さんや QC 推進者の蒲田君などと相談して，みんな口で議論しているばかりでなく特性要因図を作ってみようじゃないかと

いうので全工場で作ってみたわけです．ところが非常に効果がありました」．（出典：『現場とQC』1963年，No.7）

結果としての品質特性と，その品質を作り込む要因の関係を表した図という意味から「特性要因図」と呼ばれるようになった．学名は，「Cause and effect diagram, ishikawa diagram」であるが，その形が魚の頭に骨を付けたものに似ていることから，「フィッシュボーン：fishbone diagram（魚の骨）」と呼ばれるようになり，各要因を「大骨」「中骨」「小骨」と呼ぶようになった．

電気材料を製造している現場で，その材料の電気抵抗値が問題となった．そこで，特性を「電気抵抗値」と設定し，電気抵抗値に影響する，または影響が予想される要因を4Mで検討した．ここでの4Mとは，「原材料」「製造機械」「作業者」「製造方法」である．これが大骨である．この大骨ごとに「中骨」「小骨」と展開して作成された特性要因図を図1.4に示す．

この図から，炭素含有量，鋼材メーカー，潤滑油注入量，調整方法，加熱温度，冷却時間，作業手順，技術レベルなどが要因であることがわかる．

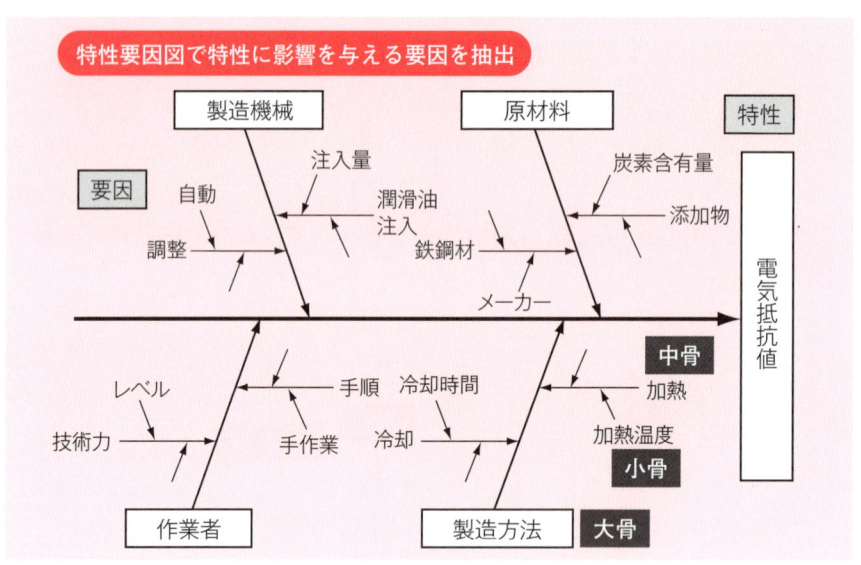

図1.4　電気抵抗値の特性要因図

1.2　ばらつきから意味のある情報を引き出す実験計画法

1.2.1　ばらつきの分析

実験計画法は，特性に影響する要因を探すことである．この答えを導き出してくれるのがデータのばらつきである．結果としての特性値はばらつきをもっている．ばらつき

には，要因によるばらつきと，その他のばらつき（これを**誤差**という）があり，これらのばらつきが加算されて特性のばらつきとなる．

ばらつきを表す指標に，**平方和** S がある．平方和とは，データが平均からどの程度離れているかを表している．今，n 個のデータ $(x_1, x_2, \cdots, x_n)$ があったとき，平方和 S は(1.2)式で計算することができる．

$$\text{平均値} \quad \bar{x} = \frac{\sum x_i}{n} \tag{1.1}$$

$$\text{平方和} \quad S = \sum (x_i - \bar{x})^2 = \sum x_i^2 - \frac{(\sum x_i)^2}{n} \tag{1.2}$$

全体のばらつきを S_T とし，**要因のばらつき**を S_A，**誤差のばらつき**を S_E とすれば，全体のばらつきは(1.3)式で要因のばらつきと誤差のばらつきに分けることができる．

$$\text{全体のばらつき } S_T ＝ \text{要因のばらつき } S_A ＋ \text{誤差のばらつき } S_E \tag{1.3}$$

ばらつきを分けて解析することを**分散分析**といい，この解析から取り上げた要因が特性に影響するものであるかどうかを判定することが実験計画法の目的である．

要因の影響を調べる際に使われる平方和はデータの数によって影響されるので，データの数とは関係しないばらつきの尺度として，**分散**が用いられる．平方和を**自由度** ϕ（データの数 -1）で割って平均値を計算したものを分散といい［(1.4)式］，V または σ^2（シグマ2乗）という記号で表す．なお，実験計画法で使われる分散分析表では，分散を**平均平方**と表示しているが，ここでいう分散と同じである．

$$\text{分散} \quad V = \frac{S}{n-1} \tag{1.4}$$

たとえば，今ここに三つのメーカーのチョコレートがあったとする．箱の中に入っているチョコレートは見た目に少し大きさが違うように思えた．そこで，三つのメーカーの箱から四つのチョコレートを取り出し，一つひとつ重さを量ってみた．その結果をグラフに表したのが，図1.5の上段真ん中のグラフである．

このグラフからわかることは，メーカーによって重さが異なり，α 社製のチョコレートが β 社，γ 社よりも大きそうだということがわかる．しかしこれだけの結果では，たまたま α 社製のチョコレートの中でも大きいものが選び出されたのではないかと，疑う人も出てくる．そこで，3社のデータから，各社ごとの平均値と全体の平均値を計算し，データと平均値の差を求めてみた．

次に，各メーカー4個のチョコレートと各メーカーの平均値との差から平方和を計算した．これが各**メーカー内のばらつき**（誤差）である．さらに，メーカー平均値と全

体平均値の差から平方和を計算した．これがメーカー間のばらつき（要因）である．さらに，全メーカー12個のチョコレートと全体平均値の差から平方和を計算した．これが全体のばらつきである．

以上の結果から，メーカー間のばらつきS_Aと誤差のばらつきS_Eを比較し，メーカー間のばらつきS_Aが誤差のばらつきS_Eより十分に大きければ，チョコレートはメーカーによって異なるということがわかる．このとき，チョコレートの重さ（特性）の違いはメーカーの違いが原因であるということがいえる．もし，メーカー間のばらつきS_Aと誤差のばらつきS_Eを比較し，メーカー間のばらつきS_Aと誤差のばらつきS_Eとあまり差がないようであれば，メーカーの違いは，重さ（特性）の違いの原因とはならないということになる．

以上の流れを示したのが図1.5である．「分散分析」は実験計画法を進めていく上において中心となるデータ解析方法である．

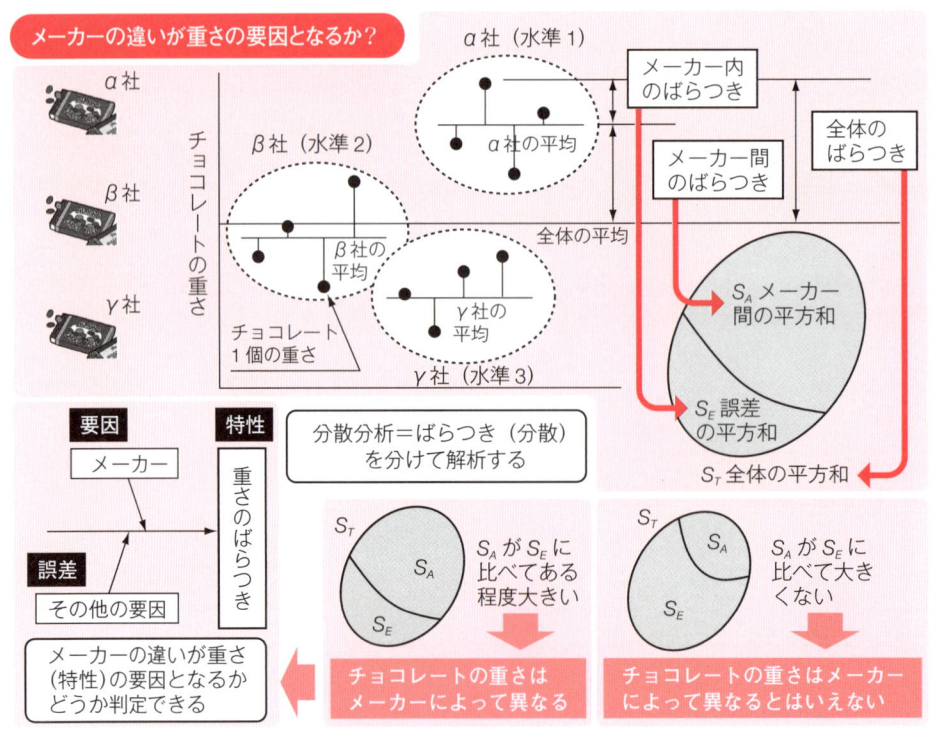

図1.5　ばらつきから要因を解析する分散分析

1.2.2　二つの母分散の検定

検定とは，「母平均は"これこれ"の値である」という基準値に関する仮説を設定した後で「この仮説は成り立っているかどうか？」を問う方法である．この問いに対する答えは「仮説は成り立っている」といえるか，いえないかのいずれかとなる．

私たちのまわりには,「少数の部分をもって全体を推測する」ことは非常にたくさんある.統計の世界では,推測する基となるデータを**サンプル**,推測すべき全体のことを**母集団**と呼んでいる.私たちが知りたいのは「母集団」の姿であり,サンプルはそのための道具である.

データから計算されるばらつきを分散というが,この分散はサンプルであり,本当に知りたいのは,母集団のばらつきである.これを**母分散**という.このデータから母集団のばらつきの違いを推測する方法として,**母分散の検定**がある.母分散の比の検定手順は次のとおりである.

手順1 仮説の設定

帰無仮説　$H_0 : \sigma_1^2 = \sigma_2^2$　　対立仮説　$H_1 : \sigma_1^2 > \sigma_2^2$ (1.5)

手順2 有意水準の設定

$\alpha = 0.05$（5%）　または　$\alpha = 0.01$（1%） (1.6)

有意水準とは,帰無仮説が正しいときに「帰無仮説を棄却して対立仮説を採用する」と判定を下してしまう確率である.有意水準は,一般的に5%または1%を使う.

手順3 統計量を計算する

母集団1の統計量　　　　　　　　　母集団2の統計量

平方和　$S_A = \sum x_{Ai}^2 - \dfrac{\left(\sum x_{Ai}\right)^2}{n_A}$　　平方和　$S_B = \sum x_{Bi}^2 - \dfrac{\left(\sum x_{Bi}\right)^2}{n_B}$ (1.7)

分　散　$V_A = \dfrac{S_A}{n_A - 1}$　　　　　　分　散　$V_B = \dfrac{S_B}{n_B - 1}$ (1.8)

分散比　$V_A > V_B$ のとき,$F_0 = \dfrac{V_A}{V_B}$　　$V_B > V_A$ のとき,$F_0 = \dfrac{V_B}{V_A}$ (1.9)

手順4 判定

F分布の確率のα点を求め,F_0と比較して判定する.

$F_0 = \dfrac{V_A}{V_B} \geqq F(\phi_A, \phi_B; \alpha)$ のとき,帰無仮説 H_0 が棄却され,$H_1 : \sigma_1^2 > \sigma_2^2$ となる

$F_0 = \dfrac{V_A}{V_B} < F(\phi_A, \phi_B; \alpha)$ のとき,帰無仮説 H_0 が棄却されない

1.2.3 分散分析表

実験結果のばらつきを,**要因間のばらつき**と**要因内のばらつき**（誤差のばらつき）に分解する.要因Aの効果がないということは,要因間に差がないということで,

要因間　$A_1 = A_2 = \cdots = A_n$,すなわち,$\sigma_A^2 = 0$ (1.10)

となる.

もし，要因間で母平均に差があれば，$\sigma_A^2 > 0$ となる．

要因間に統計的に有意な差があるかどうかは，次の仮説検定によって判断する．

$$\text{帰無仮説}\quad \text{H}_0 : \sigma_A^2 = 0 \qquad \text{対立仮説}\quad \text{H}_1 : \sigma_A^2 > 0 \tag{1.11}$$

この考え方で，要因のばらつきと誤差のばらつきの分散比を検定した結果を表したのが分散分析表である（表1.2）．この分散分析表から，要因 A が有意になれば要因の効果があるといい，これを要因 A の主効果という．

F 分布表は，分散比の分布であり，分散比 F_0 が F 境界値より大きければ有意となり，帰無仮説 H_0 を棄却する．有意水準 5% で有意な場合，「有意*」とつける．また，有意水準 1% で有意な場合，「有意**」とつけ，高度に有意という．

表1.2 分散分析表

要因	平方和 S	自由度 ϕ	平均平方 V	分散比 F_0	$F(\phi_A, \phi_e; 0.05)$	$F(\phi_A, \phi_e; 0.01)$
要因 A	S_A	ϕ_A	$V_A = \dfrac{S_A}{\phi_A}$	$F_0 = \dfrac{V_A}{V_e}$	$F_0 > F$: 有意(*)	$F_0 > F$: 高度に有意(**)
誤差 E	S_e	ϕ_e	$V_e = \dfrac{S_e}{\phi_e}$			
合計	$S_T = S_A + S_e$	$\phi_T = \phi_A + \phi_e$				

表1.3 F 分布表

F 分布表（$\alpha = 0.05$）

$\phi_2 \backslash \phi_1$	1	2	3	4	5
1	161	199	216	225	230
2	18.5	19.0	19.2	19.2	19.3
3	10.1	9.55	9.28	9.12	9.01
4	7.71	6.94	6.59	6.39	6.26
5	6.61	5.79	5.41	5.19	5.05
6	5.99	5.14	4.76	4.53	4.39
7	5.59	4.74	4.35	4.12	3.97
8	5.32	4.46	4.07	3.84	3.69
9	5.12	4.26	3.86	3.63	3.48
10	4.96	4.10	3.71	3.48	3.33

F 分布表（$\alpha = 0.01$）

$\phi_2 \backslash \phi_1$	1	2	3	4	5
1	4052	4999	5403	5625	5764
2	98.5	99.0	99.2	99.2	99.3
3	34.1	30.8	29.5	28.7	28.2
4	21.2	18.0	16.7	16.0	15.5
5	16.3	13.3	12.1	11.4	11.0
6	13.7	10.9	9.78	9.15	8.75
7	12.2	9.55	8.45	7.85	7.46
8	11.3	8.65	7.59	7.01	6.63
9	10.6	8.02	6.99	6.42	6.06
10	10.0	7.56	6.55	5.99	5.64

1.3 実験計画法を知るために

1.3.1 実験計画法の種類

代表的な実験計画法には，一元配置実験，二元配置実験，多元配置実験などの要因配置型の実験がある．また，たくさんの要因を取り上げると実験回数が多くなるため，効率的な実験を計画する直交配列表実験がある．

さらに，実験を行う時間と装置の関係から同一環境で実施できない場合，環境条件による効果を分離させて，本来の要因の効果を解析する方法として乱塊法実験がある．ま

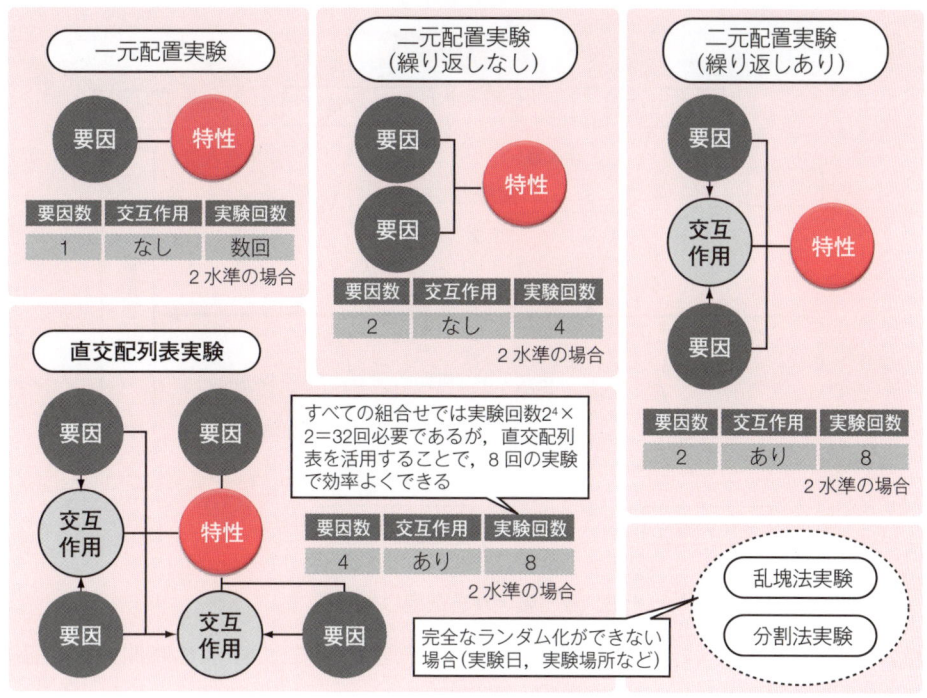

図 1.6 実験計画法の種類

た，因子の水準が変更できない場合，ある水準を固定して実験を行う**分割法実験**がある（図 1.6）．

1.3.2 取り上げる因子，水準と効果の意味

実験における測定対象を**特性**といい，要因のうち実験で取り上げるものを**因子**という．実験計画法では，どの因子がこの特性に影響を及ぼすか，因子をどのように設定すると特性を高めることができるかなどを調べるために，データを計画的にとって解析を行う．このとき，取り上げた因子の条件を変えて実験を行い，特性値を測定する．

設定した条件のことを**水準**という．因子が特性に与える効果には，各因子の水準が変わることで生じる主効果と，複数の因子の組合せによって生じる交互作用があり，これらを合わせて要因という．取り上げる因子や設定する水準，さらには明らかにしたい要因効果などに応じて，適用する手法が決まる．

(1) 因 子

因子とは，製品の特性に影響を与えそうなもののうち，実験に取り上げる要因をいう．たとえば，料理では「醤油」「砂糖」「塩」など多くの調味料をうまく調合することによって，おいしい料理が作られる．これらの調味料が「因子」と呼ばれるものである．

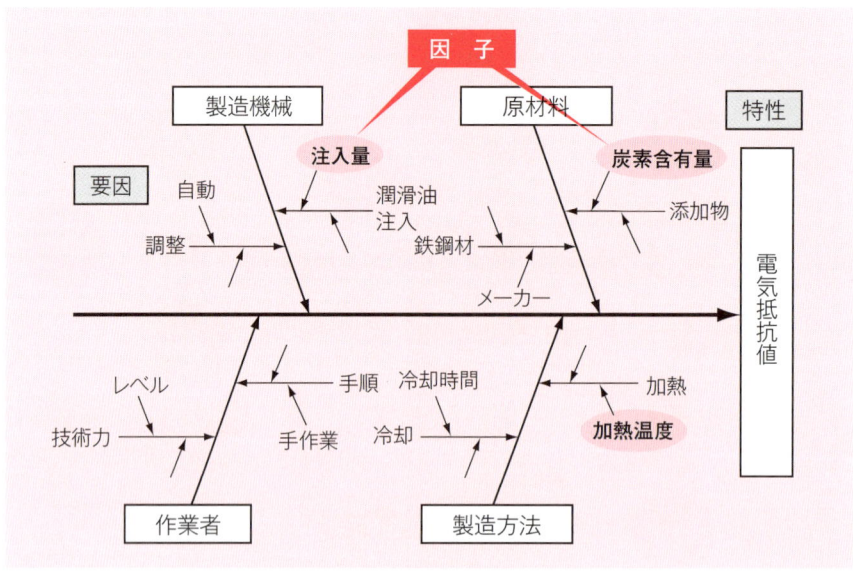

図 1.7　要因から選定した因子

　製品の強度についていえば，影響すると思われる因子には，「加熱時間」や「添加剤含有量」などが考えられる（図 1.7）．

　実験に取り上げる因子は，以下に示すように母数因子か変量因子に分けられる．実験を計画するには，取り上げた因子がどちらの因子であるかを正しく知る必要がある．

(a)　母数因子とは

　因子の水準を指定することが技術的にでき，その水準を再現することが可能な因子を母数因子という．母数因子の各水準では，実験を繰り返したとしても一定の効果をもつので，この効果の有無を調べることが実験の目的となる．

(b)　変量因子とは

　因子の水準を指定することが技術的にできず，水準を再現することが不可能な因子を変量因子という．変量因子の各水準は，実験のたびにランダムに選ばれたものと考えられる．

　図 1.8 の料理の例で見てみると，調味料や調理時間などが母数因子であり，その水準は再現することができる．これに対し，調理日やそのときに買ってくる肉や野菜などの品質は，同じ条件で再現することは難しくなるため変量因子となる．

　製造現場で考えると，温度や添加量などは，再度実験するときに同じ条件を再現することができるので母数因子である．たとえば，温度を100℃に設定したときの効果がいくらであるかが求められる．一方，原料ロットや実験日などは，一般には同じものを再現することは不可能であるから変量因子となる．たとえば，ロット番号102が最適であったとわかっても，そのロットを再現することができなければ仕方ない．

(c)　変量因子を母数因子に変える

　変量因子を母数因子に変えることによって，とりうる手段が増えてくることがある．

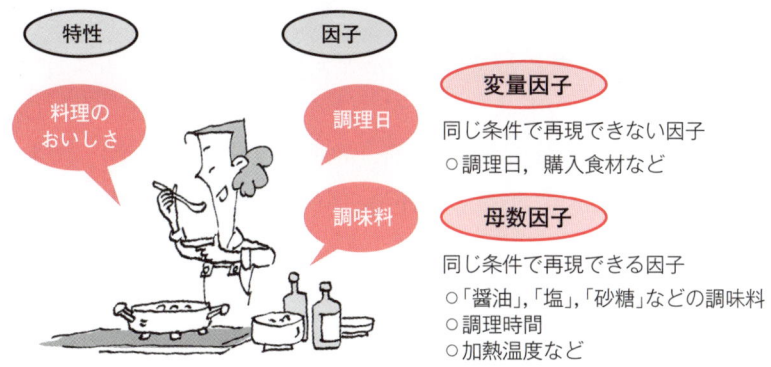

図1.8　母数因子と変量因子

たとえば，原料ロットの組成などの特性を再現して同じものを用意できるのであれば，原料ロットも母数因子と見ることができる．どのような原料ロットが望ましいかがわかったとき，それが再現できるのであれば対策のとりようがある．しかし，再現できなければ運に任せるしかない．

変量因子に潜んでいる母数因子の存在が見つかれば，新たな知見につながることもある．たとえば，ロット番号102と他のロットに違いがないか，あるいは5月13日と他の実験日に違いがないかと検討してみる．原料組成が異なっていたとか，作業員が異なっていたとか，その日は気温が高かったとか，いろいろな違いがあると思われる（図1.9）．このようなとき，原料組成を母数因子とした実験や，作業員を母数因子とした実験，温度を母数因子とした実験を考えることができる．つまり，変量因子を母数因子に変えることができると，とりうる手段が増えることになる．

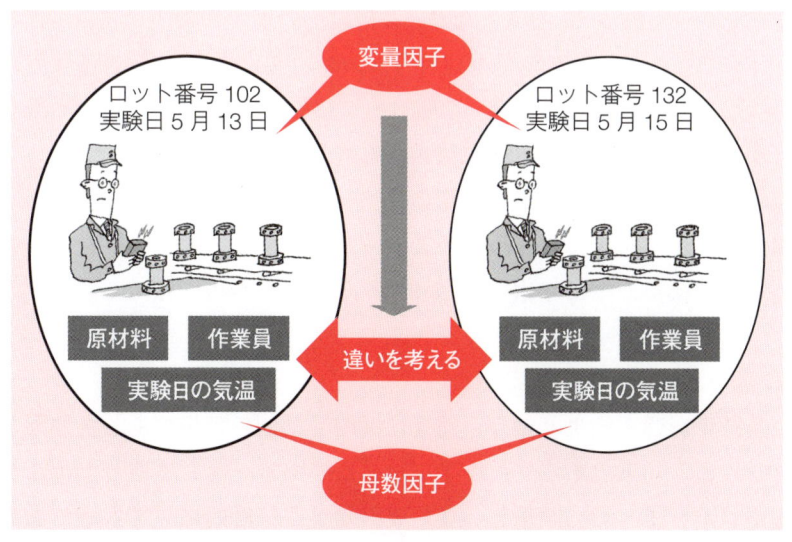

図1.9　変量因子を母数因子に変える

(2) 水　準

水準とは，設定した条件のことをいう．たとえば，料理をおいしくするには，「醬油」小さじ1杯がいいのか，2杯入れた方がいいのかといったとき，小さじ1杯と2杯の2種類の設定が「水準」である．この場合，水準数は「2（2水準）」である．もう少し細かく「醬油」小さじ1杯，小さじ1杯半，小さじ2杯で味を比べてみることにすれば，水準数は3水準となる．

水準数は，次の考え方で効率よく実験ができるように決めることが大切である（図1.10）．

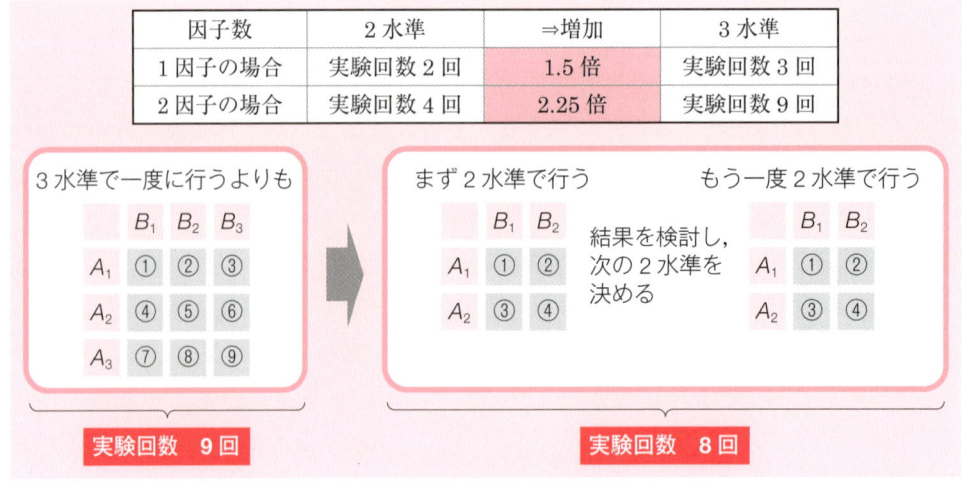

図 1.10　水準数の選び方

① 1因子のときは，2水準と3水準での実験回数の違いは1.5倍しかないが，2因子となると，水準組合せは4通りと9通りで実験回数は2.25倍，3因子では8通りで実験回数は27通りとなり，3倍以上の違いが出てくる．

② 2因子でも，3水準実験を1回行うよりも，2水準実験を2回行う方が実験回数は少なくてすむ．このとき，1回目の実験結果を見て2回目の実験を計画することができるので，最適水準の探索にも適している．

③ 探索の初期段階では，最適水準の見当はつきにくいので，2水準とって探索の方向を大まかに探り，最適水準がこのあたりではないかという見通しを立てた後で，それを挟むように3水準をとってみるのも一つの方法である．

(3) 効　果

特性値に及ぼす影響を効果という．効果には因子単独の効果である主効果と，複数の因子の組合せによる効果である交互作用（後述）がある．そして取り上げなかった因子の効果や測定誤差をまとめて誤差という．要因効果が統計的に見て有意であるかどうかは，誤差と比較して判断することになる（図1.11）．

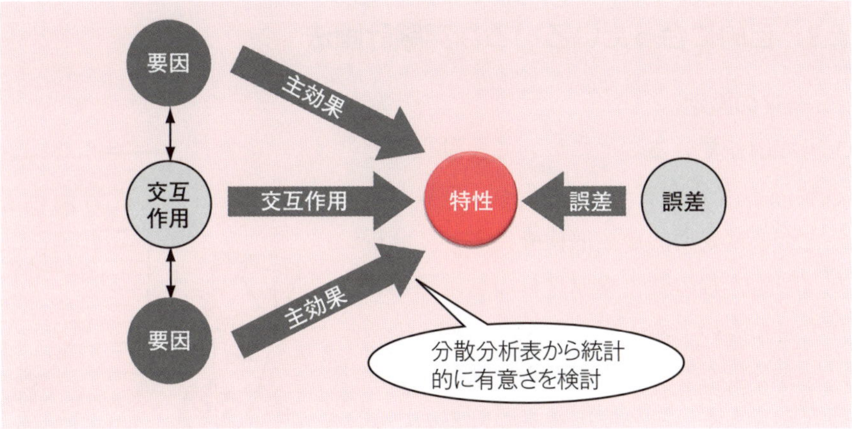

図 1.11　要因の効果

(4) 交互作用

二つの因子を同時に取り上げるときには，個々の因子の効果だけでなく，因子の組合せによる効果が現れることがある．これを**交互作用**という（図 1.12）．

たとえば，料理は，「醤油」と「調味料」をうまく使うことがおいしさの決め手になるようである．そこで，「醤油」が味にどのように効くだろうか，「調味料」は味にどのように効くだろうか，というように，味について「醤油」と「調味料」という二つのものの影響を調べるとき，「醤油」と「調味料」が単独で影響するだけでなく，二つの因子が互いに作用し合う場合がある．このような作用を「交互作用」という．

交互作用は，組み合わせる因子で次のように表現する．

　　　因子 A と因子 B の交互作用　→　交互作用 $A \times B$

　　　因子 A と因子 B と因子 C の交互作用　→　交互作用 $A \times B \times C$

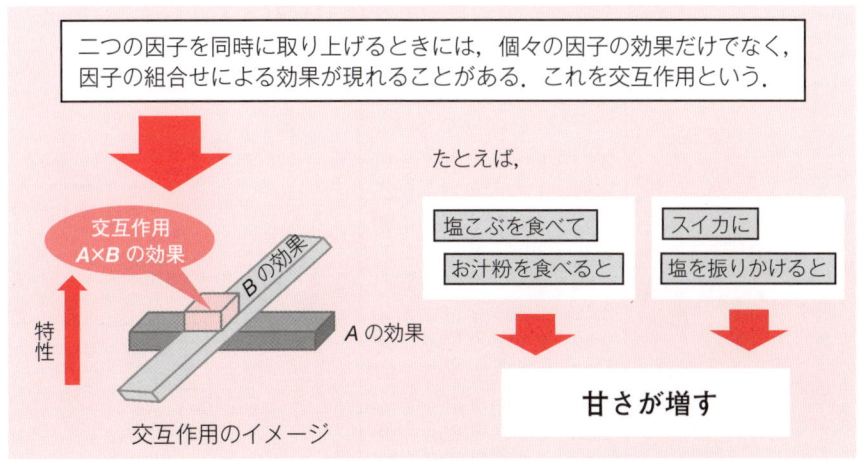

図 1.12　交互作用

1.3.3 目的に合ったいろいろな実験計画法

(1) テーマの設定

ある工場で困っていることについて検討したとき，ある製品の水分含有率が問題として挙がった．水分含有率は定期的な抜取検査によって分析しており，製造工程の変更や原材料の選定等の判断を行う大事なものである．

最近，検査分析をしている人から，水分含有率のばらつきが大きく，その原因を見つけるのに業務時間の大半を費やしており，残業時間が増えているといわれた．

適切な水分含有率を保持できる方法をつかむこ

とができれば，業務の効率化にもつながり，コストダウンにもなる．そこで，この製品の水分含有率がばらつく要因を見つけるため，関係者はチームを編成して取り組むことになった．

(2) データ収集と実情の把握

まず特性として取り上げた水分含有率はいつも同じ値なのかどうかについて，過去半年間の抜取検査時のデータを収集した．データは表の形にはなっているものの，数字の羅列だけで，中心的傾向やばらつきについてはわからなかった．

水分含有率の中心的傾向とばらつきを把握するため，平均値（$\bar{x}$）と標準偏差（s）を求めた（図 1.13）．

しかし，データ，平均値，標準偏差を見て全体像がわかる人はおそらく少ない．そこ

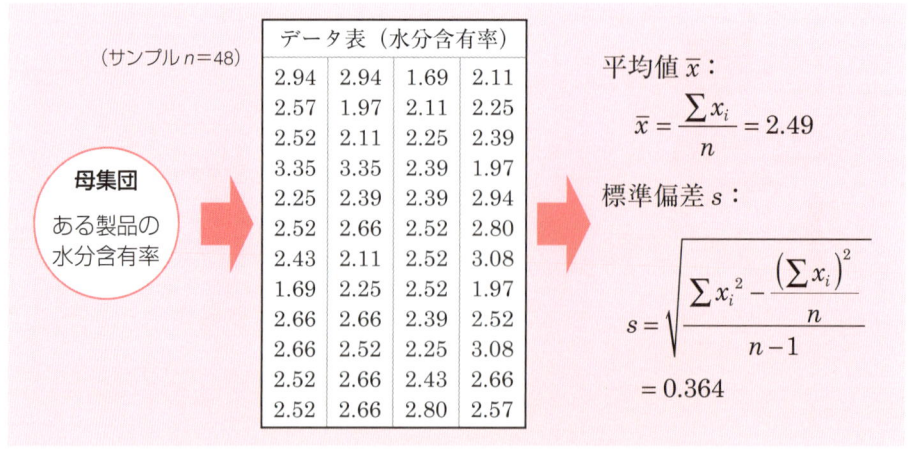

図 1.13　サンプルデータと平均値・標準偏差

で，全体の様子がつかめるものはないかと探したところ，ヒストグラムであればその目的を達成できると考えた．横軸に水分含有率，縦軸を度数にして，ヒストグラムを作成したところ，データ全体は一般形で正規分布のようであることがわかった．またばらつきの大きさについても視覚的に把握することができた．その結果，ヒストグラムからはどうもばらつきが大きいような感じがした（図 1.14）．

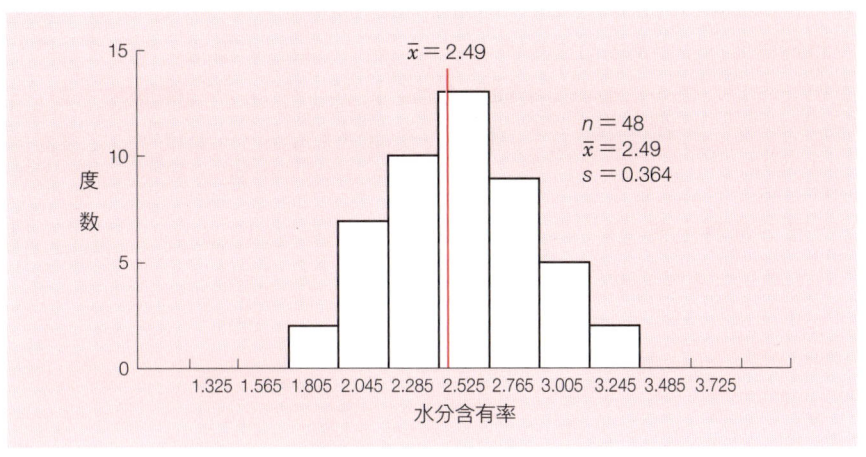

図 1.14　ヒストグラム

（3）　特性要因図による要因の探索

このように特性について把握した上で，この製品の水分含有率に影響を及ぼすと考えられる要因についてまとめるため，特性要因図を描き，要因の抽出を行った．その結果，水分含有率に特に影響を及ぼしそうな要因として，原材料では「納入メーカー」，製造工程では「水蒸気の圧力」「水蒸気の温度」が挙げられた（図 1.15）．そこで，本当にこれらの要因が特性に影響を与えているのかどうかについて，検討することになった．

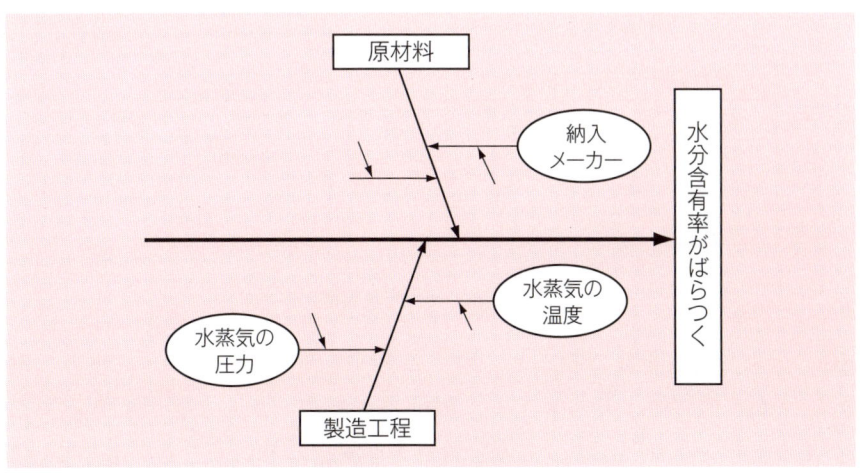

図 1.15　特性要因図

(4) 一元配置実験

技術的な理論的背景を勘案して，メンバーは納入メーカーによる原材料の違い（A）を要因として取り上げた．この製品の原材料を納入しているメーカーは 2 社（P 社，S 社）である．そこで原材料の水分含有率のデータを収集して，メーカー間に水分含有率に違いがあるかどうか検討することとなった．また，原材料を扱っている会社は 2 社のほかにもう 1 社あった（T 社）．T 社に問い合わせたところ，2 社よりコストが安く，品質面では同等レベルであることがわかった．そこで自社の環境条件等を加味した場合では，どのようになるかについて実験することになった．一元配置実験を用いれば，3 社が水分含有率という特性に対して，同じ母集団であるかどうかについて検討することができる．

早速，3 社の原料を使って，3 回繰り返して実験を行い，表 1.4 の結果を得た．表 1.4 のデータから一元配置実験を行った結果が，図 1.16 である．

表 1.4　メーカー別水分含有率

メーカー	水分含有率		
A_1（P 社）	2.01	1.87	2.37
A_2（S 社）	2.54	2.61	2.39
A_3〔T 社（新規）〕	3.25	3.01	2.96

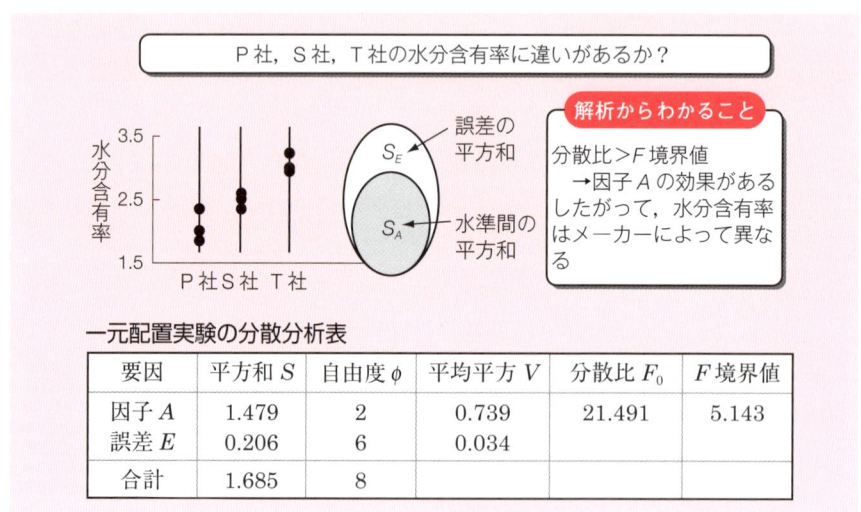

図 1.16　一元配置実験

図 1.16 の分散分析表を見てみると，因子 A の平均平方を誤差の平均平方で割った値である分散比が F 境界値よりも大きく，因子 A の効果があると判断できる．このことは，因子 A つまりメーカーによって水分含有率が異なるということを示している．

(5) 二元配置実験（繰り返しなし）

さらに特性要因図の中で，納入メーカーのほかに影響する要因を抽出する必要があり，その中で「水蒸気の圧力 B（以下，水蒸気圧という）」があった．水蒸気圧は大きく分けて二つの設定値があり（B_1, B_2），要因 A の3条件と要因 B の2条件について組み合わせて実験し，結果を把握したい．このような状況では二つの要因についてそれぞれ比較し，各組合せ条件で1回の実験を行うことになる（合計6回の実験）．この方法を**繰り返しのない二元配置実験**という．表1.5のデータから繰り返しなしの二元配置分散分析を行った結果が，図1.17である．

表1.5 メーカー別・圧力別水分含有率

メーカー	水分含有率	
	B_1 圧力	B_2 圧力
A_1（P社）	2.56	1.51
A_2（S社）	3.01	2.27
A_3（T社）	3.89	2.76

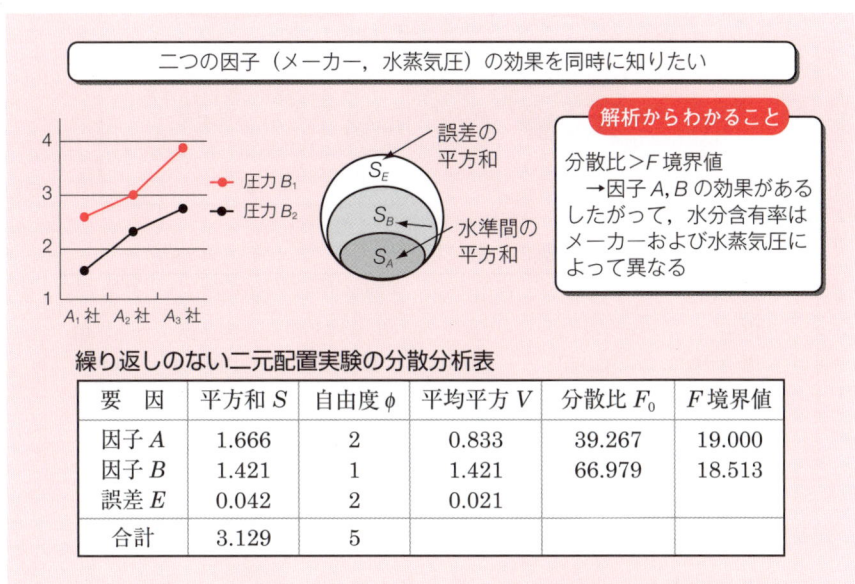

図1.17 繰り返しのない二元配置実験

図1.17の分散分析表から，因子 A と因子 B とも「分散比」が「F 境界値」より大きいため，因子 A「メーカー」間と因子 B「圧力」に効果が認められる．したがって，水分含有率はメーカー別と水蒸気の圧力によって異なることがわかった．

(6) 二元配置実験（繰り返しあり）

この繰り返しのない二元配置分散分析をすると考えたとき，どうも納入メーカーのT社は水蒸気圧による水分含有率の挙動が他社と違うことが経験的にわかっていた．納入

メーカーと水蒸気圧の組合せによって変化があることが予想されるので，組合せ効果についても検討したい．そこで組合せ効果も調べることができる分散分析として繰り返しのある二元配置実験を行ってみた．

メーカー別，圧力別の実験を同じ条件で2回実験した結果を表1.6に示す．表1.6のデータから繰り返しありの二元配置実験を行った結果が，図1.18である．

表1.6 メーカー・圧力別水分含有率（繰り返し2回）

メーカー	水分含有率			
	B_1 圧力		B_2 圧力	
	1回目	2回目	1回目	2回目
A_1（P社）	2.56	2.66	1.51	1.83
A_2（S社）	3.01	3.17	2.27	2.17
A_3（T社）	3.09	3.75	2.76	2.83

メーカー，水蒸気圧の効果，交互作用を知りたい

解析からわかること

分散比 > F境界値
→因子 A, B の効果がある
　交互作用 $A \times B$ はなさそう
したがって，水分含有率はメーカーおよび水蒸気圧によって異なり，交互作用はない

誤差の平方和 S_E
水準間の平方和 S_B
組合せの平方和 $S_{A \times B}$
S_A

繰り返しのある二元配置実験の分散分析表

要因	平方和 S	自由度 ϕ	平均平方 V	分散比 F_0	F境界値
因子 A	1.875	2	0.937	19.114	5.143
因子 B	1.976	1	1.976	40.301	5.987
交互作用 $A \times B$	0.055	2	0.027	0.558	5.143
誤差 E	0.294	6	0.049		
合計	4.200	11			

図1.18 繰り返しのある二元配置実験

図1.18の分散分析表から，因子 A と因子 B とも「分散比」が「F境界値」より大きいため，因子 A「メーカー」間と因子 B「圧力」に効果が認められる．したがって，水分含有率はメーカー別と水蒸気圧によって異なることがわかった．さらに検討の対象となっていた因子 A と因子 B の組合せの効果（これを交互作用という）は，「分散比」が「F境界値」よりも小さく，分散比も2.0以下のため，効果が認められるとはいえないことがわかった．

(7) 直交配列表実験

今まで検討してきた因子は，因子 A（メーカー），因子 B（水蒸気圧）の二つであっ

た．技術部門のスタッフから，「この製品の水分含有率は水蒸気圧をかけている時間にも影響するのでは」という意見が出された．そこで，因子 C（加圧時間）を加え，三つの因子で実験することとなった．

実験の条件を検討した結果，水準数は，各因子 2 水準とした．交互作用は，技術的な知識から因子 A と因子 B（交互作用 $A\times B$），因子 A と因子 C（交互作用 $A\times C$）を取り入れることとした．

しかし，ここで問題が起こった．二元配置実験で行った 12 回の実験は非常に手間がかかっており，因子を増やすとなるとさらに実験回数が増えることが予想され，関係者の間でため息がもれた．そのとき，1 人のスタッフが，「こんなとき効率よく実験ができるいい方法があるよ」と言って，1 枚の表をもってきた．L_8 直交配列表である．すべての組合せなら，2×2×2×2(繰り返し)＝16 回の実験が必要になるが，$L_8(2^7)$ 直交配列表を活用すると 8 回の実験でも効果を測定できることがわかり，早速，実験を行うことにした．その結果を図 1.19 に示す．

A(メーカー)　2 水準
B(水蒸気圧)　2 水準
C(加圧時間)　2 水準

↓

すべての組合せなら 2×2×2×2(繰り返し)＝16 回の実験が必要になる

↓

$L_8(2^7)$ 直交配列表を活用

↓

8 回の実験で効果を測定できる

$L_8(2^7)$ 直交配列表

No.	A	B	$A\times B$	C	$A\times C$			データ
	1	2	3	4	5	6	7	
1	1	1	1	1	1	1	1	2.83
2	1	1	1	2	2	2	2	6.07
3	1	2	2	1	1	2	2	4.25
4	1	2	2	2	2	1	1	6.85
5	2	1	2	1	2	1	2	3.01
6	2	1	2	2	1	2	1	3.48
7	2	2	1	1	2	2	1	5.27
8	2	2	1	2	1	1	2	3.76

実験回数　各因子の水準　実験結果

図 1.19　$L_8(2^7)$ 直交配列表による実験計画

図 1.19 のデータから直交配列表実験を行った結果が，図 1.20 である．

図 1.20 の結果から，因子 A（メーカー），因子 B（水蒸気圧），因子 C（加圧時間）とも効果があることがわかった．これを**主効果**という．交互作用は，$A\times C$ が効果があることがわかったが，交互作用 $A\times B$ の効果がないと思われた．そこで，この交互作用 $A\times B$ の平方和を誤差に含め，再度分散分析表を作成してみた．これを**プーリング**という．

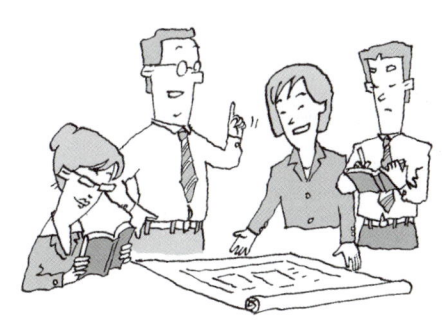

> メーカー，水蒸気圧，加圧時間の効果を知りたい

分散分析表(1)

要因	平方和 S	自由度 ϕ	平均平方 V	分散比 F_0
因子 A	2.509	1	2.509	4.635
因子 B	2.808	1	2.808	5.189
因子 C	2.880	1	2.880	5.321
$A \times B$	0.014	1	0.014	0.027
$A \times C$	5.917	1	5.917	10.932
誤差 E	1.083	2	1.083	
全体	15.211	7		

分散比が2以下なので，誤差にプーリングする

プーリング後の分散分析表(2)

要因	平方和 S	自由度 ϕ	平均平方 V	分散比 F_0
因子 A	2.509	1	2.509	6.861
因子 B	2.808	1	2.808	7.681
因子 C	2.880	1	2.880	7.876
$A \times C$	5.917	1	5.917	16.182
誤差 E	1.097	3	0.366	
全体	15.211	7		

解析からわかること

分散比 > F 境界値
→因子 A, B, C，交互作用 $A \times C$ の効果がある
→交互作用 $A \times B$ はなさそう
したがって，交互作用 $A \times B$ を誤差 E にプーリングする
したがって，水分含有率はメーカーおよび水蒸気圧によって異なり，交互作用 $A \times C$ はある

図 1.20　直交配列表実験

プーリング後の分散分析表から，主効果 A, B, C と交互作用 $A \times C$ があることがわかった．

第2章
実験計画法を進めるにあたって

2.1 実験を計画するにあたって

　実験を計画するにあたって，実験の場を管理するときに必要な考え方を示したものがフィッシャーの三原則で，反復の原則，無作為化の原則，そして局所管理の原則がある．

◀ フィッシャーの三原則 ▶

反復の原則とは，同一の条件のもとで実験を繰り返すこと
無作為化の原則とは，実験の順序を無作為にすること
局所管理の原則とは，実験の場が均一になるようにブロックに分けること

　実験計画法を行うには，まず目的となる「特性」を決める．そして，特性に影響していると思われる要因を洗い出し，「因子」を設定する．実験に取り上げる因子には，母数因子と変量因子があり，温度や添加量など，再度実験するときに同じ条件を再現することができる因子を母数因子という．これらの母数因子の効果が統計的に有意かどうかを因子の「水準」を設定して調べることになる（図2.1）．

◀ 因子と水準の設定 ▶

特　性：結果として現れる製品の品質（強度，長さ，含有率など）
因　子：特性に影響を与えそうなので実験に取り上げる要因
水　準：実験を行うにあたって因子の設定した条件（2水準，3水準）

　取り上げた因子とそれらの水準のすべての組合せについて，もれなく実験することを要因配置実験といい，一つの因子を取り上げるのが一元配置実験，二つの因子を取り上げるのが二元配置実験である．三つ以上の因子を取り上げるのを多元配置実験というが，実験回数が多くなるため実際に使用されるのは三元配置実験まで．交互作用を検出するには，各水準の組合せを繰り返して実験をすることが必要となる．要因配置実験では，因子をたくさん取り上げると実験回数が多くなるため，ある程度因子を絞り込んだ後で，要因効果がありそうな因子だけを取り上げて実験する．

　これに対して，一部の水準組合せだけを実験するのが部分配置実験である．部分配置実験では，どの水準組合せで実験するかを，必要な要因効果が検出できるように決めることが重要となる．部分配置実験において，どの水準組合せで実験を行うかを直交配列表で決めるのが直交配列表実験である．2水準因子のための2水準系直交配列表や，

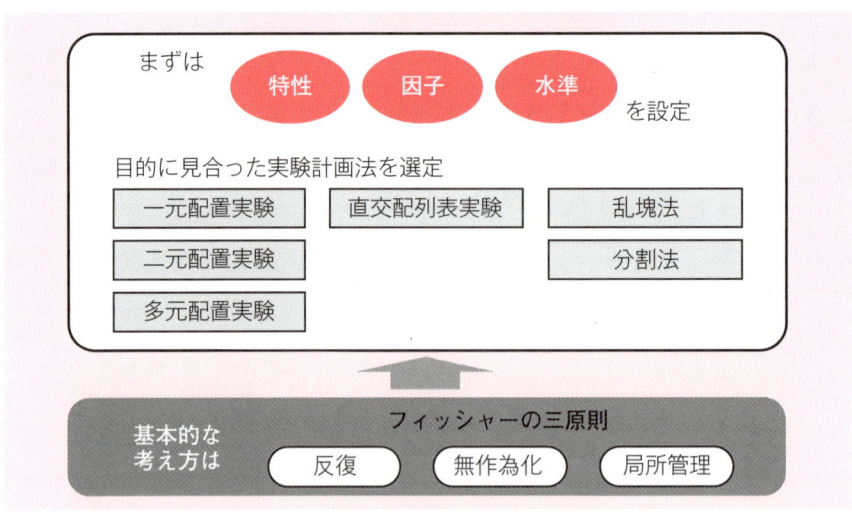

図 2.1 実験計画法を進めるにあたって

3水準因子のための3水準系直交配列表が用意されている．水準数の異なる因子を一緒に実験するときには，多水準法や擬水準法が使われる．

　ブロック因子を導入することで局所管理を行い，ブロックの違いによる効果やブロック因子が特性に与える影響を知ることで，取り上げた因子の効果を的確に検出するのが乱塊法である．また，実験を何段階かに分けて，各段階で実験順序をランダマイズして効率化を図る方法が分割法である．これらの方法は，多元配置実験や大きなサイズの直交配列表を用いた実験のように，実験回数が多くなるときに有効となる．

◀ 実験の方法 ▶

一元配置実験： 一つの因子を取り上げて，各水準で繰り返し行う実験．

二元配置実験： 二つの因子を取り上げて，各水準の組合せで行う実験．繰り返しのある場合は交互作用の効果も判定できる．

多元配置実験： 三つ以上の因子を取り上げて，各水準の組合せで行う実験．実験回数が多くなりすぎることがある．

直交配列表実験：多くの因子を取り上げるとき，すべての水準組合せではなく，一部の水準組合せで行う実験．どの水準組合せで実験するかは直交配列表を使って決められる．

乱 塊 法： すべての実験の場をそろえるのではなく，いくつかのブロックに分けて，各ブロックですべての水準組合せについて行う実験．たとえば複数の実験日に分けて実施する場合などである．

分 割 法： 水準変更が容易でない因子があるとき，まずその因子の水準についてランダム化し，次に他の因子の水準についてランダム化を行うというように段階的に行う実験．

2.2 フィッシャーの三原則

　実験を計画するにあたって，的確な統計的判断を下すためには誤差を精度よく求めなければならない．実験の場を管理するときに必要な考え方を示したものがフィッシャーの三原則で，反復の原則，無作為化の原則，そして局所管理の原則と呼ばれるものである（図 2.2）．

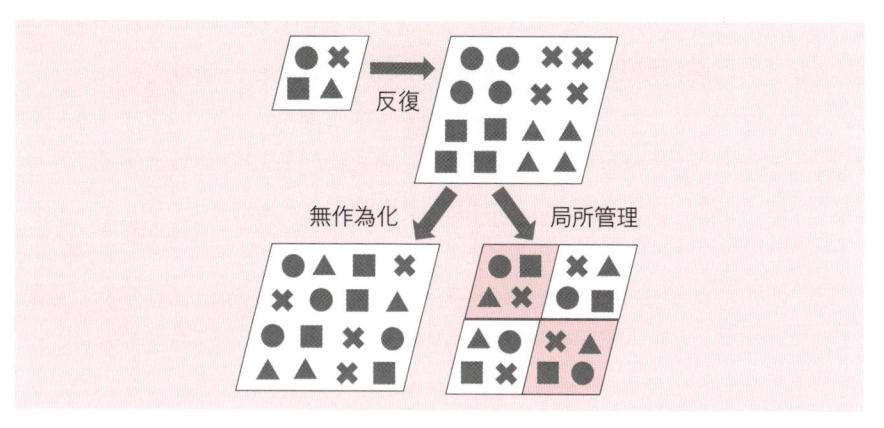

図 2.2　フィッシャーの三原則

2.2.1　反　　　復

　反復の原則とは，観測誤差の大きさを評価し，推定精度を向上させることである．同一の条件のもとで実験を繰り返すことが反復である．1 回しか実験していなければ，測定値に違いがあっても，それが条件の違いによる差なのか，誤差なのかの判断ができない．そこで反復により複数回の実験を行って誤差のばらつきを求める．そしてその回数が多いほど，多くの情報が得られ，推定の精度も高くなる（図 2.3）．

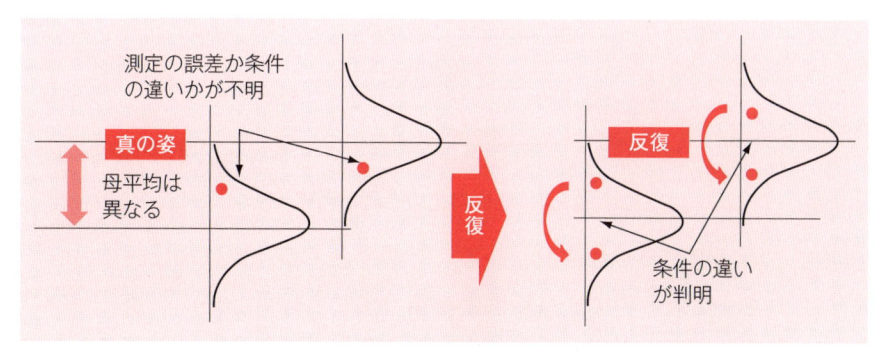

図 2.3　反復の原則

2.2.2 無作為化

　無作為化の原則とは，系統誤差を偶然誤差へ転化することである．反復を多くとると，実験回数も増え，時間もかかる．そうすると複数の実験装置を使ったり，何人かで分担して実験したりすることになる．その場合，実験の条件，実験者のくせなどをそろえることは難しくなり，これらに依存した系統誤差が発生することになる．

　この系統誤差を予測することは不可能であるし，なくすことも難しい．この系統誤差を偶然誤差にしてしまう方法が無作為化である．つまり，繰り返しを行う順序を無作為に決めることで，偶然誤差として処理することができるようになる．

> **◀ 系統誤差と偶然誤差 ▶**
> 系統誤差は，測定の繰り返しに対して一定で系統的に現れるもの
> 偶然誤差は，測定ごとにランダムにばらつくもの

　たとえば，1 mm の目盛りの定規で長さを測るとき，0.1 mm を目分量で読むときの誤差は偶然誤差であるが，そもそも定規が正確でないなど測定器の性能などによって生じるずれが系統誤差である．このようなときは，1本の定規を使うのではなく，いくつかの定規の中からランダムに選んで使う（図2.4）．

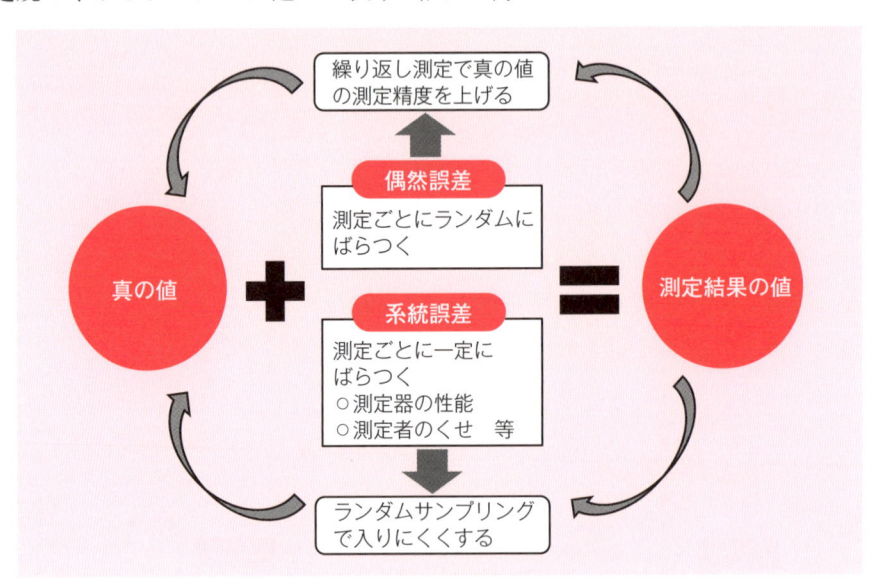

図2.4　無作為化の原理と誤差

　系統誤差はその原因がわかれば取り除くことができるが，実際にはいろいろな原因による誤差が合わさっているので，系統誤差をなくすことは難しい．しかし，ランダムサンプリングを行うことによって，系統的な誤差を入りにくくすることができる．

　偶然誤差は測定の精度を規定するもので，測定のたびにランダムな値をとるため個々のデータにおいてそれを取り除くことはできない．しかし，繰り返し測定によって十分

な回数の測定を行うことで，真の値の推定精度を上げることができる．

2.2.3 局所管理

局所管理の原則とは，系統誤差をなくして精度を向上させることである．多くの繰り返しをするときには，完全な無作為化を実施するのは難しくなる．そのとき，実験の場を条件が均一になるようなブロックに分けることが局所管理である（図2.5）．実験装置とか実験者といった系統誤差が生じる可能性のある要因によってブロックに分け，それぞれのブロック内に比較したい条件を全部入れる方法である．乱塊法という実験計画は局所管理を積極的に取り入れた方法である．

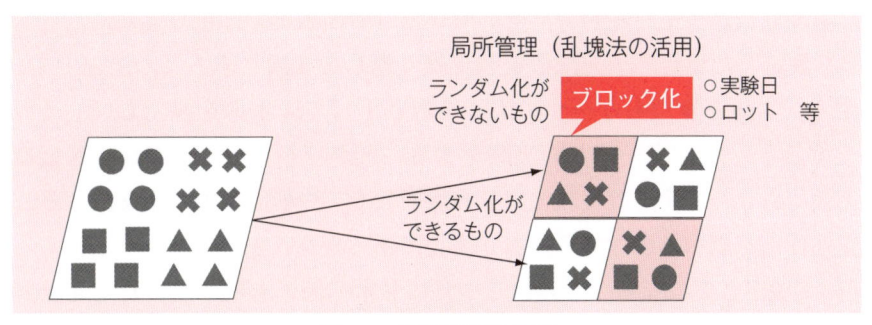

図 2.5　局所管理の原則

2.3 配置実験

取り上げた因子とそれらの水準のすべての組合せについて，もれなく実験するのが要因配置実験である．これに対して，一部の水準組合せだけを実験するのが部分配置実験である．

2.3.1 要因配置実験

取り上げた因子とそれらの水準のすべての組合せについて，もれなく実験するのが要因配置実験である（表2.1）．取り上げた因子の主効果や交互作用を調べるための基本的な実験計画法である．

一つの因子のみを取り上げて，その主効果の有無を調べるのが一元配置実験であり，それぞれの水準で繰り返し実験する．二つの因子を取り上げる要因配置実験は二元配置実験であり，二つの因子のすべての水準組合せで実験を行う．各水準組合せで繰り返して実験をすることで交互作用が検出できるようになるが，繰り返しがなければ交互作用を検出することはできない．三つ以上の因子を取り上げる要因配置実験を多元配置法と

表 2.1 要因配置実験と実験回数

実験の種類	因子数	水準	繰り返し	実験回数	
				要因配置実験	部分配置実験
一元配置実験	1因子	2水準	3回	$2 \times 3 = 6$ 回	
二元配置実験（繰り返しなし）	2因子	2水準	1回	$2^2 \times 1 = 4$ 回	
二元配置実験（繰り返しあり）	2因子	2水準	2回	$2^2 \times 2 = 8$ 回	
直交配列表実験	3因子	2水準	2回	$2^3 \times 2 = 16$ 回	L_8 直交配列表活用 16回→8回
	5因子	2水準	2回	$2^5 \times 2 = 64$ 回	L_{16} 直交配列表活用 64回→16回

いうが，実験回数が多くなるので，せいぜい三つの因子までに止めておく．

3水準を設定した場合，一元配置実験で繰り返しを4回とすると，全部で12回の実験を要する．このとき，もう一つの因子を取り上げて4水準を設定して，それぞれ1回実験をすると，12回で一通りの実験をすることができる．これが繰り返しのない二元配置実験であり，一元配置実験と同じ実験回数で二つの因子の効果を調べることができる．交互作用を調べるには繰り返しが必要であるから，2回の繰り返しをすると全部で24回の実験が必要になる．さらに三つ目に2水準因子を取り上げた三元配置実験では，繰り返しをしなくても24回の実験が必要であり，交互作用を調べるために繰り返しをするならば，少なくとも48回の実験が必要となる．このように，要因配置実験ではすべての因子とそれらの水準に対して実験を行うが，必ずしも効率的な実験方法というわけではない．

2.3.2 部分配置実験

たくさんの因子を取り上げた要因配置実験では実験回数がかなり多くなる．要因配置実験では，各因子の主効果だけでなく，すべての交互作用についても検出することができる．しかし，実際にはすべての交互作用があるとは考えられないし，通常は三つ以上の因子による交互作用は考えないことが多い．そこで，すべての水準組合せの中から一部の水準組合せだけを実験し，取り上げた主効果と交互作用についてはきちんと効果が検出できるように実験を計画するのが部分配置実験である．

このとき，どのような水準組合せで実験をするかを決めることが重要となるが，直交配列表を用いて実験を計画するのが直交配列表実験である．各因子が二つの水準をとるときは2水準系直交配列表を，三つの水準をとるときは3水準系直交配列表を用いる．

直交配列表実験では，取り上げた要因の効果は検出しつつも，要因配置実験に比べて実験回数は大幅に減らすことができ，より効率的な実験を計画することができる．

A, B, C の三つの因子にそれぞれ三つの水準を設定して実験するとき，全部で27通

りの組合せがある．図2.6の27個の立方体はそれぞれの水準組合せを表している．すべての組合せについて実験するのが要因配置実験で，色の付いている9個の立方体だけを実施するのが部分配置実験である．どの方向から見ても，9個の正方形には色が付くようになっている．

たとえば，図2.6の矢印方向で見たときには，Aの効果とCの効果をすべて拾って実験をしたということに対応している．

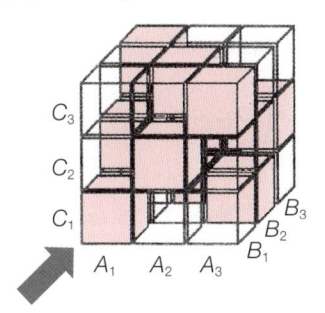

図2.6　部分配置実験のイメージ図

2.4 実験方法

2.4.1 一元配置実験

一元配置実験とは，一つの因子を取り上げて，各水準で繰り返し行う実験である．たとえば，因子Aを3水準に設定し，各水準で繰り返し4回の実験をすると，全部で12回の実験をすることになる．12回の実験は，無作為化の原則に従って，ランダムな順序でしなければならない．図2.7は12回の実験の順序をランダムに決めた例である．必ずしも三つの水準を順番に実験するわけではない．

図2.7　一元配置実験

2.4.2 二元配置実験

二元配置実験とは，二つの因子を取り上げて，各水準組合せで行う実験である．一元配置の12回の実験において，因子Bを4水準に設定して，因子Aの各水準において1回ずつ実験することができる（図2.8）．各水準組合せで1回ずつ実験しており，これを繰り返しのない二元配置実験という．一元配置実験と同じ実験回数で二つの因子の効

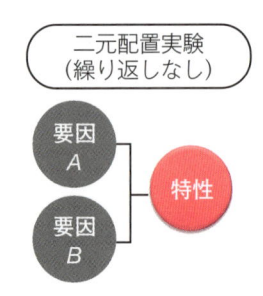

図2.8 二元配置実験（繰り返しなし）

果を調べることができるが，繰り返しがないため，二つの因子の交互作用を調べることはできない．この場合の実験順序もランダムに決めなければならない．

交互作用を検出するには，各水準で繰り返し実験をしなければならない．各水準組合せで2回の繰り返しをすると全部で24回の実験が必要になり，これを繰り返しのある二元配置実験という．やはり24回の実験の順序はランダムに決めなければならない（図2.9）．

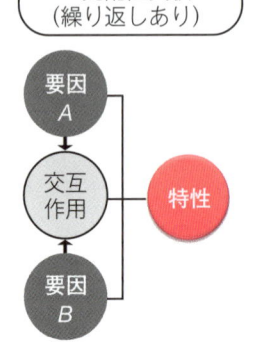

図2.9 二元配置実験（繰り返しあり）

2.4.3 多元配置実験

多元配置実験とは，三つ以上の因子を取り上げて，各水準で繰り返し行う実験である．二元配置の24回の実験で，三つ目の因子Cを2水準に設定して，因子Aと因子Bの各水準組合せにおいて1回ずつ実験することができる（図2.10）．これが繰り返しのない三元配置実験で，二元配置実験と同じ実験回数で三つの因子の効果を調べることができる．繰り返しをしていないため，3因子間の交互作用を検出することはできないが，一般に3因子以上の間にある交互作用は考えないことが多いことや，実験回数が多くなりすぎることから，多元配置実験では繰り返しをしないこともある．この場合も24回の実験順序はランダムに決めなければならない．

第 2 章 実験計画法を進めるにあたって

三元配置実験

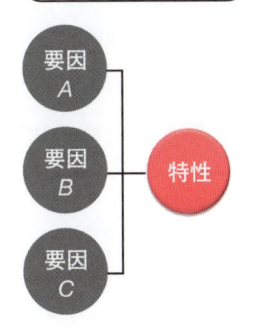

要　因		要因 C_1				要因 C_2			
		B_1	B_2	B_3	B_4	B_1	B_2	B_3	B_4
要因 A	A_1	⑲	⑭	⑰	①	㉓	⑤	㉑	⑪
	A_2	⑫	⑦	⑨	⑯	⑮	㉒	④	㉔
	A_3	⑩	⑱	③	⑬	②	⑥	⑧	⑳

図 2.10　三元配置実験

2.4.4　乱塊法実験

　多くの実験をするときに，均一の条件ですべての実験をすることは容易ではない．たとえば，繰り返しのある二元配置実験で 24 回の実験をするとき，同じ原料ロットから試作品を 24 個作ることができなかったり，1 日に 24 回の実験をすることができなかったりすると，原料ロットの違いや実験日の違いが結果に影響しないようにしなければならない．このとき，ブロック因子として原料ロットや実験日を導入することで局所管理を行い，ブロックの違いによる効果も把握するのが乱塊法である．二つの原料ロット（R_1, R_2）からそれぞれ 12 個ずつ試作品を作って実験をする場合，実験順序は原料ロットごとにランダムに決める（図 2.11）．塊の中でランダマイズ（乱）する方法である．

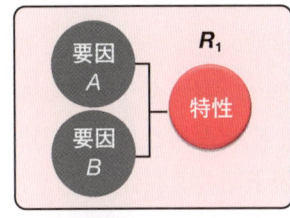

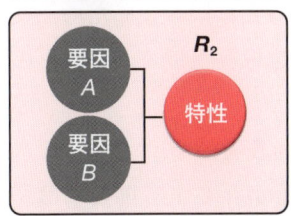

乱塊法

要　因		R_1				R_2			
		B_1	B_2	B_3	B_4	B_1	B_2	B_3	B_4
要因 A	A_1	⑪	⑤	⑩	①	⑪	⑥	⑨	④
	A_2	⑧	⑦	④	⑨	⑦	⑩	②	⑫
	A_3	⑫	⑥	③	②	③	⑧	①	⑤

図 2.11　乱塊法実験

2.4.5　分割法実験

　多くの実験を完全にランダムな順序で実施するのは大変な労力やコストがかかる．三元配置実験では，最初に水準 (A_1, B_4, C_1) で実験して，次に水準 (A_3, B_1, C_2) で実験する

などと，実験のたびに因子の水準設定を変更しなければならず，非効率的である．実験を何段階かに分けて，各段階で実験順序をランダマイズして効率化を図る方法が分割法である．たとえば，因子Aが処理温度とするとき，ある温度のもとで因子Bと因子Cの水準組合せの実験を行い，次に温度を変更して因子Bと因子Cの水準組合せの実験を行う（図2.12）．これが**2段分割実験**であり，まず因子Aの設定順序を決め，次いで因子Bと因子Cの実験順序を決めることになる．

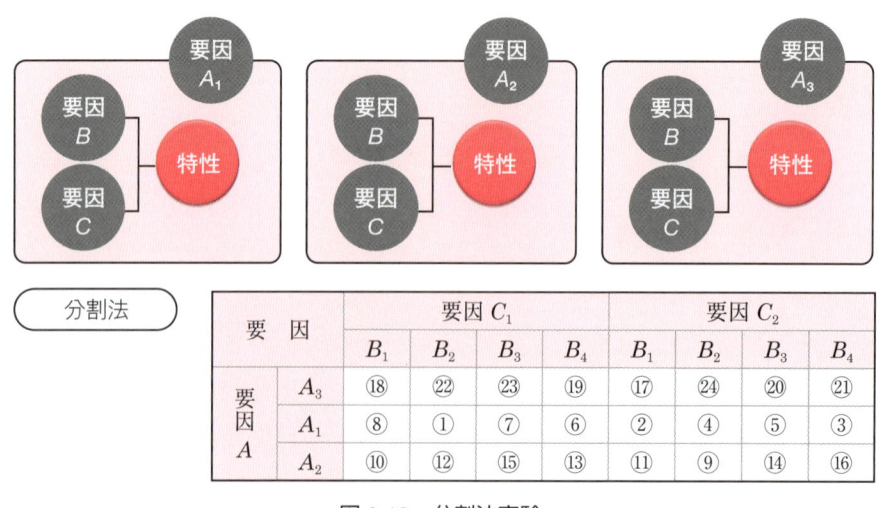

図2.12 分割法実験

2.4.6 直交配列表実験

多くの因子を取り上げると要因効果の数も多くなり，すべての要因効果を調べるには大規模な要因配置実験を計画しなければならない．すべての水準組合せで実験するのではなく，一部の水準組合せで実験を行うのが部分配置実験であり，調べようとする要因効果が適切に検出できるようにどの水準組合せで実験するかを直交配列表を使って決める実験が直交配列表実験である．多くの因子を取り上げると因子間の交互作用もたくさん考えられる．しかし，実際にはそれらがすべて存在しているとは限らないため，交互作用が技術的に考えられるもの，存在を確かめたいものだけを取り上げて，これらの交互作用が検出できるよう効率的な実験を計画する．

取り上げる因子がすべて2水準の場合は**2水準系直交配列表実験**を，すべて3水準の場合は**3水準系直交配列表実験**を行う．異なる水準の因子が存在する場合には，多水準法や擬水準法によって実験を計画することができる．また，乱塊法や分割法を直交配列表実験に組み込むこともできる．因子Aを3水準，因子Bを4水準，因子Cを2水準にとった場合は，図2.13に示す16回の実験で三つの主効果(A, B, C)と二つの交互作用($A \times C, B \times C$)を検出することができる．

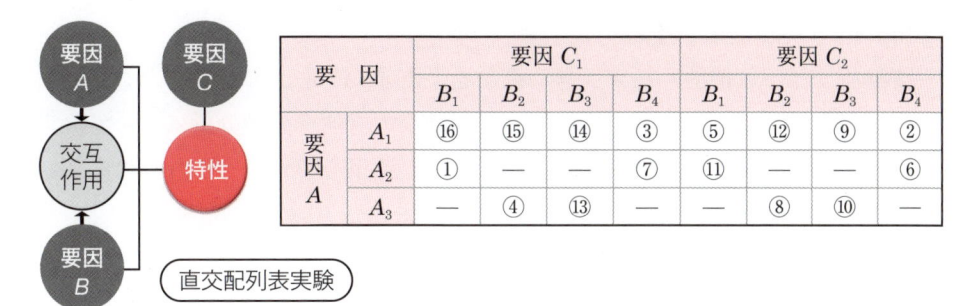

要因		要因 C_1				要因 C_2			
		B_1	B_2	B_3	B_4	B_1	B_2	B_3	B_4
要因 A	A_1	⑯	⑮	⑭	③	⑤	⑫	⑨	②
	A_2	①	—	—	⑦	⑪	—	—	⑥
	A_3	—	④	⑬	—	—	⑧	⑩	—

図 2.13　直交配列表実験

2.5　実験計画法の実施手順

　実験計画法を実施するには，目的を明確にし，因子と水準を決めて，目的に見合った実験計画法を選定する．実験はランダムに行い，データを収集するが，どうしてもランダムに行うことが困難な場合，乱塊法や分割法で実験を行う．

　実験を行った結果は，分散分析によりデータを解析し，要因の効果や最適水準などを求める．

図 2.14　実験計画法の実施手順

● **Step 1　実験計画法の準備**

　実験を計画するときには，まず目的に合った特性を選ぶことが必要になる．そして，特性に影響を及ぼすと思われる因子は特性要因図を用いて探ることになる．因子数や設定する水準数，さらには明らかにしたい要因効果などに応じて，適用する手法が決まる．

● **Step 2　データをとる**

　データは無作為にとらなければならない．適当にとるというのではなく，ランダムな順序で実験を行うことが求められる．無用な誤差を排除するのが目的であるが，完全なランダム化ができないときには，乱塊法や分割法を活用する．

● Step 3　データを解析する

データ解析では，統計的手法が大きな役割を果たす．データのばらつきを要因によるばらつきと誤差によるばらつきに分解し，要因効果の有無を分散分析によって検定を行う．その結果から，要因効果があった主効果や交互作用を特定し，これらの因子に対しては，特性を高めるのに最も適した水準を求める．

そして，そのときの特性値の母平均や水準間の母平均の差を推定したり，将来とるデータを予測したりする．ここでは誤差の大きさをとらえることで，推定値の信頼区間やデータの予測区間を求めることもできる．

データを解析する手順は，次のとおりである．

手順1　仮説を立てる

仮説は，帰無仮説と対立仮説を立てる．

$$帰無仮説　H_0: \mu_1 = \mu_2 = \cdots = \mu_l \tag{2.1}$$

$$対立仮説　H_1: \mu_1, \mu_2, \cdots, \mu_l のいずれか一つ以上が異なる \tag{2.2}$$

手順2　データをグラフ化する

解析を行う前に，必ずデータをグラフに表す．グラフに表すことによって，大まかな傾向や違いが予測できる．また，交互作用がありそうかどうかも解析を行う前にあたりをつけることができる．

手順3　データの構造式を設定する

特性値と特性値に影響を与える要因の効果を式に表したのがデータの構造式である．実験計画法において，要因の効果を明らかにするためにデータの構造式を記入しておくことが必要になる．

$$データの構造式：(データ)_{添字} = \mu + (要因効果の和) + \varepsilon_{添字} \tag{2.3}$$

$$各要因効果についての制約式：\varepsilon_{添字} \sim N(0, \sigma^2)$$

たとえば，一元配置実験のデータの構造式は，

$$x_i = \mu + A_i + \varepsilon_i \qquad \varepsilon_i \sim N(0, \sigma^2) \tag{2.4}$$

となる．

手順4　統計量を計算する

統計量は，「平方和」「自由度」「平均平方」を計算し，因子の平均平方を誤差の平均平方で割った「分散比 F_0」を計算する．

手順5　分散分析表を作成する

手順4 で計算した結果から分散分析表を作成する．

表 2.2　分散分析表

要　因	平方和 S	自由度 ϕ	平均平方 V	分散比 F_0	判　定
主効果 A	S_A	ϕ_A	V_A	F_0	
誤　差 E	S_E	ϕ_E	V_E		
合　計	S_T	ϕ_T			

手順6　主効果，交互作用の効果を確認する

分散分析表の「分散比 F_0」と棄却域 $F(\phi_1, \phi_2; \alpha)$ とを比較して判定を行う．

① 帰無仮説 H_0 が棄却されない場合

「A の水準間には有意な違いがあるとはいえない」

② 帰無仮説 H_0 が棄却された場合

「A の水準間に違いがある」　②の場合には，最適水準の決定を行う

手順7　プーリングの検討を行う（主に，因子が三つ以上の場合）

要因効果がないと判断された場合，その要因のばらつきは誤差のばらつきの一部と見なす．このとき，誤差平方和にその要因の平方和を足し合わせて，改めて誤差平方和を求める．同様に，誤差自由度にも自由度を足し合わせる．

このようにして，効果がないと判断された要因を誤差に足し合わせて，誤差を再評価することをプーリングという．プーリングを行った場合，再度，分散分析表で効果を確認する．

手順8　最適水準の設定を行う

結果が有意となり，帰無仮説 H_0 が棄却された場合は，因子の水準間に違いがあることがいえるので，最適水準の決定を行う．

● **Step 4　結果を検証する**

最適水準が得られたら，その水準で確認実験を行う．部分配置型の実験では，最適水準での実験を行っているとは限らないし，推定した結果を確かめることにもなるので確認実験が有効になる．また，ここで得られた最適水準は，設定した水準値や水準数による実験から得られたものであるから，他の設定で実験をすれば異なった結果となることもある．得られた結果が目標を達成しているか，より高い特性値を与える水準を求めて探索を続けるかなどを検討していく．

実験の結果を受けて，次に実施する実験の計画を立てる．取り上げる交互作用をどうするか，水準の設定値や水準数をどうとるかなどを再度検討し，適切な手法を選択して実験を計画することを繰り返すことになる．

コラム1 ● 何を捨て，何を取っておくか？

部屋の整理は大変である．
洋服や本，書類，置物など，
その時はいいなと思って手に入れたはずなのに，
まったく着ないし使っていないものばかり．
よくもこんなに…と反省するが，
捨てるかどうか，整理はなかなか進まない．

　「そうしたモノはすべて私たちのその時々の思考がもたらした産物である」とすれば，
　整理とはその思考のプロセスを振り返る作業かもしれない．
　つまり，
　自分の思考を見つめ直し自分に本当に好ましいものだけを残すのである．
　だから整理は時間がかかる．

実験も思考の整理の作業といえるかもしれない．
ある現象の理解について私たちの思考の中に混沌として蓄積したいろいろな因子のうち，不要なものを捨てる作業であるから．

　さて，部屋の整理は何とか進み，
　不要なモノはちゃんとリサイクルセンターへ運んだ．
　自分のとった決断に気持ちよささえ沸いてきた．

第3章
Excelによる統計解析の基本操作

3.1 Excel関数による統計量の計算

　Windows Vista，Windows 7対応のExcel 2007, 2010では，「数式」の左端にある「関数の挿入」をクリックする．Windows XP, 2000対応のExcel 2000～2003では，ツールバーの「挿入(I)」をクリックすると，その中に「関数(F)」がある．「関数の挿入」や「関数(F)」とは，Excelシートに作成されたデータや直接入力した数値データを使うことによって，いろいろな統計量の計算や分布の確率を表示する機能である．「関数の挿入」画面表示後は，Excel 2007, 2010とExcel 2000～2003は同じ操作である．

　「関数の挿入」や「関数(F)」をクリックすると，関数の選択ができる．実験計画法の解析を行うには，「関数の分類(C)」の中の「統計」を選択する．そして，「関数名(N)」欄から目的に応じた統計量の計算や分布の確率を選択する（図3.1）．

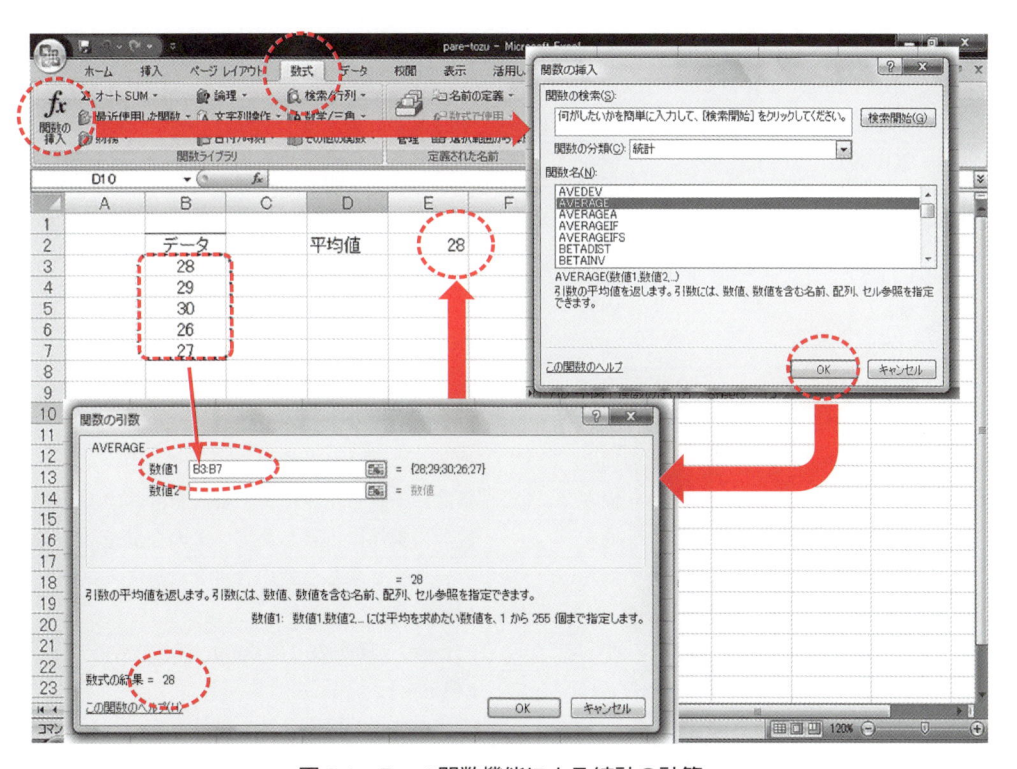

図3.1　Excel関数機能による統計の計算

この「関数名(N)」には，いろいろな関数があるが，そのうち，実験計画法の計算に使う関数をまとめたのが表 3.1 である．

この Excel 関数の表示については，Excel 2000〜2007 までは同じであるが，Excel 2010 で少し変更されている関数名があるので注意を要する．特に関数名に「.」が記入されている場合がある．Excel 2010 での主な変更点は，次のとおりである．

(1) t 分布表は，従来両側確率のみであった「TINV」が，片側確率と両側確率に分離した．

「T.INV」：t 分布表の片側確率

「T.INV.2T」：t 分布表の両側確率……従来の「TINV」

(2) F 分布表は，従来右片側確率のみであった「FINV」が，右片側確率と左片側確率に分離した．

「F.INV」：F 分布表の左片側確率

「F.INV.RT」：F 分布表の右片側確率……従来の「FINV」

(3) 標準偏差「STDFV」の変更

データの標準偏差「STDEV」→「STDEV.S」

(4) （不偏）分散「VAR」の変更

データの（不偏）分散「VAR」→「VAR.S」

表 3.1　主な Excel 関数機能（統計）とその内容

No.	関数名		解　説
	Excel 2000〜2007	Excel 2010	
1	AVERAGE	同左	平均値を計算する
2	COUNT	同左	数値データの数を数える
3	DEVSQ	同左	サンプルから平方和 S を計算する
4	FINV	F.INV.RT	F 分布の逆関数の（右側の）値を求める
5	FTEST	F.TEST	F 検定を行う
6	MAX	同左	データの最大値を求める
7	MIN	同左	データの最小値を求める
8	STDEV	STDEV.S	データの標準偏差を計算する
9	STDEVP	STDEV.P	母集団の標準偏差を計算する
10	SUM	同左	データの合計を計算する
11	SUMIF	同左	条件に一致したデータの合計を計算する
12	SUMIFS（2007 のみ）	同左	複数の条件に一致したデータの合計を計算する
13	SUMSQ	同左	データを 2 乗した値の合計を計算する
14	TDIST	T.DIST	t 分布の確率を求める
15	TINV	T.INV.2T	t 分布の逆関数の（両側の）値を求める
16	TTEST	T.TEST	t 検定を行う
17	VAR	VAR.S	データの（不偏）分散を計算する
18	VARP	VAR.P	母集団の分散を計算する

3.1.1 Excel 関数による基本統計量の計算

平均値 $\bar{x}$ とは,(3.1)式のように,すべての「データ x_i の和」を「データの数 n」で割ったものである.平均値は計算がそれほど面倒でなく,サンプルの平均値と母集団の平均値との間の関係に便利な法則があるため,統計解析ではよく使われる代表値である.

$$\text{平均値} \quad \bar{x} = \frac{x_1 + x_2 + \cdots + x_n}{n} = \frac{\sum_{i=1}^{n} x_i}{n} \quad \text{または} \quad \bar{x} = \frac{\sum x_i}{n} \tag{3.1}$$

$\sum_{i=1}^{n} x_i$ または $\sum x_i$ は,データ $x_1, x_2, \cdots, x_n$ の和を示す式である.

ばらつきを表す値には,平方和,分散,標準偏差などがある.ばらつきの状態を知るには,$(x_1 - \bar{x})$, $(x_2 - \bar{x})$, …のように,各データと平均値との差を考えてみる.このように,(測定値−平均値)のことを偏差と呼んでいる.

これらの偏差をすべてについて計算し,その総和を計算すれば,ばらつきの尺度が得られそうである.ところが,偏差には正の値と負の値があり,それらを加えるとゼロになる.

$$\sum (x_i - \bar{x}) = 0 \tag{3.2}$$

そこで,偏差の符号を消すために,(3.3)式のように各偏差の2乗の総和を求めることにする.これを「偏差の2乗(平方)の和」という意味から平方和,または偏差平方和と呼ばれ,S という記号で表される.なお,本書では以降,偏差平方和のことを単に平方和と呼ぶ.

$$\text{平方和} \quad S = \sum (x_i - \bar{x})^2 = (x_1 - \bar{x})^2 + (x_2 - \bar{x})^2 + \cdots + (x_n - \bar{x})^2 \tag{3.3}$$

(3.3)式を書き直すと,(3.4)式のようになる.

$$S = \sum x_i^2 - \frac{\left(\sum x_i \right)^2}{n} \tag{3.4}$$

なお,$\dfrac{\left(\sum x_i \right)^2}{n}$ を修正項(CT)という.

平方和はデータの数によって影響されるので,データの数とは関係しないばらつきの尺度として,分散が用いられ,V または σ^2(シグマ2乗)という記号で表す.

平方和を「(データ数)-1」[これを自由度 ϕ(ファイ)と呼ぶ]で割ったものを不偏分散または平均平方という.

$$\text{自由度} \quad \phi = n - 1 \tag{3.5}$$

$$\text{不偏分散(平均平方)} \quad V = \frac{S}{n-1} \tag{3.6}$$

本書では，以降，平均平方と呼ぶ．

Excel で平均値 $\bar{x}$，平方和 S，平均平方 V，標準偏差 s を計算するには，「関数の挿入」または「関数(F)」を利用する．手順は，次のとおりである（図 3.2）．

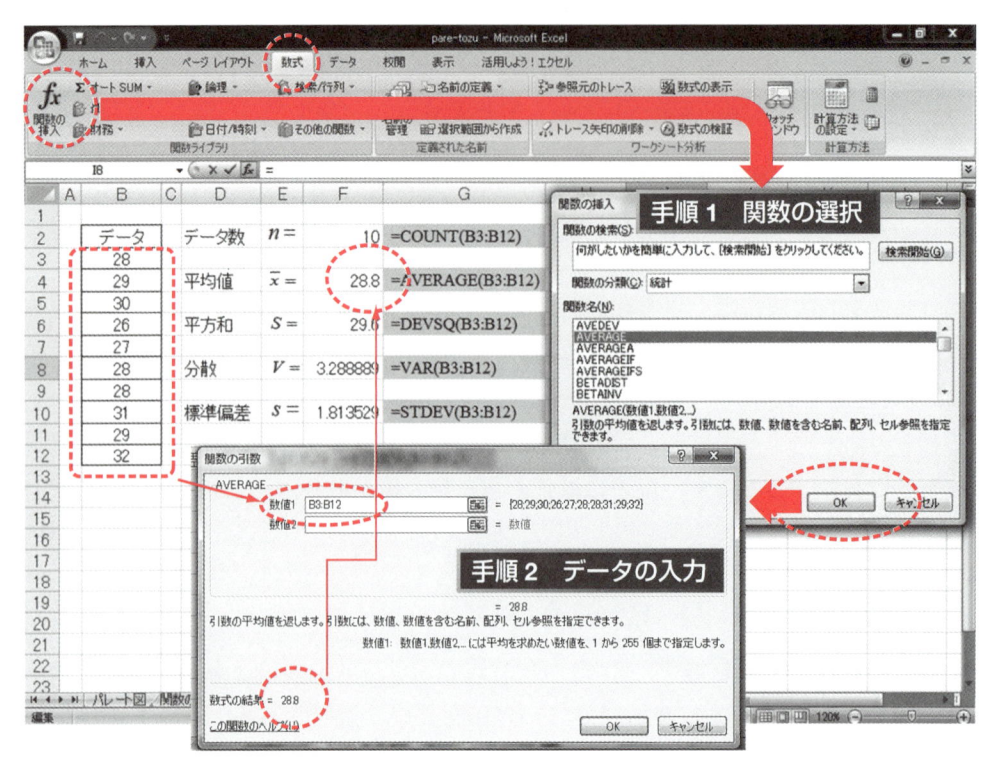

図 3.2　Excel 2007, 2010「関数の挿入」による統計量の計算

第3章 Excelによる統計解析の基本操作

(1) データ数を計算する．（関数：COUNT）

手順1 「数式」タブの「関数の挿入」をクリックすると，「関数の挿入」画面が表示される．「関数の挿入」画面の中の「関数の分類(C)」から「統計」を選択する．「関数名(N)」から「COUNT」を選択し，「OK」をクリックする．

手順2 「数値1」欄にデータを入力する．ここでは，「B3:B12」となり，「OK」をクリックすると，その結果がF2に10と表示される．

(2) 平均値を計算する．（関数：AVERAGE）

手順1 同様に，「関数名(N)」から「AVERAGE」を選択し，「OK」をクリックする．

手順2 「数値1」欄にデータを入力する．ここでは，「B3:B12」となり，「OK」をクリックすると，その結果がF4に28.8と表示される．

(3) 平方和を計算する．（関数：DEVSQ）

手順1 同様に，「関数名(N)」から「DEVSQ」を選択し，「OK」をクリックする．

手順2 「数値1」欄にデータを入力する．ここでは，「B3:B12」となり，「OK」をクリックすると，その結果がF6に29.6と表示される．

(4) 平均平方を計算する．［関数：VAR（Excel 2007），VAR.S（Excel 2010）］

手順1 同様に，「関数名(N)」から「VAR」または「VAR.S」を選択し，「OK」をクリックする．

手順2 「数値1」欄にデータを入力する．ここでは，「B3:B12」となり，「OK」をクリックすると，その結果がF8に3.288889と表示される．

(5) 標準偏差を計算する．［関数：STDEV（Excel 2007），STDEV.S（Excel 2010）］

手順1 同様に，「関数名(N)」から「STDEV」または「STDEV.S」を選択し，「OK」をクリックする．

手順2 「数値1」欄にデータを入力する．ここでは，「B3:B12」となり，「OK」をクリックすると，その結果がF10に1.813529と表示される．

3.1.2　Excel 2000〜2003（Windows XP, 2000）での関数計算

Windows XP, 2000 対応の Excel 2000〜2003 では，ツールバーの「挿入(I)」をクリックすると，その中に「関数(F)」がある．以降の表示は，Excel 2007 と同じである．

「関数(F)」をクリックすると，関数の選択ができる．ここでは「関数の分類(C)」の中の「統計」を選択する．そして，「関数名(N)」欄から目的に応じた統計量の計算や分布の確率を選択する（図 3.3）．

① データ数を計算する．（関数：COUNT）
② 平均値を計算する．（関数：AVERAGE）
③ 平方和を計算する．（関数：DEVSQ）
④ 平均平方を計算する．（関数：VAR）
⑤ 標準偏差を計算する．（関数：STDEV）

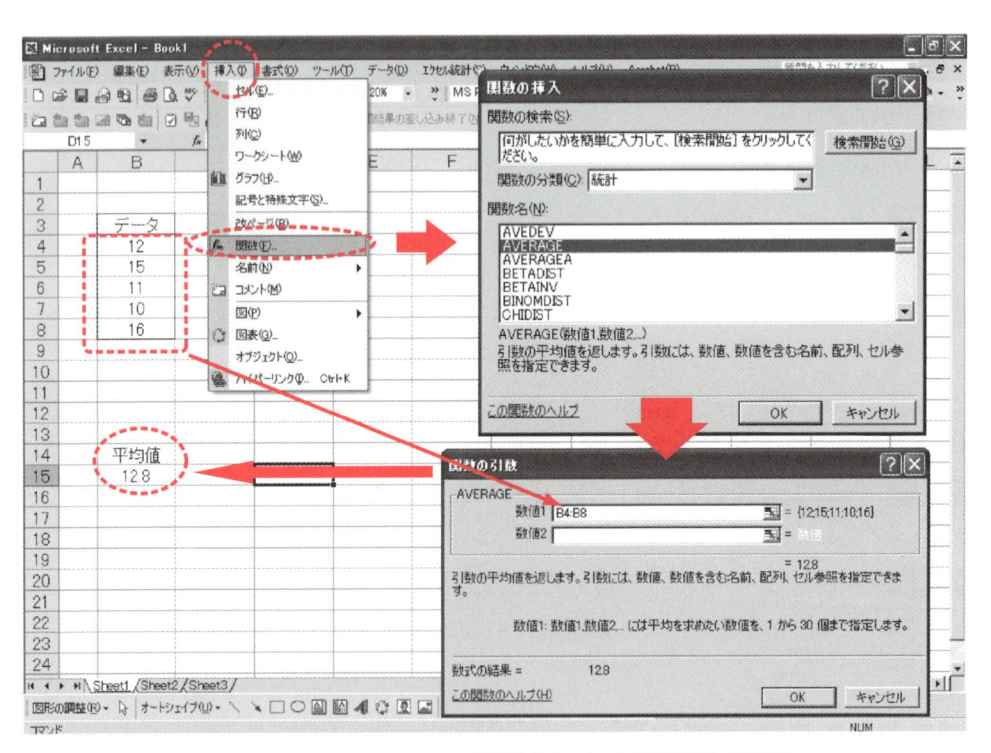

図 3.3　Excel 2000〜2003「関数(F)」による統計量の計算

3.2 Excel 関数による分布表の確率を求める方法

3.2.1 Excel 関数による t 値の求め方

t 分布は，サンプル数 n によって分布の形が異なり，母分散がわからないときに，サンプルから求められる不偏分散を使って検定や推定などの統計処理を行うことができる．

「数式」タブから「関数の挿入」を選択し，「関数の挿入」画面上で，「関数の分類(C)」から「統計」を選択する．「関数名(N)」の中から「TINV」または「T.INV.2T」を選択する．

① Excel 2000〜2007 の場合：関数「TINV」
② Excel 2010 の場合：関数「T.INV.2T」

「関数の引数」画面で次のように入力する．

確　率：P 値をセル「C4」または，数値「0.05」を入力
自由度：自由度をセル「C7」または，数値「5」を入力

この結果，得られた「数式の結果＝2.570582」は，t 分布の確率 P に対する t 値を表している（図 3.4）．

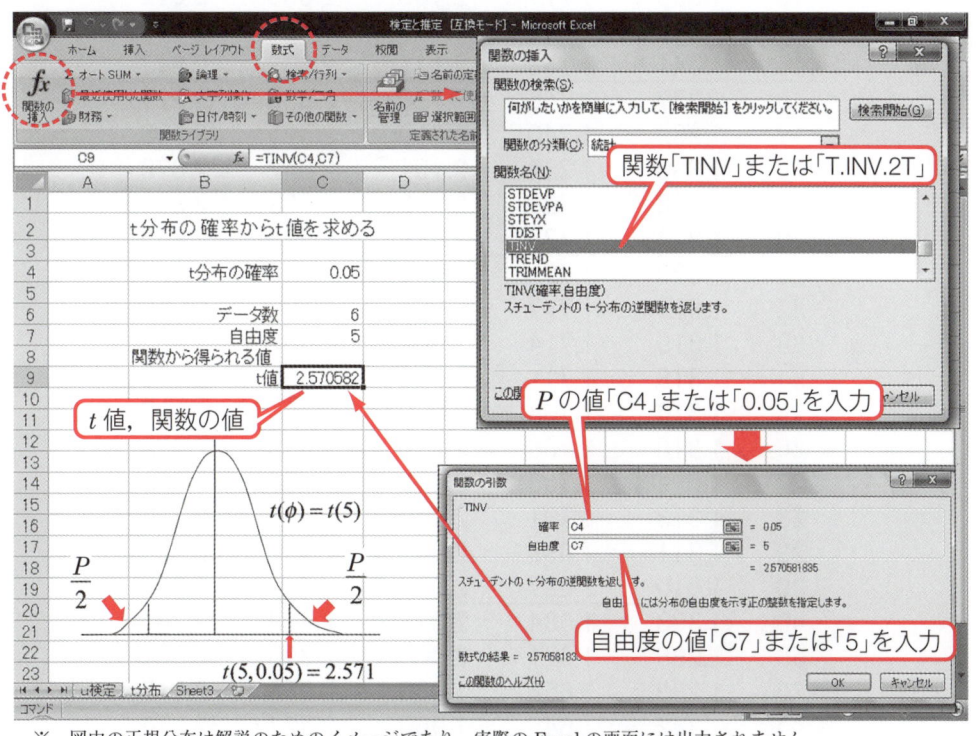

※　図中の正規分布は解説のためのイメージであり，実際の Excel の画面には出力されません．

図 3.4　t 分布確率から t 値を求める手順

表 3.2　t 分布表

自由度 ϕ と両側確率 P から t を求める表
(※ Excel 関数「TINV (Excel 2000〜2007)」または
「T.INV.2T (Excel 2010)」より計算された値)

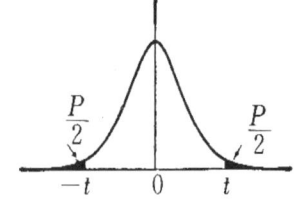

ϕ \ P	0.20	0.10	0.05	0.02	0.01
1	3.078	6.314	12.706	31.821	63.657
2	1.886	2.920	4.303	6.965	9.925
3	1.638	2.353	3.182	4.541	5.841
4	1.533	2.132	2.776	3.747	4.604
5	1.476	2.015	2.571	3.365	4.032
6	1.440	1.943	2.447	3.143	3.707
7	1.415	1.895	2.365	2.998	3.499
8	1.397	1.860	2.306	2.896	3.355
9	1.383	1.833	2.262	2.821	3.250
10	1.372	1.812	2.228	2.764	3.169
11	1.363	1.796	2.201	2.718	3.106
12	1.356	1.782	2.179	2.681	3.055
13	1.350	1.771	2.160	2.650	3.012
14	1.345	1.761	2.145	2.624	2.977
15	1.341	1.753	2.131	2.602	2.947
16	1.337	1.746	2.120	2.583	2.921
17	1.333	1.740	2.110	2.567	2.898
18	1.330	1.734	2.101	2.552	2.878
19	1.328	1.729	2.093	2.539	2.861
20	1.325	1.725	2.086	2.528	2.845
21	1.323	1.721	2.080	2.518	2.831
22	1.321	1.717	2.074	2.508	2.819
23	1.319	1.714	2.069	2.500	2.807
24	1.318	1.711	2.064	2.492	2.797
25	1.316	1.708	2.060	2.485	2.787
26	1.315	1.706	2.056	2.479	2.779
27	1.314	1.703	2.052	2.473	2.771
28	1.313	1.701	2.048	2.467	2.763
29	1.311	1.699	2.045	2.462	2.756
30	1.310	1.697	2.042	2.457	2.750
40	1.303	1.684	2.021	2.423	2.704
60	1.296	1.671	2.000	2.390	2.660
120	1.289	1.658	1.980	2.358	2.617
∞	1.282	1.645	1.960	2.327	2.576

3.2.2 Excel 関数による F 値の求め方

F 分布とは，二つの分散比の分布であり，母分散の違いを検定したり，分散分析などの統計処理を行うことができる．

「数式」タブから「関数の挿入」を選択し，「関数の挿入」画面上で，「関数の分類(C)」から「統計」を選択する．「関数名(N)」の中から「FINV」または「F.INV.RT」を選択する．

① Excel 2000〜2007 の場合：関数「FINV」
② Excel 2010 の場合：関数「F.INV.RT」

「関数の引数」画面で次のように入力する．

確　率：P 値をセル「C4」または，数値「0.05」を入力
自由度1：分子の自由度をセル「C6」または，数値「2」を入力
自由度2：分母の自由度をセル「C7」または，数値「7」を入力

この結果，得られた「数式の結果＝4.737414」は，F 分布の確率 P に対する F 値を表している（図 3.5）．

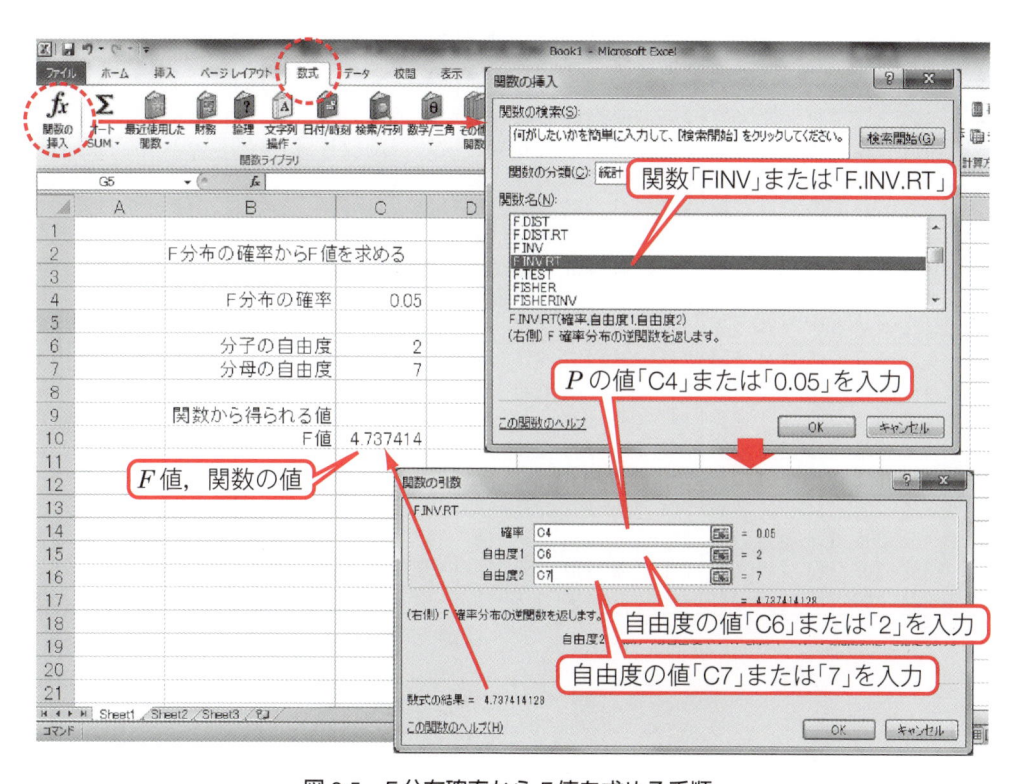

図 3.5　F 分布確率から F 値を求める手順

表3.3 F分布表（α＝0.05）

自由度 ϕ_1 自由度 ϕ_2 と片側確率 P から F を求める表
（Excel 関数「FINV（Excel 2000〜2007）」または，
「F.INV.RT（Excel 2010）」より計算された値）

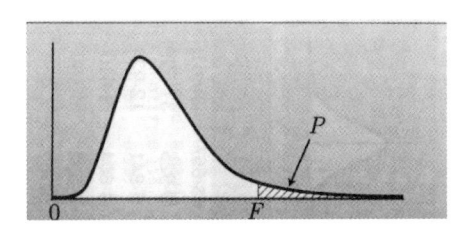

ϕ_2 \ ϕ_1	1	2	3	4	5	6	7	8	9	10	12	15	20	24	30	40	60	120	∞
1	161	199	216	225	230	234	237	239	241	242	244	246	248	249	250	251	252	253	254
2	18.5	19.0	19.2	19.2	19.3	19.3	19.4	19.4	19.4	19.4	19.4	19.4	19.4	19.5	19.5	19.5	19.5	19.5	19.5
3	10.1	9.55	9.28	9.12	9.01	8.94	8.89	8.85	8.81	8.79	8.74	8.70	8.66	8.64	8.62	8.59	8.57	8.55	8.53
4	7.71	6.94	6.59	6.39	6.26	6.16	6.09	6.04	6.00	5.96	5.91	5.86	5.80	5.77	5.75	5.72	5.69	5.66	5.63
5	6.61	5.79	5.41	5.19	5.05	4.95	4.88	4.82	4.77	4.74	4.68	4.62	4.56	4.53	4.50	4.46	4.43	4.40	4.37
6	5.99	5.14	4.76	4.53	4.39	4.28	4.21	4.15	4.10	4.06	4.00	3.94	3.87	3.84	3.81	3.77	3.74	3.70	3.67
7	5.59	4.74	4.35	4.12	3.97	3.87	3.79	3.73	3.68	3.64	3.57	3.51	3.44	3.41	3.38	3.34	3.30	3.27	3.23
8	5.32	4.46	4.07	3.84	3.69	3.58	3.50	3.44	3.39	3.35	3.28	3.22	3.15	3.12	3.08	3.04	3.01	2.97	2.93
9	5.12	4.26	3.86	3.63	3.48	3.37	3.29	3.23	3.18	3.14	3.07	3.01	2.94	2.90	2.86	2.83	2.79	2.75	2.71
10	4.96	4.10	3.71	3.48	3.33	3.22	3.14	3.07	3.02	2.98	2.91	2.85	2.77	2.74	2.70	2.66	2.62	2.58	2.54
11	4.84	3.98	3.59	3.36	3.20	3.09	3.01	2.95	2.90	2.85	2.79	2.72	2.65	2.61	2.57	2.53	2.49	2.45	2.40
12	4.75	3.89	3.49	3.26	3.11	3.00	2.91	2.85	2.80	2.75	2.69	2.62	2.54	2.51	2.47	2.43	2.38	2.34	2.30
13	4.67	3.81	3.41	3.18	3.03	2.92	2.83	2.77	2.71	2.67	2.60	2.53	2.46	2.42	2.38	2.34	2.30	2.25	2.21
14	4.60	3.74	3.34	3.11	2.96	2.85	2.76	2.70	2.65	2.60	2.53	2.46	2.39	2.35	2.31	2.27	2.22	2.18	2.13
15	4.54	3.68	3.29	3.06	2.90	2.79	2.71	2.64	2.59	2.54	2.48	2.40	2.33	2.29	2.25	2.20	2.16	2.11	2.07
16	4.49	3.63	3.24	3.01	2.85	2.74	2.66	2.59	2.54	2.49	2.42	2.35	2.28	2.24	2.19	2.15	2.11	2.06	2.01
17	4.45	3.59	3.20	2.96	2.81	2.70	2.61	2.55	2.49	2.45	2.38	2.31	2.23	2.19	2.15	2.10	2.06	2.01	1.96
18	4.41	3.55	3.16	2.93	2.77	2.66	2.58	2.51	2.46	2.41	2.34	2.27	2.19	2.15	2.11	2.06	2.02	1.97	1.92
19	4.38	3.52	3.13	2.90	2.74	2.63	2.54	2.48	2.42	2.38	2.31	2.23	2.16	2.11	2.07	2.03	1.98	1.93	1.88
20	4.35	3.49	3.10	2.87	2.71	2.60	2.51	2.45	2.39	2.35	2.28	2.20	2.12	2.08	2.04	1.99	1.95	1.90	1.84
21	4.32	3.47	3.07	2.84	2.68	2.57	2.49	2.42	2.37	2.32	2.25	2.18	2.10	2.05	2.01	1.96	1.92	1.87	1.81
22	4.30	3.44	3.05	2.82	2.66	2.55	2.46	2.40	2.34	2.30	2.23	2.15	2.07	2.03	1.98	1.94	1.89	1.84	1.78
23	4.28	3.42	3.03	2.80	2.64	2.53	2.44	2.37	2.32	2.27	2.20	2.13	2.05	2.01	1.96	1.91	1.86	1.81	1.76
24	4.26	3.40	3.01	2.78	2.62	2.51	2.42	2.36	2.30	2.25	2.18	2.11	2.03	1.98	1.94	1.89	1.84	1.79	1.73
25	4.24	3.39	2.99	2.76	2.60	2.49	2.40	2.34	2.28	2.24	2.16	2.09	2.01	1.96	1.92	1.87	1.82	1.77	1.71
26	4.23	3.37	2.98	2.74	2.59	2.47	2.39	2.32	2.27	2.22	2.15	2.07	1.99	1.95	1.90	1.85	1.80	1.75	1.69
27	4.21	3.35	2.96	2.73	2.57	2.46	2.37	2.31	2.25	2.20	2.13	2.06	1.97	1.93	1.88	1.84	1.79	1.73	1.67
28	4.20	3.34	2.95	2.71	2.56	2.45	2.36	2.29	2.24	2.19	2.12	2.04	1.96	1.91	1.87	1.82	1.77	1.71	1.65
29	4.18	3.33	2.93	2.70	2.55	2.43	2.35	2.28	2.22	2.18	2.10	2.03	1.94	1.90	1.85	1.81	1.75	1.70	1.64
30	4.17	3.32	2.92	2.69	2.53	2.42	2.33	2.27	2.21	2.16	2.09	2.01	1.93	1.89	1.84	1.79	1.74	1.68	1.62
40	4.08	3.23	2.84	2.61	2.45	2.34	2.25	2.18	2.12	2.08	2.00	1.92	1.84	1.79	1.74	1.69	1.64	1.58	1.51
60	4.00	3.15	2.76	2.53	2.37	2.25	2.17	2.10	2.04	1.99	1.92	1.84	1.75	1.70	1.65	1.59	1.53	1.47	1.39
120	3.92	3.07	2.68	2.45	2.29	2.18	2.09	2.02	1.96	1.91	1.83	1.75	1.66	1.61	1.55	1.50	1.43	1.35	1.25
∞	3.84	3.00	2.60	2.37	2.21	2.10	2.01	1.94	1.88	1.83	1.75	1.67	1.57	1.52	1.46	1.39	1.32	1.22	1.00

表3.4 F分布表（α＝0.01）

自由度 ϕ_1 自由度 ϕ_2 と片側確率 P から F を求める表
（Excel関数「FINV（Excel 2000〜2007）」または，
「F.INV.RT（Excel 2010）」より計算された値）

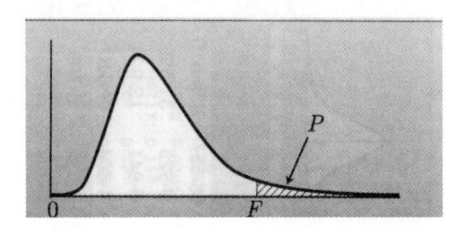

ϕ_2 \ ϕ_1	1	2	3	4	5	6	7	8	9	10	12	15	20	24	30	40	60	120	∞
1	4052	4999	5403	5625	5764	5859	5928	5981	6022	6056	6106	6157	6209	6235	6261	6287	6313	6339	6366
2	98.5	99.0	99.2	99.2	99.3	99.3	99.4	99.4	99.4	99.4	99.4	99.4	99.4	99.5	99.5	99.5	99.5	99.5	99.5
3	34.1	30.8	29.5	28.7	28.2	27.9	27.7	27.5	27.3	27.2	27.1	26.9	26.7	26.6	26.5	26.4	26.3	26.2	26.1
4	21.2	18.0	16.7	16.0	15.5	15.2	15.0	14.8	14.7	14.5	14.4	14.2	14.0	13.9	13.8	13.7	13.7	13.6	13.5
5	16.3	13.3	12.1	11.4	11.0	10.7	10.5	10.3	10.2	10.1	9.89	9.72	9.55	9.47	9.38	9.29	9.20	9.11	9.02
6	13.7	10.9	9.78	9.15	8.75	8.47	8.26	8.10	7.98	7.87	7.72	7.56	7.40	7.31	7.23	7.14	7.06	6.97	6.88
7	12.2	9.55	8.45	7.85	7.46	7.19	6.99	6.84	6.72	6.62	6.47	6.31	6.16	6.07	5.99	5.91	5.82	5.74	5.65
8	11.3	8.65	7.59	7.01	6.63	6.37	6.18	6.03	5.91	5.81	5.67	5.52	5.36	5.28	5.20	5.12	5.03	4.95	4.86
9	10.6	8.02	6.99	6.42	6.06	5.80	5.61	5.47	5.35	5.26	5.11	4.96	4.81	4.73	4.65	4.57	4.48	4.40	4.31
10	10.0	7.56	6.55	5.99	5.64	5.39	5.20	5.06	4.94	4.85	4.71	4.56	4.41	4.33	4.25	4.17	4.08	4.00	3.91
11	9.65	7.21	6.22	5.67	5.32	5.07	4.89	4.74	4.63	4.54	4.40	4.25	4.10	4.02	3.94	3.86	3.78	3.69	3.60
12	9.33	6.93	5.95	5.41	5.06	4.82	4.64	4.50	4.39	4.30	4.16	4.01	3.86	3.78	3.70	3.62	3.54	3.45	3.36
13	9.07	6.70	5.74	5.21	4.86	4.62	4.44	4.30	4.19	4.10	3.96	3.82	3.66	3.59	3.51	3.43	3.34	3.25	3.17
14	8.86	6.51	5.56	5.04	4.69	4.46	4.28	4.14	4.03	3.94	3.80	3.66	3.51	3.43	3.35	3.27	3.18	3.09	3.00
15	8.68	6.36	5.42	4.89	4.56	4.32	4.14	4.00	3.89	3.80	3.67	3.52	3.37	3.29	3.21	3.13	3.05	2.96	2.87
16	8.53	6.23	5.29	4.77	4.44	4.20	4.03	3.89	3.78	3.69	3.55	3.41	3.26	3.18	3.10	3.02	2.93	2.84	2.75
17	8.40	6.11	5.18	4.67	4.34	4.10	3.93	3.79	3.68	3.59	3.46	3.31	3.16	3.08	3.00	2.92	2.83	2.75	2.65
18	8.29	6.01	5.09	4.58	4.25	4.01	3.84	3.71	3.60	3.51	3.37	3.23	3.08	3.00	2.92	2.84	2.75	2.66	2.57
19	8.18	5.93	5.01	4.50	4.17	3.94	3.77	3.63	3.52	3.43	3.30	3.15	3.00	2.92	2.84	2.76	2.67	2.58	2.49
20	8.10	5.85	4.94	4.43	4.10	3.87	3.70	3.56	3.46	3.37	3.23	3.09	2.94	2.86	2.78	2.69	2.61	2.52	2.42
21	8.02	5.78	4.87	4.37	4.04	3.81	3.64	3.51	3.40	3.31	3.17	3.03	2.88	2.80	2.72	2.64	2.55	2.46	2.36
22	7.95	5.72	4.82	4.31	3.99	3.76	3.59	3.45	3.35	3.26	3.12	2.98	2.83	2.75	2.67	2.58	2.50	2.40	2.31
23	7.88	5.66	4.76	4.26	3.94	3.71	3.54	3.41	3.30	3.21	3.07	2.93	2.78	2.70	2.62	2.54	2.45	2.35	2.26
24	7.82	5.61	4.72	4.22	3.90	3.67	3.50	3.36	3.26	3.17	3.03	2.89	2.74	2.66	2.58	2.49	2.40	2.31	2.21
25	7.77	5.57	4.68	4.18	3.85	3.63	3.46	3.32	3.22	3.13	2.99	2.85	2.70	2.62	2.54	2.45	2.36	2.27	2.17
26	7.72	5.53	4.64	4.14	3.82	3.59	3.42	3.29	3.18	3.09	2.96	2.81	2.66	2.58	2.50	2.42	2.33	2.23	2.13
27	7.68	5.49	4.60	4.11	3.78	3.56	3.39	3.26	3.15	3.06	2.93	2.78	2.63	2.55	2.47	2.38	2.29	2.20	2.10
28	7.64	5.45	4.57	4.07	3.75	3.53	3.36	3.23	3.12	3.03	2.90	2.75	2.60	2.52	2.44	2.35	2.26	2.17	2.06
29	7.60	5.42	4.54	4.04	3.73	3.50	3.33	3.20	3.09	3.00	2.87	2.73	2.57	2.49	2.41	2.33	2.23	2.14	2.03
30	7.56	5.39	4.51	4.02	3.70	3.47	3.30	3.17	3.07	2.98	2.84	2.70	2.55	2.47	2.39	2.30	2.21	2.11	2.01
40	7.31	5.18	4.31	3.83	3.51	3.29	3.12	2.99	2.89	2.80	2.66	2.52	2.37	2.29	2.20	2.11	2.02	1.92	1.80
60	7.08	4.98	4.13	3.65	3.34	3.12	2.95	2.82	2.72	2.63	2.50	2.35	2.20	2.12	2.03	1.94	1.84	1.73	1.60
120	6.85	4.79	3.95	3.48	3.17	2.96	2.79	2.66	2.56	2.47	2.34	2.19	2.03	1.95	1.86	1.76	1.66	1.53	1.38
∞	6.64	4.61	3.78	3.32	3.02	2.80	2.64	2.51	2.41	2.32	2.18	2.04	1.88	1.79	1.70	1.59	1.47	1.32	1.00

3.3 Excel「分析ツール」による統計解析の実行

Excel の「分析ツール」という機能を活用すると，データや条件を入力するだけで，一元配置と二元配置の分散分析の結果が出力される．分析ツールのインストール方法は，Excel のバージョンによって異なるので，Excel のバージョンを確認してインストールを行う．

3.3.1 分析ツールのインストール（Excel 2010 の場合）

Windows 7 の Excel 2010 を使用している場合，分析ツールのインストールは，次の手順で行う．

- **手順1** 「ファイル」タブをクリックし，「オプション」をクリックする．
- **手順2** 「Excel のオプション」画面で「アドイン」を選択する．
- **手順3** 管理(A) で「Excel アドイン」を選択する．
- **手順4** 右の「設定(G)」をクリックする．
- **手順5** 「アドイン」下面から，　□分析ツール
  　　　　　　　　　　　　　　　　□分析ツール－ VBA

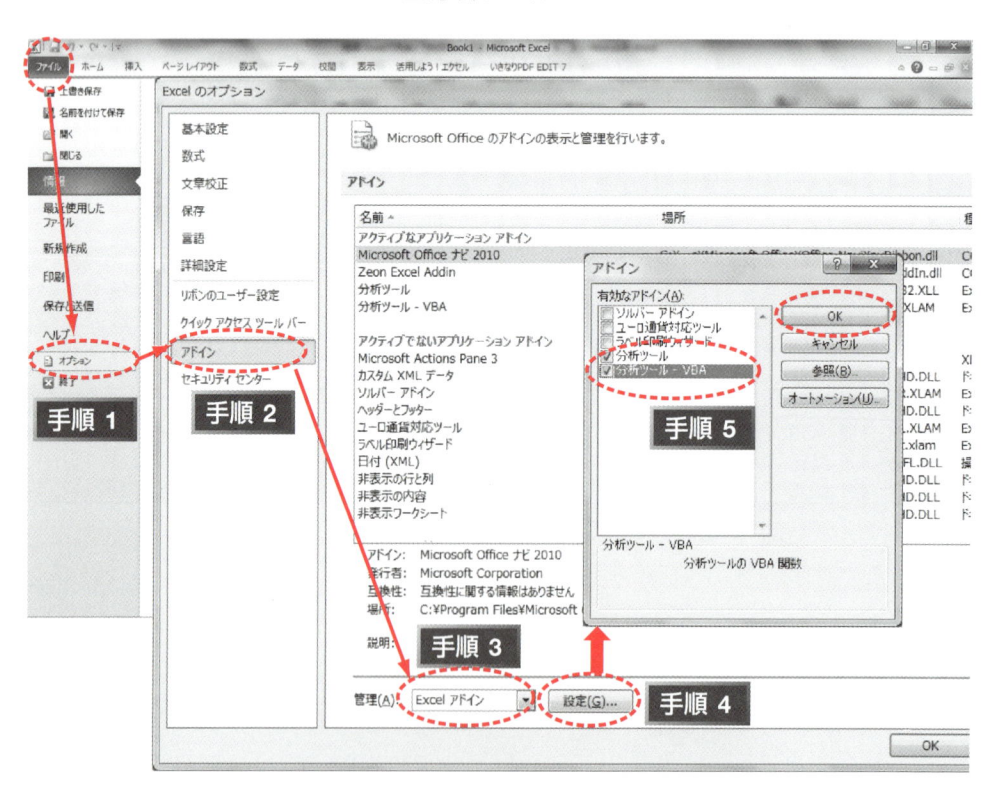

図 3.6　Excel 2010 の「分析ツール」のインストール

にチェックマーク「✔」を入力し，「OK」をクリックする．

3.3.2 分析ツールのインストール（Excel 2007 の場合）

Windows Vista の Excel 2007 を使用している場合，分析ツールのインストールは，次の手順で行う（図 3.7）．

手順 1 「Microsoft Office ボタン」をクリックする．
手順 2 「Excel のオプション」をクリックする．
手順 3 「アドイン」をクリックし，「管理」ボックスの一覧の「Excel アドイン」をクリックする．
手順 4 「設定」をクリックする．
手順 5 「有効なアドイン」ボックスの一覧で，「分析ツール」と「分析ツール VBA」チェックボックスに「✔」チェックマークを入れる．「OK」をクリックする．

もし，「有効なアドイン」ボックスの一覧に「分析ツール」が表示されない場合は，「参照」をクリックしてアドインファイルを見つける．

分析ツールを読み込むことで，「データ」タブの「分析」で「データ分析」を実行することができる．

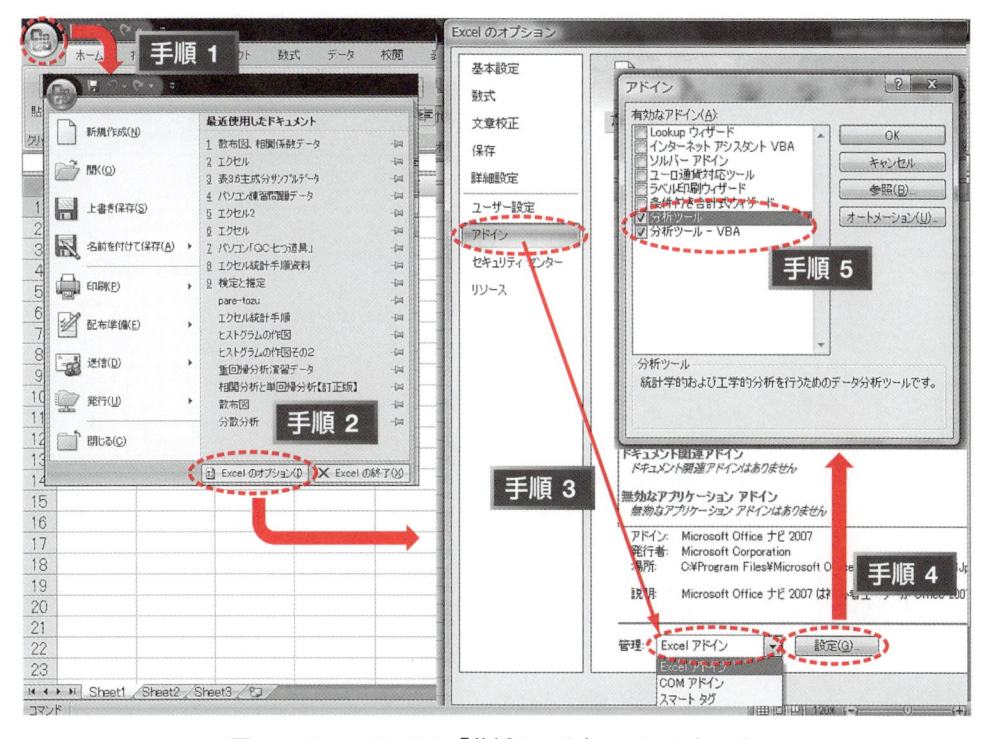

図 3.7　Excel 2007 の「分析ツール」のインストール

3.3.3 分析ツールのインストール（Excel 2000～2003 の場合）

Windows XP, 2000 の Excel 2000～2003 を使用している場合，分析ツールのインストールは，次の手順で行う（図 3.8）．

手順1 ツールバーの「ツール(T)」をクリックする．
手順2 「アドイン(I)」をクリックする．
手順3 「分析ツール」と「分析ツール VBA」の□にチェックマーク「✔」を入れる．
手順4 「OK」をクリックする．

以上で「分析ツール(D)」が使えるようになる．

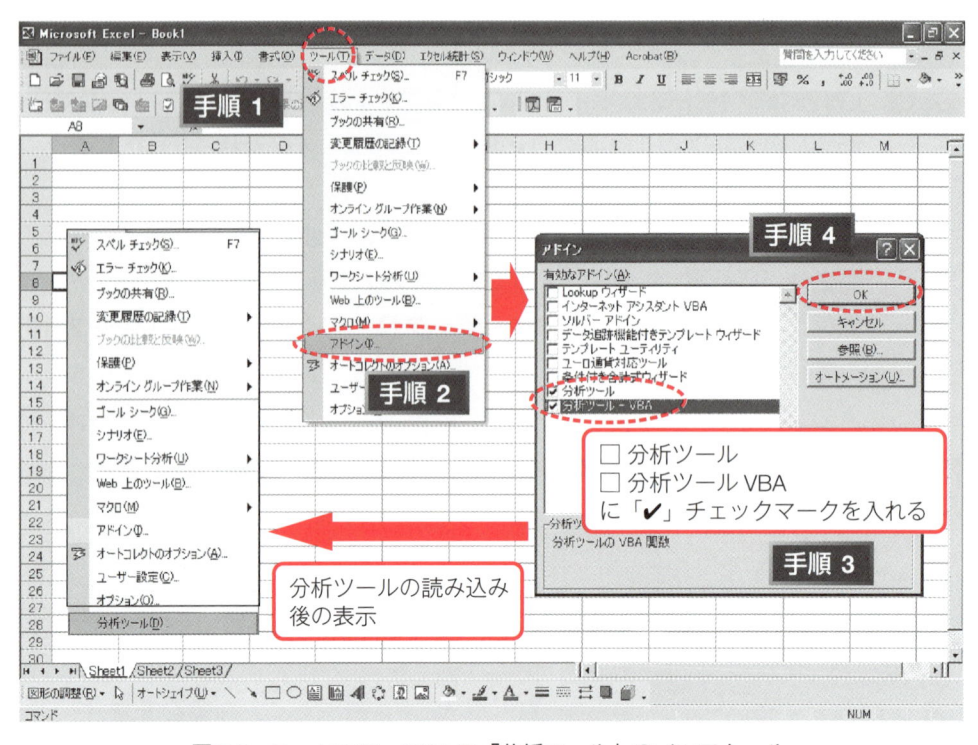

図 3.8 Excel 2000～2003 の「分析ツール」のインストール

3.3.4 分析ツールによる統計解析の実行

分析ツールの中から，解析の目的に合わせて手法を選択すると，解析に必要なデータなどを入力する画面が表示される．入力画面に必要事項を入力すれば，解析結果が表示される．

Excel 2007, 2010 で分析ツールを活用する手順は，次のとおりである．

手順1 「データ」タブの「分析」の中の「データ分析」をクリックする．
手順2 「データ分析」画面が表示されたら，「分析ツール(A)」の中から，解析を行う項目を選択し，「OK」をクリックする．

第 3 章　Excel による統計解析の基本操作　　　　　　　　　　　　　　61

手順 3　解析画面が表示されたら，解析に必要なデータや諸元の入力を行う．
手順 4　「OK」をクリックし，解析結果を表示させる．

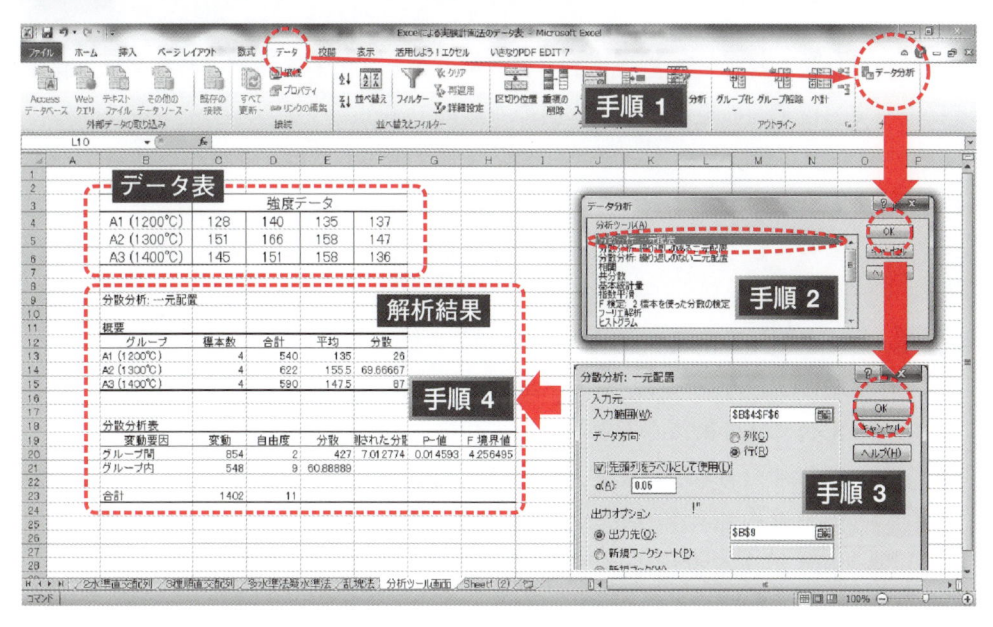

図 3.9　Excel 2007, 2010 での「分析ツール」の実行

Excel 2000〜2003 で「分析ツール」を活用する方法は，基本的に Excel 2007, 2010 と同じである．ただし，「分析ツール」の画面を表示するまでの手順が，Excel 2007, 2010 と異なるので，その手順を以下に示す．

手順 1　ツールバーの「ツール(T)」をクリックする．
手順 2　「分析ツール(D)」をクリックする．

「分析ツール」画面が表示された後は，Excel 2007, 2010 の手順と同じである．
分析ツールでは，表 3.5 のような実験計画法の解析ができる．

表 3.5　Excel の分析ツールで解析ができる実験計画法

No.	統計解析	解説
1	分散分析　一元配置	因子一つの分散分析表を出力する
2	分散分析　繰り返しのある二元配置	因子二つと交互作用の分散分析表を出力する
3	分散分析　繰り返しのない二元配置	因子二つの分散分析表を出力する

3.4 Excel「グラフ機能」によるデータのグラフ化

実験計画の結果を解析するとき，まずデータをグラフ化する．データをグラフ化することによって，因子間の違いや交互作用の有無の予測ができる．

Excelの「グラフ機能」を使ってデータをグラフ化するには，グラフ化するデータ表を作成することから始める．その手順は，次のとおりである．

ここでは，繰り返しのある二元配置実験の結果データを例にとって，グラフを作成する．

手順1 データ配列の作成

一つのグラフにまとめるには，データ配列を作り直す（図3.10）．

- **操作1** K列には横軸にくる水準名を入れる．
- **操作2** 因子 A の各水準の平均 ［L2］=E2, ［L3］=E4, ［L4］=E6
- **操作3** 因子 B の各水準の平均 ［M5］=B9, ［M6］=C9
- **操作4** 水準 A_1B_1 における平均 ［N7］=H2/2
- **操作5** 他の水準組合せにおける平均は，セル N7 を N7:O9 にコピーする

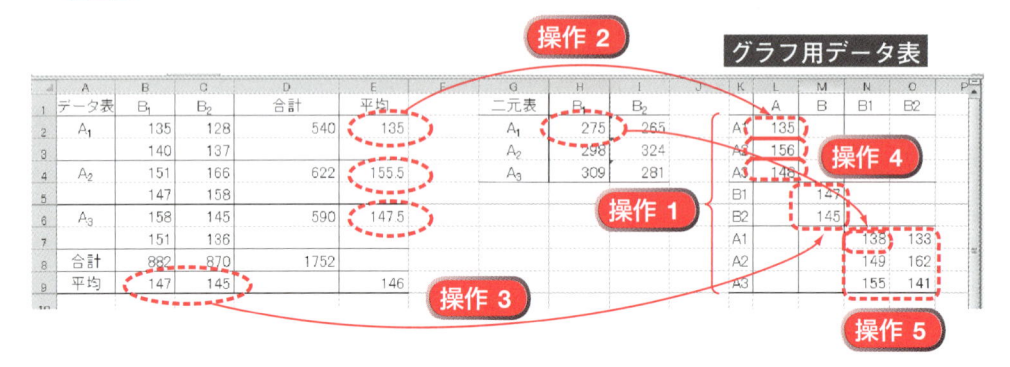

図3.10 グラフ作成用データ表の作成

手順2 グラフの作成（Excel 2007, 2010 の場合）

- **操作6** データ範囲 K1:O9 を指定する．
- **操作7** 「挿入」タブをクリックする．
- **操作8** 「折れ線」をクリックする．
- **操作9** 「2D折れ線」の中から「マーカー付き折れ線」を選択する．

以上の操作で折れ線グラフが表示される（図3.11）．

※ Excel 2000〜2003 の折れ線グラフの作成（図3.12）

1. ツールバー「挿入(I)」をクリックする．
2. 「グラフ(H)」をクリックする．
3. 「グラフウィザード」画面の「グラフの種類(C)」の中の「折れ線」を選択する．

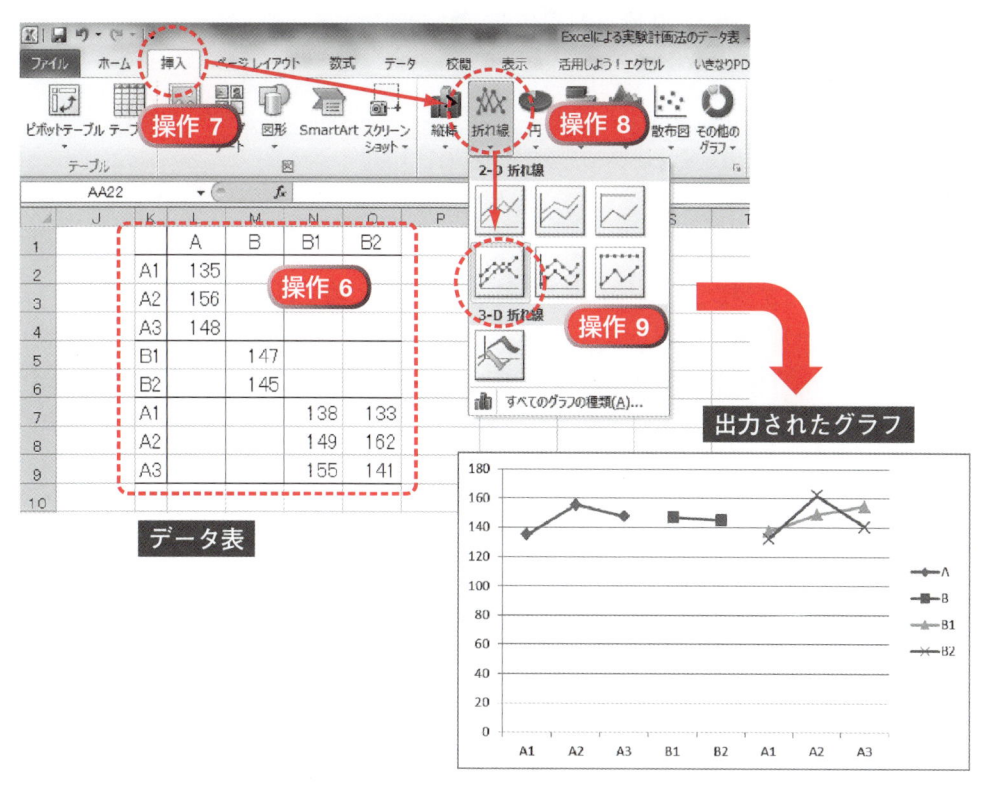

第3章　Excelによる統計解析の基本操作

図 3.11　Excel 2007, 2010 の「グラフ機能」による折れ線グラフの作成

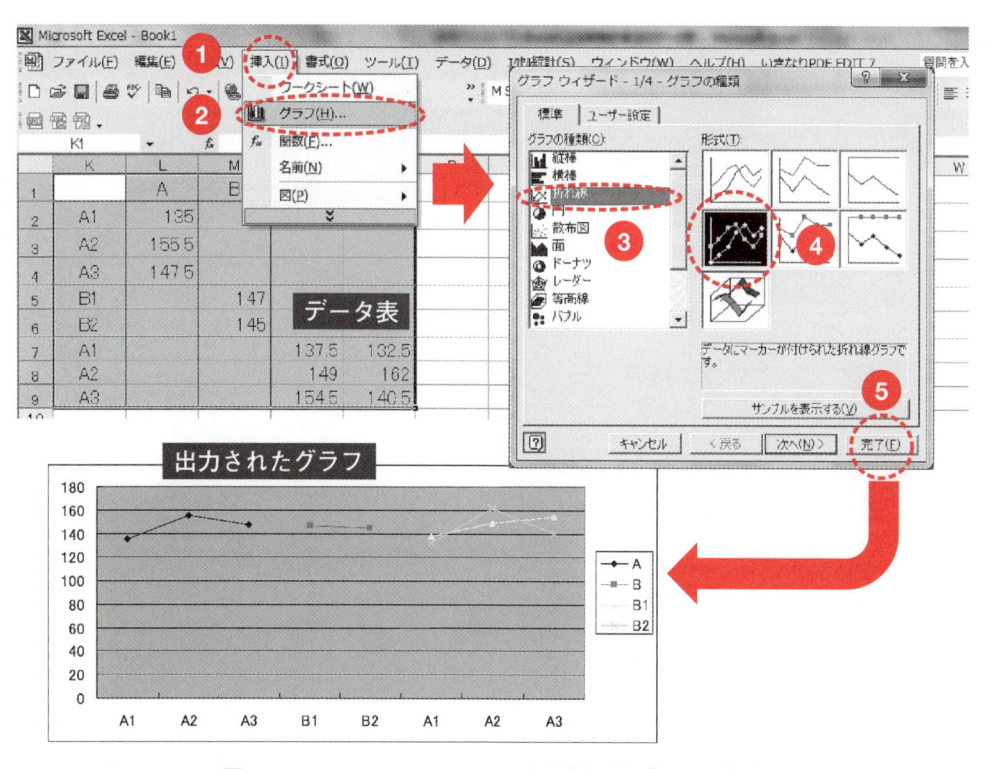

図 3.12　Excel 2000〜2003 による折れ線グラフの作成

❹ 「形式(I)」の中から2段目左端のグラフを選択する．
❺ 「完了」をクリックする．

手順3 グラフの修正（Excel 2007, 2010 の場合）

操作10 縦軸をクリックしてから，右クリックする．

操作11 「軸の書式設定(F)」をクリックする．

操作12 「軸のオプション」画面で「最小値」「最大値」「目盛間隔」を自動から固定に変更し，値を入力する．ここでは，「最小値」：120，「最大値」：170，「目盛間隔」：10

操作13 「閉じる」をクリックする．

以上の操作で，グラフが見やすくなる（図3.13）．

操作14 補助線をクリックしてから，右クリックする．

操作15 「削除(D)」をクリックする．

以上の操作で補助線が消える（図3.14）．

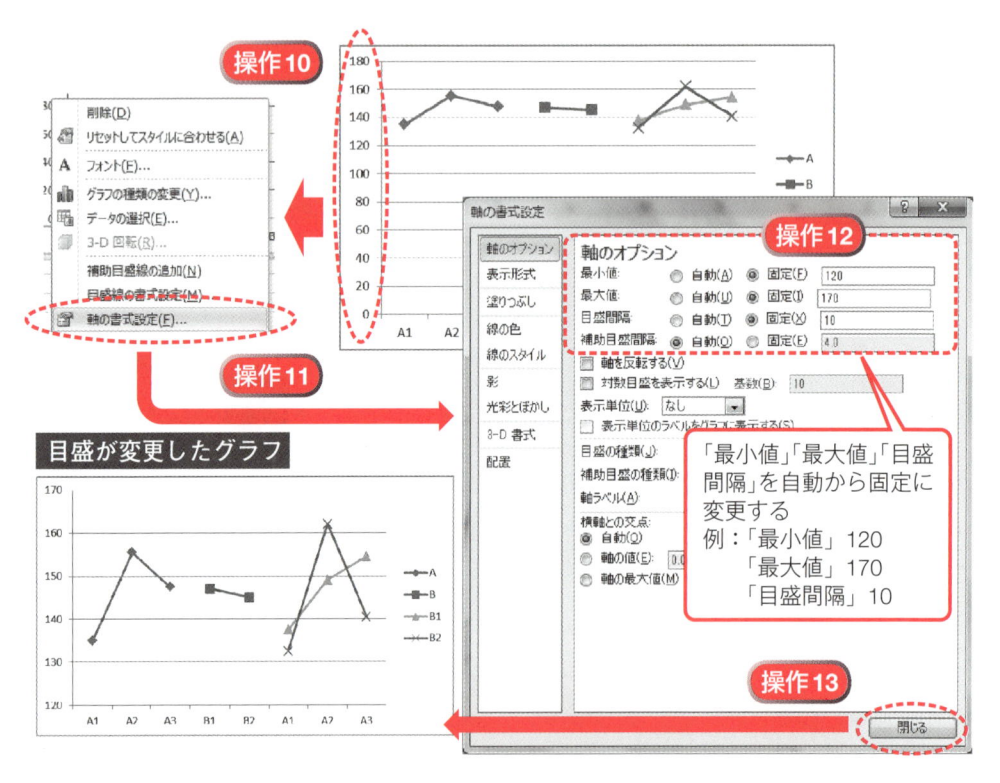

図3.13 グラフの目盛り修正（Excel 2007, 2010）

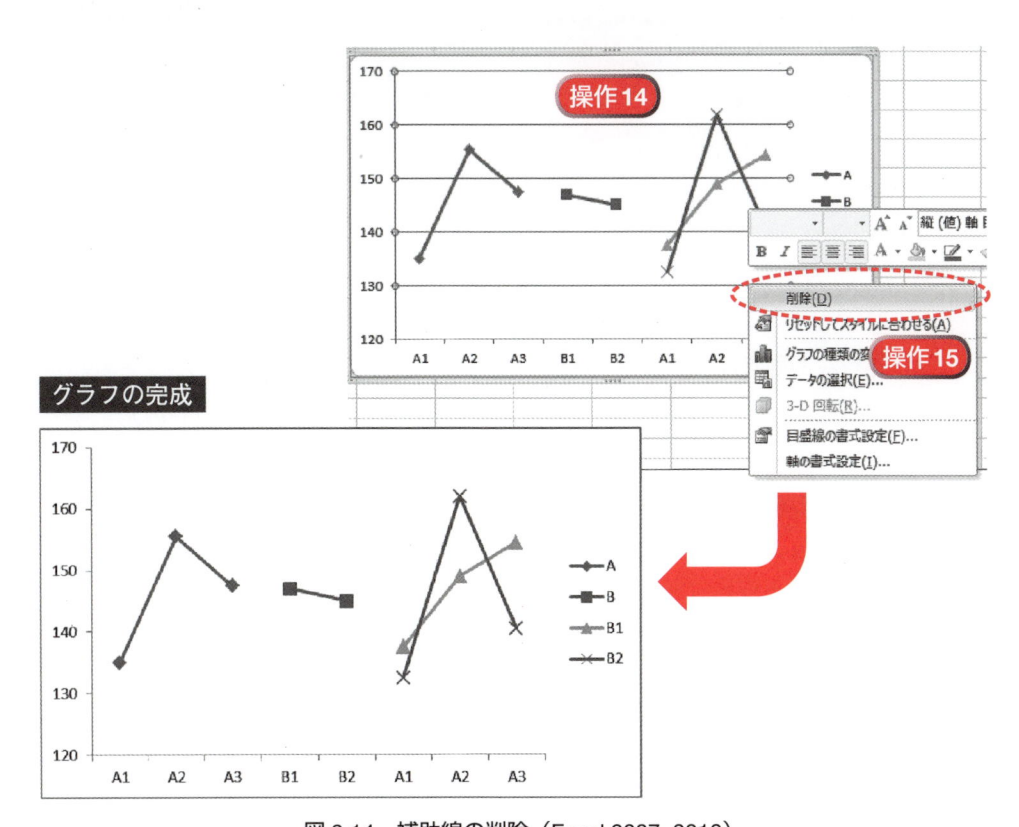

第 3 章　Excel による統計解析の基本操作　　　　　　　　　　　65

図 3.14　補助線の削除（Excel 2007, 2010）

コラム2● 現場で感じとる

土用の丑の日,「美味しいうなぎが食べたい」と家族で外食を予定した.
どこへ行こうかとネットで探せばすぐに情報は見つかる.
写真つきの口コミ情報に,
きっと美味しいに違いないと子ども達もみんなわくわく.

　　　ところが,実際にお店に行って食べてみると,
　　　うなぎの味はまったく期待はずれ.
　　　おいしいかどうかはやはり実際に食べてみないとわからないものだ.

ネット上で仮想の現実が幅を利かせている現在,
技術者にとってますます重要になっていることは,
実験の現場に赴いて,
自分の五感でもって真実を感じとる力であると思われる.
どんなに詳しく書かれようと,
言葉になった情報は実態のほんの一部を表現しているに過ぎないのだから.

　　　そのお店を選んだお父さんに文句をいう子どもたち.
　　　「大切なのは,その期待が本当に正しいかどうか実験で確かめることだ!」
　　　と逃げておさまった.

第Ⅱ部

実験計画法解析

　実験計画法はいろいろな状況に応じて適切な手法を適用することが必要です．そのため，ある解析法を使うためにはどのように実験を計画しないといけないのかということが重要となります．ここでは11種類の実験計画法の手法について，それぞれの手法がどういう場面で適用されるのか，その統計的な理論背景がどうなっているのかを説明するとともに，解析の手順を解析例を用いてわかりやすく詳しく説明します．Excel解析の操作法では出力画面も示しているので，実際にExcel画面を開いて，解析をしてみましょう．

第4章 一元配置法

4.1 一元配置実験

　一元配置実験とは，一つの因子を取り上げて，特性に影響を及ぼしているかどうかを調べるときに行う実験である．因子の水準を変更したとき，特性値に現れる違いが統計的に有意な違いであるかどうかを調べる．たとえば，ある機械部品の焼成温度が強度に影響を与えているか，表面加工の方法によって光沢度に違いがあるか，添加剤の種類によって反応速度に違いがあるかなどを，一元配置実験で調べることができる．

　焼成温度が強度に与える影響を調べるため，焼成温度（因子 A）を 3 水準にとって，繰り返し 4 回の実験を行い，12 個の機械部品を試作して強度を測定した．

表4.1　データ表

	強度データ	合計	平均
A_1(1200℃)	128, 140, 135, 137	540	135.0
A_2(1300℃)	151, 166, 158, 147	622	155.5
A_3(1400℃)	145, 151, 158, 136	590	147.5
合計		1752	146.0

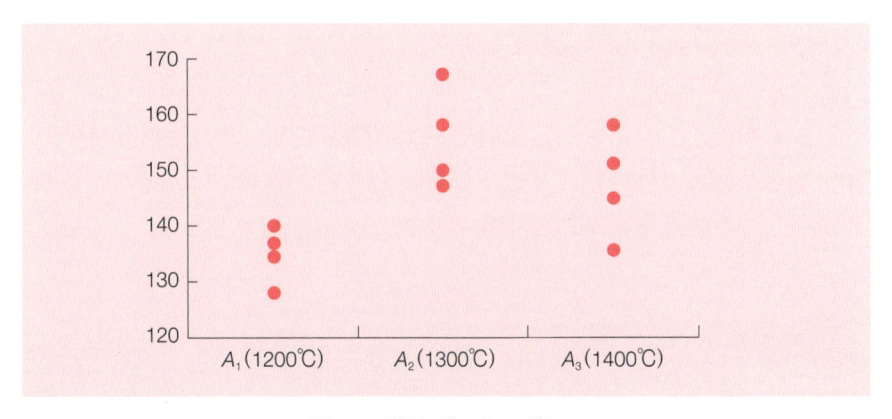

図4.1　強度データのグラフ

　この結果を見ると，水準 A_2(1300℃) のときに最も高くなっている．しかし，水準 A_3(1400℃) との差は 8.0 しかない．焼成温度は強度に影響を与えているといえるのだろうか．もしそうなら，焼成温度をいくらに設定すると強度を最も高くすることができるのか．そのときの強度はいくつになるのか．これらを解析するのが一元配置法である．

4.1.1 一元配置データの構造

因子 A に l 個の水準をとって,水準 A_i において繰り返し r_i 回の実験を行う.A_i における母平均を μ_i とする.A_i で j 回目に実験したときの誤差を ε_{ij} とすると,このときに得られるデータ x_{ij} は,母平均 μ_i に誤差 ε_{ij} が加わったものとして観測されるので,

$$x_{ij} = \mu_i + \varepsilon_{ij}, \quad \varepsilon_{ij} \sim N(0, \sigma^2) \tag{4.1}$$

と表される.ここで,誤差 ε_{ij} は平均 0,分散 σ^2 の正規分布に独立に従うものとしている.σ^2 が誤差の大きさを表す**誤差分散**である.

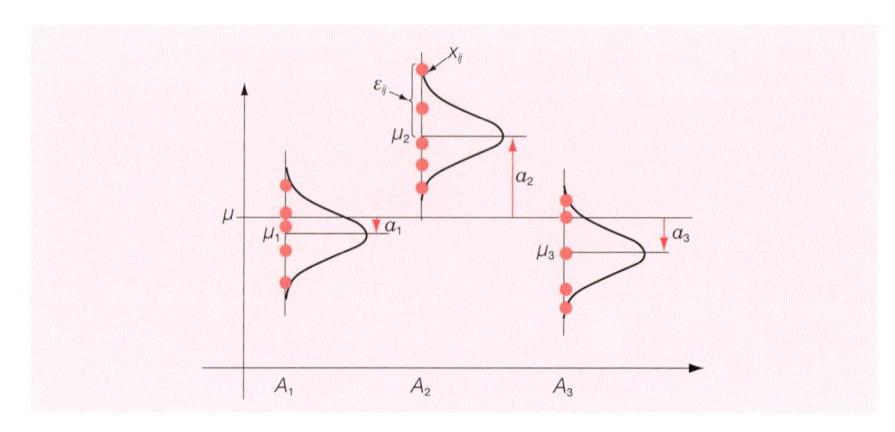

図 4.2 一元配置のデータ構造

各水準における母平均は,水準を変更することで変化すると考え,A_i における母平均 μ_i が,全体の母平均 μ より a_i だけ大きくなっているとすると,

$$\mu_i = \mu + a_i \tag{4.2}$$

となる.したがって,個々のデータは

$$x_{ij} = \mu + a_i + \varepsilon_{ij} \tag{4.3}$$

と表すことができる.この式を一元配置データの**構造式**という.この a_i が,因子 A の水準を変化させたときに特性値に及ぼす影響の大きさを表しているもので,因子 A の**主効果**という.ここで,各水準の母平均の平均が全体平均 μ となるので,a_i は制約条件

$$\sum_{i=1}^{l} r_i a_i = 0 \tag{4.4}$$

を満たさなければならない.一元配置のデータは

$$(データ) = (全体平均) + (主効果 A) + (誤差) \tag{4.5}$$

という構造をもっていると考える.

4.1.2 要因効果の大小

主効果があるかどうかは a_i の大きさで判断する．このとき，a_i の分散の大きさを考える．

$$\sigma_A^2 = \frac{1}{l-1}\sum_{i=1}^{l} a_i^2 \tag{4.6}$$

因子 A の水準間で母平均に差があれば，$\sigma_A^2 > 0$ となる．しかし，水準間に差がなければ，$a_1 = a_2 = a_3 = 0$ となり，$\sigma_A^2 = 0$ となる．実際には，a_i の値はわからないため，データから σ_A^2 を推測して，仮説検定

$$\begin{cases} H_0 : \sigma_A^2 = 0 \\ H_1 : \sigma_A^2 > 0 \end{cases} \tag{4.7}$$

によって水準間に統計的に有意差があるかどうかの判断を行う．母平均の違いを見ようとしているのであるが，分散の大きさを見ていることになり，この意味からこうした解析を分散分析という．

4.1.3 平方和の分解

母分散の検定では，ばらつきの大きさを表す統計量として，平均からの偏差の2乗和である平方和が使われる．分散分析でも，ばらつきの大きさを平方和で表し，データ全体の平方和（総平方和 S_T）を，各要因によるばらつきを表す平方和に分解する．一元配置実験では，総平方和は，因子 A の主効果によるばらつき（要因平方和）と誤差によるばらつき（誤差平方和）に分解される（図4.3）．

$$\begin{aligned} S_T &= \sum_{i=1}^{l}\sum_{j=1}^{r_i}(x_{ij} - \bar{\bar{x}})^2 \\ &= \sum_{i=1}^{l}\sum_{j=1}^{r_i}(x_{ij} - \bar{x}_i + \bar{x}_i - \bar{\bar{x}})^2 \\ &= \sum_{i=1}^{l}\sum_{j=1}^{r_i}(x_{ij} - \bar{x}_i)^2 + \sum_{i=1}^{l} r_i(\bar{x}_i - \bar{\bar{x}})^2 \end{aligned} \tag{4.8}$$

$$S_T = S_E(誤差平方和) + S_A(要因平方和) \tag{4.9}$$

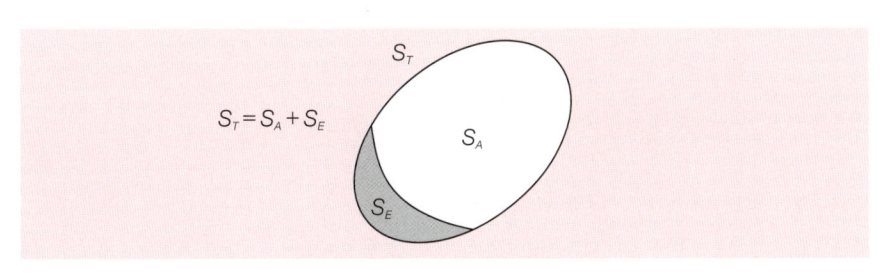

図 4.3　平方和の分解

要因平方和 S_A は，因子 A の水準を変えたことで生じるデータ変動を表す平方和で，各水準における平均と全体平均の差から計算される．誤差平方和 S_E は，誤差ばらつきの大きさを表す平方和で，個々のデータと各水準における平均の差から計算される．

4.1.4 各平方和と自由度の計算

平方和を実際に計算するときには，これらの式を変形して，

$$CT = \frac{T^2}{N} \tag{4.10}$$

$$S_T = (個々のデータの2乗和) - CT \tag{4.11}$$

$$S_A = \sum_{i=1}^{l} \frac{(水準 A_i のデータの合計)^2}{水準 A_i のデータ数} - CT \tag{4.12}$$

$$S_E = S_T - S_A \tag{4.13}$$

を使う．ここで，T は**全データの合計**，N は**全データ数**である．また，CT は**修正項**といって，平方和を計算するときによく使うので，あらかじめ求めておくとよい．必要となる統計量は，データ全体の合計と2乗和，および各水準における合計であり，Excelで計算するときには，最初に必要な統計量を求めておく．

自由度は，足し合わせた平方の数から 1 を引いたものである．要因 A の平方和は 2 乗したものを l 個足しているので，自由度は $\phi_A = l - 1$ である．自由度にも $\phi_T = \phi_E + \phi_A$ の関係が成立する．

$$総自由度：\phi_T = N - 1 \tag{4.14}$$

$$要因自由度：\phi_A = l - 1 \tag{4.15}$$

$$誤差自由度：\phi_E = N - l \tag{4.16}$$

4.1.5 平均平方の期待値

平方和を自由度で割ったのが**平均平方**である．平均平方の期待値を求めるにあたって，平方和の分布をデータの構造式から導出する．まず，個々のデータと水準平均との差 $(x_{ij} - \bar{x}_i)$ は

$$\begin{aligned} x_{ij} - \bar{x}_i &= (\mu + a_i + \varepsilon_{ij}) - (\mu + a_i + \bar{\varepsilon}_i) \\ &= \varepsilon_{ij} - \bar{\varepsilon}_i \\ &= \left(1 - \frac{1}{r_i}\right)\varepsilon_{ij} - \frac{1}{r_i}\left(\varepsilon_{i1} + \cdots + \varepsilon_{i,j-1} + \varepsilon_{i,j+1} + \cdots + \varepsilon_{i,r}\right) \end{aligned} \tag{4.17}$$

と変形されるので，$(x_{ij} - \bar{x}_i)$ は正規分布に従い，

$$E(x_{ij} - \bar{x}_i) = 0 \tag{4.18}$$

$$V(x_{ij}-\bar{x}_i)=\left(1-\frac{1}{r_i}\right)^2\sigma^2-\frac{r_i-1}{r_i^2}\sigma^2=\frac{r_i-1}{r_i}\sigma^2 \tag{4.19}$$

となる．したがって，誤差平方和の期待値は，次のようになる．

$$\begin{aligned}E(S_E)&=E\left[\sum_{i=1}^{l}\sum_{j=1}^{r_i}(x_{ij}-\bar{x}_i)^2\right]\\&=\sum_{i=1}^{l}\sum_{j=1}^{r_i}V(x_{ij}-\bar{x}_i)\\&=\sum_{i=1}^{l}(r_i-1)\sigma^2\\&=(N-l)\sigma^2\end{aligned}\tag{4.20}$$

また，水準平均と全体平均の差 $(\bar{x}_i-\bar{\bar{x}})$ は

$$\begin{aligned}\bar{x}_i-\bar{\bar{x}}&=(\mu+a_i+\bar{\varepsilon}_i)-(\mu+\bar{\bar{\varepsilon}})\\&=a_i+\bar{\varepsilon}_i-\bar{\bar{\varepsilon}}\\&=a_i+\left(1-\frac{r_i}{N}\right)\bar{\varepsilon}_i-\frac{1}{N}\left(r_1\bar{\varepsilon}_1+\cdots+r_{i-1}\bar{\varepsilon}_{i-1}+r_{i+1}\bar{\varepsilon}_{i+1}+\cdots+r_l\bar{\varepsilon}_l\right)\end{aligned}\tag{4.21}$$

と変形されるので，$(\bar{x}_i-\bar{\bar{x}})$ も正規分布に従い，

$$E(\bar{x}_i-\bar{\bar{x}})=a_i \tag{4.22}$$

$$V(\bar{x}_i-\bar{\bar{x}})=\left(1-\frac{r_i}{N}\right)^2\frac{\sigma^2}{r_i}+\frac{r_1+\cdots+r_{i-1}+r_{i+1}+\cdots+r_l}{N^2}\sigma^2=\frac{N-r_i}{Nr_i}\sigma^2 \tag{4.23}$$

となる．したがって，要因平方和の期待値は，次のようになる．

$$\begin{aligned}E(S_A)&=E\left[\sum_{i=1}^{l}r_i(\bar{x}_i-\bar{\bar{x}})^2\right]\\&=\sum_{i=1}^{l}r_iE(\bar{x}_i-\bar{\bar{x}})^2\\&=\sum_{i=1}^{l}r_i\left[V(\bar{x}_i-\bar{\bar{x}})+E(\bar{x}_i-\bar{\bar{x}})^2\right]\\&=\sum_{i=1}^{l}r_ia_i^2+\sum_{i=1}^{l}\frac{N-r_i}{N}\sigma^2\\&=\sum_{i=1}^{l}r_ia_i^2+(l-1)\sigma^2\end{aligned}\tag{4.24}$$

以上をまとめると，平方和を自由度で割った平均平方の期待値は

$$E(V_E)=E\left(\frac{S_E}{\phi_E}\right)=\sigma^2 \tag{4.25}$$

$$E(V_A)=E\left(\frac{S_A}{\phi_A}\right)=\sigma^2+\frac{1}{l-1}\sum_{i=1}^{l}r_ia_i^2 \tag{4.26}$$

が得られる．繰り返し数が r で一定なら，$E(V_A)=\sigma^2+r\sigma_A^2$ である．誤差分散 σ^2 に σ_A^2 の r 倍が加わっている．

4.1.6 平方和の分布

もし因子Aの水準効果がなければ$a_i=0$となるので,すべてのデータx_{ij}は正規分布$N(\mu, \sigma^2)$に従う.このとき,$(x_{ij}-\mu)/\sigma$は標準正規分布に従うことから,N個のデータについて2乗和をとると,$\sum_{i=1}^{l}\sum_{j=1}^{r_i}(x_{ij}-\mu)^2/\sigma^2$は自由度$N$のカイ2乗分布に従う.この統計量は,

$$\begin{aligned}
\sum_{i=1}^{l}\sum_{j=1}^{r_i}\left(\frac{x_{ij}-\mu}{\sigma}\right)^2 &= \sum_{i=1}^{l}\sum_{j=1}^{r_i}\left(\frac{x_{ij}-\bar{\bar{x}}+\bar{\bar{x}}-\mu}{\sigma}\right)^2 \\
&= \sum_{i=1}^{l}\sum_{j=1}^{r_i}\left(\frac{x_{ij}-\bar{\bar{x}}}{\sigma}\right)^2 + \sum_{i=1}^{l}\sum_{j=1}^{r_i}\left(\frac{\bar{\bar{x}}-\mu}{\sigma}\right)^2 \\
&= \sum_{i=1}^{l}\sum_{j=1}^{r_i}\left(\frac{x_{ij}-\bar{\bar{x}}}{\sigma}\right)^2 + N\left(\frac{\bar{\bar{x}}-\mu}{\sigma}\right)^2 \\
&= \frac{S_T}{\sigma^2} + \left(\frac{\bar{\bar{x}}-\mu}{\sigma/\sqrt{N}}\right)^2
\end{aligned} \quad (4.27)$$

と分解することができる.データ全体の平均$\bar{\bar{x}}$は,正規分布$N(\mu, \sigma^2/N)$に従うことから,右辺の第2項は自由度1のカイ2乗分布に従う.したがって,カイ2乗分布のもつ再生性の性質から,S_T/σ^2は自由度$N-1$のカイ2乗分布に従うことがわかる.

同様にして,水準A_iにおけるデータx_{ij}は正規分布$N(\mu, \sigma^2)$に従うので,$\sum_{j=1}^{r_i}(x_{ij}-\mu_i)^2/\sigma^2$は自由度$r_i$のカイ2乗分布に従い,$\sum_{j=1}^{r_i}(x_{ij}-\bar{x}_i)^2/\sigma^2$は自由度$r_i-1$のカイ2乗分布に従う.これをすべての水準で足し合わせると,$\sum_{i=1}^{l}\sum_{j=1}^{r_i}(x_{ij}-\bar{x}_{i.})^2/\sigma^2$は自由度$\sum_{i=1}^{l}(r_i-1)$のカイ2乗分布に従うので,再生性の性質から,$S_E/\sigma^2$は自由度$N-l$のカイ2乗分布に従うことがわかる.

以上より,主効果Aがなければ,総平方和はS_T/σ^2が自由度$N-1$のカイ2乗分布に従い,誤差平方和はS_E/σ^2が自由度$N-l$のカイ2乗分布に従う.そして,$S_T=S_A+S_E$であるから,要因平方和はS_A/σ^2が自由度$N-l$のカイ2乗分布に従うことになる.

4.1.7 分散分析

因子Aの主効果に要因効果があるかどうかは,

帰無仮説　$H_0 : \sigma_A^2 = 0$（要因効果がない） (4.28)

対立仮説　$H_1 : \sigma_A^2 > 0$（要因効果がある） (4.29)

によって検定される.帰無仮説のもとでは$E(V_A)=E(V_E)$となるので,要因効果がなけ

れば V_A/V_E は 1 に近い値をとり，要因効果があれば V_A/V_E は 1 より大きな値をとる．

帰無仮説のもとでは，要因平方和 S_A と誤差平方和 S_E はカイ 2 乗分布に従うので，分散比の検定で用いる検定統計量 $F_0 = V_A/V_E$ は，自由度 (ϕ_A, ϕ_E) の F 分布に従う．したがって，F 分布の 5% 点あるいは 1% 点と F_0 値を比較することで，要因効果があるかどうかを統計的に判定できる．また，有意確率（P 値）は，F_0 値が有意となる確率のことで，P 値が 5% あるいは 1% より小さいかどうかで判定することもできる．

以上の結果をまとめたものが分散分析表である．

表 4.2 分散分析表

要因	平方和 S	自由度 ϕ	平均平方 V	F_0 値	P 値	$E(V)$
A	S_A	$\phi_A = l-1$	V_A	V_A/V_E	P_A	$\sigma^2 + r\sigma_A^2$
E	S_E	$\phi_E = N-l$	V_E			σ^2
T	S_T	$\phi_T = N-1$				

4.1.8 最適水準とその母平均の点推定

因子 A の要因効果が見られたら，どの水準のときに特性値が最大（あるいは最小）になるかを求める．この水準を最適水準という．最適水準は各水準の標本平均を比較して最大となる水準として求める．

水準 A_i における母平均の点推定値は，標本平均によって求める．

$$\hat{\mu}(A_i) = \widehat{\mu + a_i} = \frac{T_i}{r_i} = \bar{x}_i \tag{4.30}$$

4.1.9 母平均の区間推定

一般に，信頼区間の区間幅は，母平均の点推定量の標準偏差に t 分布の α% 点をかけて求める．このときの t 分布の自由度は誤差分散の自由度である．

$$点推定値 \pm t(誤差自由度, \alpha)\sqrt{\hat{V}(点推定量)} \tag{4.31}$$

水準 A_i には r_i 個のデータがあるので，母平均の点推定量の分散の推定値は V_E/r_i となる．したがって，A_i における母平均の信頼率 $100(1-\alpha)$% の信頼区間は

$$\hat{\mu}(A_i) \pm t(\phi_E, \alpha)\sqrt{\frac{V_E}{r_i}} \tag{4.32}$$

で与えられる．t 分布の自由度は誤差自由度である．根号の中は，誤差分散の推定値を点推定に用いたデータ数で割っていると考えてよい．

4.1.10　母平均の差の推定

最適水準と現行水準で母平均にどの程度の違いがあるかを調べるとき，二つの水準間における母平均の差を推定する．水準 A_i と水準 A_j における**母平均の差**の点推定値は，二つの水準における標本平均の差となる．

$$\widehat{\mu(A_i) - \mu(A_j)} = \widehat{\mu + a_i} - \widehat{\mu + a_j} = \frac{T_i}{r_i} - \frac{T_j}{r_j} = \bar{x}_i - \bar{x}_j \tag{4.33}$$

この点推定量の分散は

$$V(\bar{x}_i - \bar{x}_j) = \frac{V_E}{r_i} + \frac{V_E}{r_j} \tag{4.34}$$

だから，母平均の差の信頼率 $100(1-\alpha)$ ％の信頼区間は

$$(\bar{x}_i - \bar{x}_j) \pm t(\phi_E, \alpha)\sqrt{\frac{V_E}{r_i} + \frac{V_E}{r_j}} \tag{4.35}$$

で与えられる．それぞれの水準における誤差ばらつきが合わさっているので，信頼区間の幅は母平均の信頼区間より大きくなる．

4.1.11　データの予測

同じ条件で新たにデータをとるとき，どんな値が得られるかを予測する．予測にも点予測と区間予測がある．点予測値は点推定値と同じである．

$$\hat{x}(A_i) = \frac{T_i}{r_i} = \bar{x}_i \tag{4.36}$$

区間予測をするとき，**データの予測区間**の幅には，母平均の点推定量の分散に個々のデータを観測するときに現れる誤差分散 $\hat{V}(x)$ が加わる．

$$点推定値 \pm t(誤差自由度, \alpha)\sqrt{\hat{V}(点推定量) + \hat{V}(x)} \tag{4.37}$$

水準 A_i におけるデータの予測区間では，母平均の点推定量の分散の推定値 V_E/r_i に誤差分散の推定値 V_E が加わり，

$$\hat{x}(A_i) \pm t(\phi_E, \alpha)\sqrt{\left(1 + \frac{1}{r_i}\right)V_E} \tag{4.38}$$

で与えられる．母平均の信頼区間に比べて，データのばらつき V_E が加わる分だけ，区間幅が広くなる．

4.2 一元配置法の解析例

表 4.1 のデータを解析してみる．焼成温度（A）は強度に影響を与えるかどうかを一元配置法で検証してみる．

手順 1 分散分析表の作成

まず，平方和を計算する．

$$CT = \frac{1752^2}{12} = 255792 \tag{4.39}$$

$$S_T = (128^2 + 140^2 + \cdots + 136^2) - 255792 = 1402 \tag{4.40}$$

$$S_A = \frac{540^2}{4} + \frac{622^2}{4} + \frac{590^2}{4} - 255792 = 854 \tag{4.41}$$

$$S_E = 1402 - 854 = 548 \tag{4.42}$$

自由度は $\phi_T = 12 - 1 = 11$，$\phi_A = 3 - 1 = 2$，$\phi_E = 11 - 2 = 9$ となり，次の分散分析表が得られる．

表 4.3 分散分析表

要因	平方和 S	自由度 ϕ	平均平方 V	F_0 値	P 値	$E(V)$
A	854	2	427.0	7.01*	1.5%	$\sigma^2 + 4\sigma_A^2$
E	548	9	60.89			σ^2
T	1402	11				

$F(2, 9; 0.05) = 4.26$，$F(2, 9; 0.01) = 8.02$

主効果 A は有意水準 5% で有意となる．P 値が 5% より小さいことからもわかる．焼成温度は強度に影響を及ぼしているといえる．

手順 2 最適水準の決定

因子 A の各水準の平均を比較すると，A_2 のときに最大となるので，A_2 が最適水準である．つまり，焼成温度が 1300°C のときに強度が最も高くなる．

手順 3 母平均の推定

A_2 における強度の母平均の点推定は，A_2 における平均値から，

$$\hat{\mu}(A_2) = \widehat{\mu + a_2} = \frac{622}{4} = 155.5 \tag{4.43}$$

である．また，信頼率 95% での信頼区間は，

$$\hat{\mu}(A_2) \pm t(\phi_E, \alpha)\sqrt{\frac{V_E}{r}} = 155.5 \pm t(9, 0.05)\sqrt{\frac{60.89}{4}}$$
$$= 155.5 \pm 2.262 \times 3.902$$
$$= 155.5 \pm 8.8$$
$$= 146.7,\ 164.3 \tag{4.44}$$

が得られる．

次に，最適水準と2番目に高い水準 A_3 における母平均の差を推定する．点推定値は，

$$\widehat{\mu(A_2) - \mu(A_3)} = \frac{622}{4} - \frac{590}{4} = 8.0 \tag{4.45}$$

である．また，信頼率95%での信頼区間は，

$$(\bar{x}_2 - \bar{x}_3) \pm t(\phi_E, \alpha)\sqrt{\frac{V_E}{r_2} + \frac{V_E}{r_3}} = 8.0 \pm t(9, 0.05)\sqrt{\frac{60.89}{4} + \frac{60.89}{4}}$$
$$= 8.0 \pm 2.262 \times 5.518$$
$$= 8.0 \pm 12.5$$
$$= -4.5,\ 20.5 \tag{4.46}$$

が得られる．

手順4　データの予測

最適水準と同じ条件で新たにデータをとるとき，得られる強度の値を予測する．点予測値は点推定値と同じになり，

$$\hat{x}(A_2) = 155.5 \tag{4.47}$$

である．また，信頼率95%での予測区間は

$$\hat{x}(A_2) \pm t(\phi_E, \alpha)\sqrt{\left(1 + \frac{1}{r_2}\right)V_E} = 155.5 \pm t(9, 0.05)\sqrt{\left(1 + \frac{1}{4}\right) \times 60.89}$$
$$= 155.5 \pm 2.262 \times 8.724$$
$$= 155.5 \pm 19.7$$
$$= 135.8,\ 175.2 \tag{4.48}$$

が得られる．

Excel 解析 1

一元配置法

表 4.1 のデータを Excel で解析してみる．表 4.1 のデータは，焼成温度が強度に与える影響を調べるため，焼成温度（因子 A）を 3 水準にとって，繰り返し 4 回の実験を行い，12 個の機械部品を試作して強度を測定したものである．

表 4.1(再掲)　データ表

	強度データ	合計	平均
A_1(1200℃)	128, 140, 135, 137	540	135.0
A_2(1300℃)	151, 166, 158, 147	622	155.5
A_3(1400℃)	145, 151, 158, 136	590	147.5
合計		1752	146.0

（1）Excel 表計算による一元配置法

手順 1　分散分析表の作成

1) データを入力し，基本統計量を計算する

　　データ表を作成する．

　　操作 1　セル B2:E4 にデータを入力する．

　各水準のデータ数，合計，平均，2 乗和を計算する．

　　操作 2　水準 A_1 のデータ数　[F2]=COUNT(B2:E2)

　　操作 3　水準 A_1 の合計　[G2]=SUM(B2:E2)

　　操作 4　水準 A_1 の平均　[H2]=AVERAGE(B2:E2)

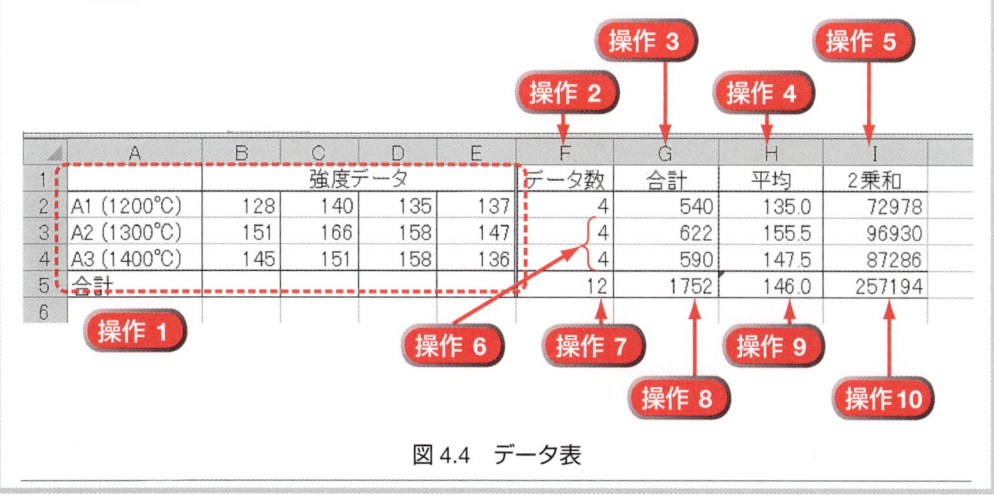

	A	B	C	D	E	F	G	H	I
1		強度データ				データ数	合計	平均	2乗和
2	A1 (1200℃)	128	140	135	137	4	540	135.0	72978
3	A2 (1300℃)	151	166	158	147	4	622	155.5	96930
4	A3 (1400℃)	145	151	158	136	4	590	147.5	87286
5	合計					12	1752	146.0	257194

図 4.4　データ表

- **操作5** 水準 A_1 の 2 乗和 [I2]=SUMSQ(B2:E2)
- **操作6** 水準 A_2 と水準 A_3 は，セル F2:I2 を F3:I4 にコピーする．
- **操作7** 全体のデータ数 [F5]=SUM(F2:F4)
- **操作8** 全体の合計 [G5]=SUM(G2:G4)
- **操作9** 全体の平均 [H5]=G5/F5
- **操作10** 全体の 2 乗和 [I5]=SUM(I2:I4)

2) データをグラフ化する

- **操作11** データ範囲 A2:E4 を指定して，「挿入」タブの「折れ線」から「マーカー付き折れ線」を選ぶと，折れ線グラフが表示される．

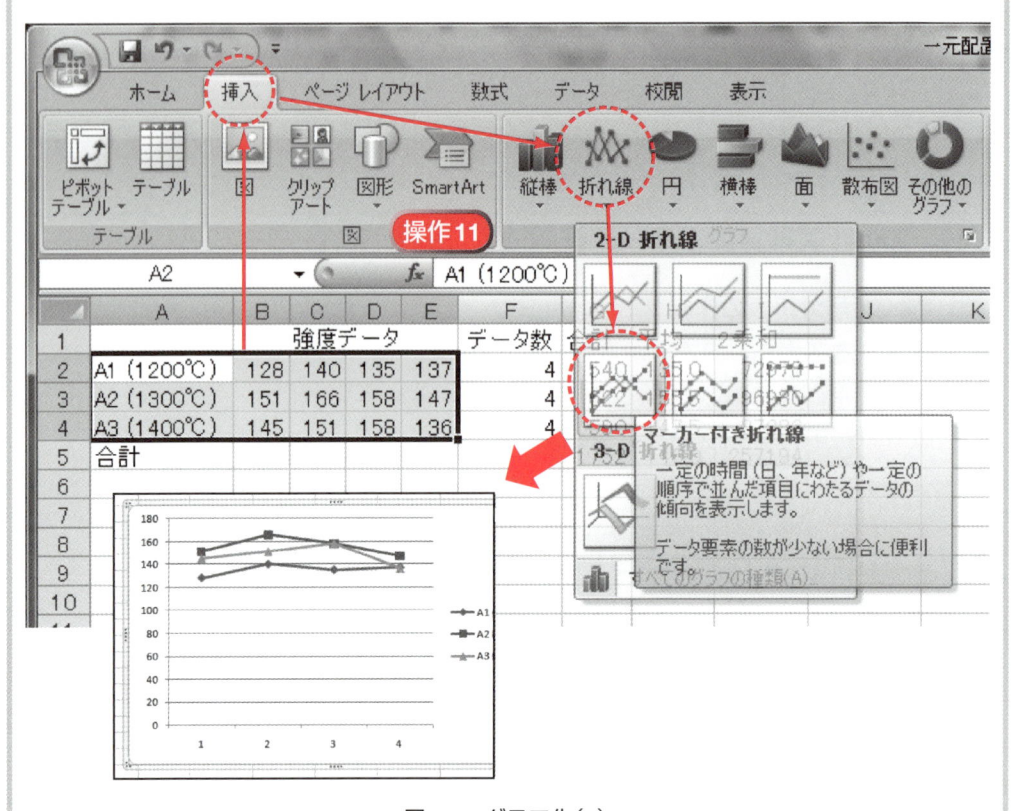

図 4.5　グラフ化(1)

操作12 グラフを右クリックして,「データの選択(E)」をクリックする.

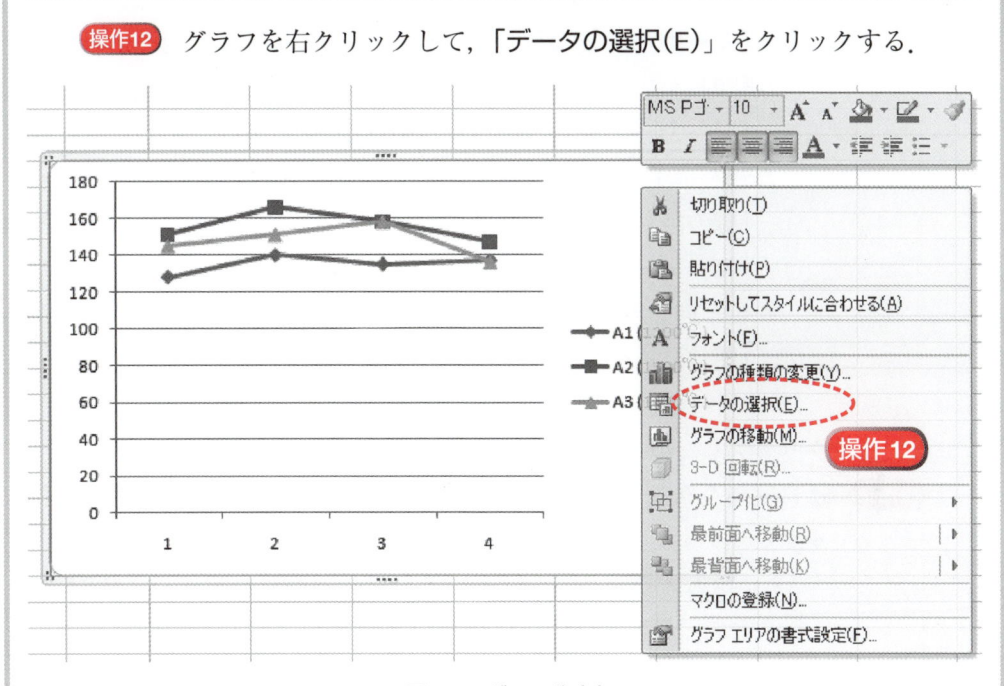

図 4.6　グラフ化(2)

操作13　「行/列の切り替え(W)」をクリックして,「OK」をクリックする.折れ線の行と列を入れ替える.

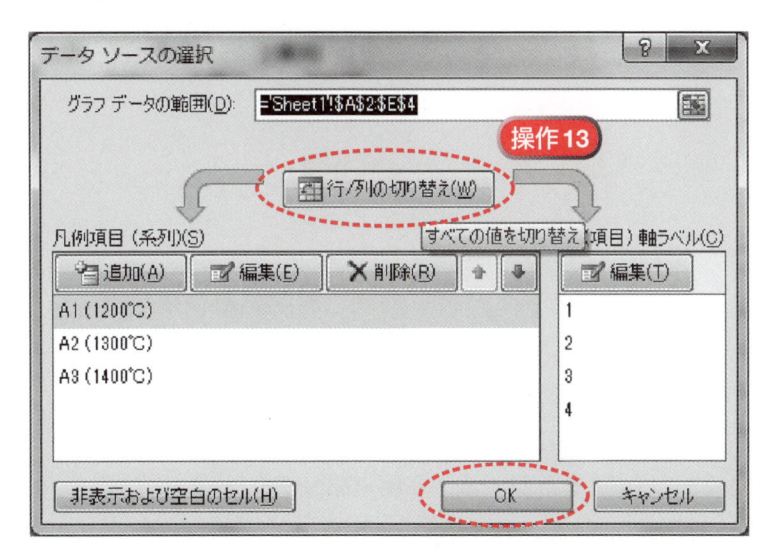

図 4.7　グラフ化(3)

操作14　グラフを修正する.
　　　① グラフを右クリックして,「データ系列の書式設定(F)」をクリックする.

② 「マーカーのオプション」：マーカーの種類の「組み込み」の「種類」から「●」を選ぶ．
　　③ 「マーカーの塗りつぶし」：「塗りつぶし(単色)(S)」から好きな色を選ぶ．
　　④ 「線の色」：「線なし(N)」を選ぶ．
　　⑤ 「マーカーの色」では「線(単色)(S)」を選んで，塗りつぶした色と同じ色を指定する．
　　⑥ 「閉じる」をクリックする．
　以上の操作をデータ系列の数だけ繰り返す．凡例は必要ないので，クリックしたのち，削除キーで削除する．

操作15 次に縦軸をクリックしてから，右クリックして「軸の書式設定(F)」をクリックする．
　　① 「軸のオプション」：「最小値」は「固定」を選んで「120」を入れる．「目盛間隔」は「固定」を選んで「10」を入れる．
　　② 「閉じる」をクリックする．
　　③ 補助線は必要なければ，クリックしたのち，削除キーで削除する．

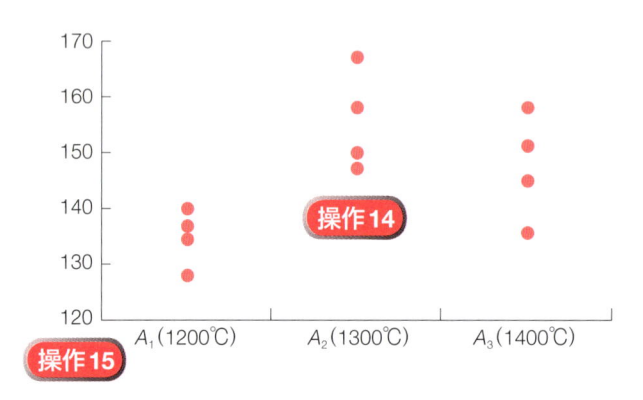

図 4.8　グラフ化(4)

3) **平方和を計算する**

　操作16 修正項 CT を計算する．[F8]=G5^2/F5
　操作17 総平方和 S_T を計算する．[F9]=I5−F8
　操作18 要因平方和 S_A を計算する．[F10]=G2^2/F2+G3^2/F3+G4^2/F4−F8
　操作19 誤差平方和 S_E を計算する．[F11]=F9−F10

4) **分散分析表にまとめる**

　操作20 平方和と自由度を入力する．

第4章 一元配置法

S_A [F15]=F10　　　　ϕ_A [G15]=2
S_E [F16]=F11　　　　ϕ_E [G16]=9
S_T [F17]=F9　　　　　ϕ_T [G17]=F5−1

操作21 平均平方を計算する．V_A [H15]=F15/G15，V_E [H16]=F16/G16

操作22 F_0 値を計算する．[I15]=H15/H16

操作23 P 値を求める．[J15]=FDIST（I15,G15,G16）

操作24 F 境界値を求める．F 分布の5％点　[K15]=FINV(0.05,G15,G16)
注）Excel 2010 では，F.INV.RT(0.05,G15,G16) を使用

	A	B	C	D	E	F	G	H	I	J	K
1			強度データ			データ数	合計	平均	2乗和		
2	A1 (1200℃)	128	140	135	137	4	540	135.0	72978		
3	A2 (1300℃)	151	166	158	147	4	622	155.5	96930		
4	A3 (1400℃)	145	151	158	136	4	590	147.5	87286		
5	合計					12	1752	146.0	257194		
6											
7											
8					修正項 CT	255792					
9					全体平方和 ST	1402					
10					Aの平方和 SA	854					
11					誤差平方和 SE	548					
12											
13					一元配置分散分析表						
14						平方和S	自由度φ	平均平方V	F_0値	P値	F境界値
15					因子A	854	2	427	7.012774	0.014593	4.256495
16					誤差E	548	9	60.88889			
17					合計T	1402	11				

図 4.9　分散分析表

判定：要因 A は，有意水準5％で有意となる．P 値は1.5％であり，5％より小さいこと，または F_0 値が F 境界値の 4.26 より大きいことからわかる．焼成温度は強度に影響を及ぼすといえる．

手順2　最適水準の決定

手順1 で計算した A の各水準の平均を比較して，最大となる A_2 が最適水準である．

手順3　母平均の推定

1) A_2 における母平均の点推定

操作25 点推定値を計算する．[B7]=H3

2) A_2 における母平均の信頼率 95％ での区間推定

操作26 信頼区間の幅を計算する．[B8]=TINV(0.05,G16)*SQRT(H16/F3)
　　　　注）Excel 2010 では，T.INV.2T(0.05,G16)*SQRT(H16/F3) を使用

操作27 信頼下限を計算する．[B9]=B7−B8

操作28 信頼上限を計算する．[B10]=B7+B8

3) 最適水準 A_2 と 2 番目に大きい水準 A_3 における母平均の差の点推定

操作29 平均の差を計算する．[B12]=H3−H4

4) A_2 と A_3 における母平均の差の区間推定

操作30 信頼区間の幅を計算する．
　　　　[B13]=TINV(0.05,G16)*SQRT(H16*(1/F3+1/F4))
　　　　注）Excel 2010 では，T.INV.2T(0.05,G16)*SQRT(H16*(1/F3+1/F4))
　　　　　　を使用

操作31 信頼下限を計算する．[B14]=B12−B13

操作32 信頼上限を計算する．[B15]=B12+B13

手順 4　データの予測

1) A_2 におけるデータの点予測

操作33 点予測値を計算する．[B17]=H3

2) A_2 におけるデータの信頼率 95％ での区間予測

操作34 予測区間の幅を計算する．
　　　　[B18]=TINV(0.05,G16)*SQRT(H16*(1+1/F3))
　　　　注）Excel 2010 では，
　　　　　　T.INV.2T(0.05,G16)*SQRT(H16*(1+1/F 3))を使用

操作35 予測下限を計算する．[B19]=B17−B18

操作36 予測上限を計算する．[B20]=B17+B18

第 4 章 一元配置法

	A	B	C	D	E	F	G	H	I	J	K
1			強度データ			データ数	合計	平均	2乗和		
2	A1 (1200℃)	128	140	135	137	4	540	135.0	72978		
3	A2 (1300℃)	151	166	158	147	4	622	155.5	96930		
4	A3 (1400℃)	145	151	158	136	4	590	147.5	87286		
5	合計					12	1752	146.0	257194		
6	A_2の推定					最適水準の選定					
7	点推定値	155.5		操作25							
8	区間幅	8.8		操作26	正項	CT	255792				
9	信頼下限	146.7		操作27	体平方和	ST	1402				
10	信頼上限	164.3		操作28	の平方和	SA	854				
11	A_2とA_3の差の推定				誤差平方和	SE	548				
12	A2とA3の差	8.0		操作29							
13	区間幅	12.5		操作30		一元配置分散分析表					
14	信頼下限	-4.5		操作31		平方和S	自由度φ	平均平方V	F_0値	P値	F境界値
15	信頼上限	20.5		操作32	因子A	854	2	427	7.012774	0.014593	4.256495
16	A_2の予測				誤差E	548	9	60.88889			
17	点予測値	155.5		操作33	合計T	1402	11				
18	予測幅	19.7		操作34							
19	予測下限	135.8		操作35							
20	予測上限	175.2		操作36							

図 4.10　推定と予測

(2) Excel「分析ツール」による分散分析表の作成

分散分析表を作るまでなら，Excel「分析ツール」を使うことができる．

手順1　「データ」タブから「データ分析」を選ぶ．

図 4.11　分析ツールの起動

手順2 「分散分析：一元配置」を選んで，「OK」を押す．

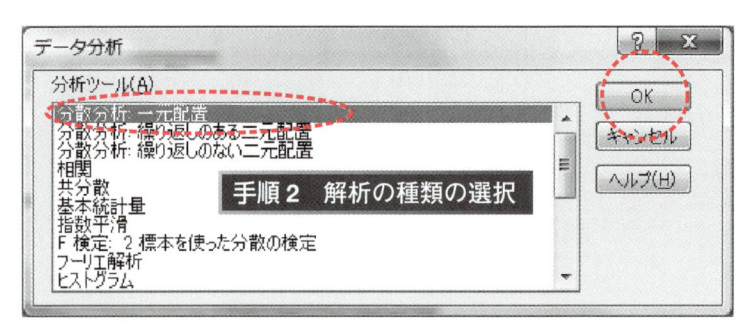

図 4.12　解析の種類の選択

手順3 分析のための諸元を入力する．

操作1 「入力範囲(W)」にデータを指定する．
ここでは，「A2:E4」となる．

操作2 「データ方向」を指定する．
初期値は「列」になっている．データを横に並べていたらデータ方向は「行」とする．ここでのデータ方向は，「行」を指定する．

操作3 「ラベル指定」を行う．
A列には水準名があるので「先頭列をラベルとして使用(L)」にチェックを入れる．

操作4 「出力オプション」を指定する．
ここでは，2) 新規ワークシート(P) を選択している．

1) **出力先(O)**：同じワークシートに表示する場合（セルを指定する）
2) **新規ワークシート(P)**：同じファイルの新規別シートに表示する場合
3) **新規ブック(W)**：新規ファイルに表示する場合

操作5 「OK」をクリックする．

第4章　一元配置法

データ表
先頭列は「ラベル」
「データ方向」は「行」

	A	B	C	D	E
1		強度データ			
2	A1 (1200℃)	128	140	135	137
3	A2 (1300℃)	151	166	158	147
4	A3 (1400℃)	145	151	158	136
5	合計				

分散分析: 一元配置

入力元
- 入力範囲(W)：【操作1】　$A$2:$E$4
- データ方向：【操作2】　○ 列(C)　● 行(R)
- ☑ 先頭列をラベルとして使用(L)　【操作3】
- α(A)： 0.05

出力オプション　【操作4】
- ○ 出力先(O)：
- ● 新規ワークシート(P)：
- ○ 新規ブック(W)

【操作5】OK　キャンセル　ヘルプ(H)

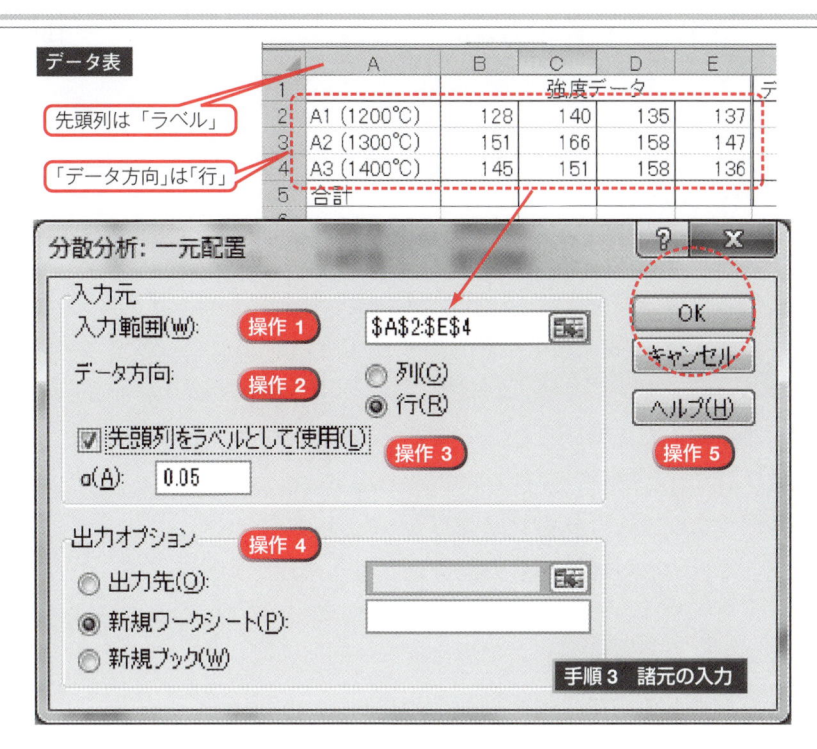

手順3　諸元の入力

図4.13　分析ツールの入力

手順4　分散分析表が表示される．セルに表示される要因名などは，適切な表現に読み替える．

「変動要因」→「要因」　　　　「変動」→「平方和 S」
「分散」→「平均平方 V」　　「観測された分散比」→「F_0 値」
「P値」→「P 値」　　　　　　「グループ間」→「因子 A」
「グループ内」→「誤差 E」

	A	B	C	D	E	F	G
1	分散分析: 一元配置						
2							
3	概要						
4	グループ	標本数	合計	平均	分散		
5	A1 (1200℃)	4	540	135	26		
6	A2 (1300℃)	4	622	155.5	69.66667		
7	A3 (1400℃)	4	590	147.5	87		
8							
9	要因	平方和 S	自由度 ϕ	平均平方 V	F_0 値	P 値	F 境界値
10	分散分析表						
11	変動要因	変動	自由度	分散	測された分	P-値	F 境界値
12	因子 A／グループ間	854	2	427	7.012774	0.014593	4.256495
13	誤差 E／グループ内	548	9	60.88889			
14							
15	合計	1402	11				

手順4　分散分析表

図4.14　分析ツールの出力

コラム3 ● 比較の人生

生まれて間もないK君は，母乳から粉ミルクへ変わることになった．
口にくわえた感触の違いに驚き，慣れ親しんだ味と比較して思い切り泣いた．

  幼稚園になると，楽しみはおやつの時間．
  どれが一番大きいか比較して真っ先に手を出すことを覚えた．

小学生になると，キャンプによく行った．
薪はがさがさに積んだ方がよく燃えることを試行錯誤の比較から知った．

  中学生になると，自意識が強くなった．
  どんなヘアスタイル・服が自分に似合うのか，比較して選んだ．

高校生になると，勉強に集中した．
自分と人とをテストの点で比較するようになった．

  社会人になると，多くの人と付き合うようになった．
  世の中には自分と比較してまったく異なる個性をもつ人がたくさんいることを知った．

そして，今，この本を手にしている社会人は，
実験計画法というこれまでとはまったく違う創造的な比較をなすようになった．
つまり，今あるものの比較だけでなく，
意図して計画的に変化を創り出し比較する技である．

  こうして比較の技を磨いてきたK君．
  成長した今も決して忘れていないのは，
  幼いころに母乳を感じたその同じ五感でもって
  物事を比較するということの大切さである．

第5章 二元配置法

5.1 二元配置実験

　二元配置実験とは二つの因子を取り上げて，特性に影響を及ぼしているかどうかを調べるときに行う実験である．二つの因子の水準が変わることで特性にどう影響するか，それぞれの因子をどの水準にしたときに特性が最大になるか，そしてそのときの特性の母平均はいくらになるかなどを調べるのである．たとえば，ある機械部品の強度に焼成温度や材料組成が影響しているか，表面加工の方法や光沢剤の違いによって光沢度に違いがあるか，添加剤の種類や反応温度によって反応速度に違いがあるかなどを二元配置実験で調べることができる．

　一元配置実験では，焼成温度（因子 A）を3水準にとって，繰り返し4回の実験を行って，12個の機械部品を試作した．このとき，材料組成（因子 B）を若干変更したものを一つ用意して，各焼成温度において，それぞれの材料で二つずつの機械部品を試作しても，やはり12個の機械部品ができる．

表5.1　データ表

	B_1（従来品）	B_2（変更品）	合計	平均
A_1(1200℃)	135, 140	128, 137	540	135.0
A_2(1300℃)	151, 147	166, 158	622	155.5
A_3(1400℃)	158, 151	145, 136	590	147.5
合計	882	870	1752	
平均	147.0	145.0		146.0

　この結果の平均の値だけを見ると，焼成温度は水準 A_2(1300℃) のときに，材料は水準 B_1（従来品）のときに強度が高くなっている．しかし，焼成温度と材料の組合せで見ると，焼成温度が水準 A_2(1300℃) で，材料が水準 B_2（変更品）のときに強度が最も高くなっている．焼成温度によって強度が高くなる材料が異なっているようである．これが交互作用である．焼成温度や材料をどう設定すると強度を最も高くすることができるのか，そのときの強度はいくつになるのか．これらを解析するのが二元配置法である．

5.1.1 二元配置データの構造

　因子 A に l 個の水準，因子 B に m 個の水準をとって，AB の各水準組合せにおいて

繰り返し r 回の実験を行う．水準組合せ A_iB_j における母平均を μ_{ij} とする．A_iB_j で k 回目に実験したときの誤差を ε_{ijk} とすると，このときに得られるデータ x_{ijk} は，一元配置データと同じように，母平均に誤差 ε_{ijk} が加わったものとして観測されるので，

$$x_{ijk} = \mu_{ij} + \varepsilon_{ijk}, \quad \varepsilon_{ijk} \sim N(0, \sigma^2) \tag{5.1}$$

と表される．ここで，誤差 ε_{ijk} は平均 0，分散 σ^2 の正規分布に独立に従うものとしている．

二つの因子を同時に取り上げると，因子の組合せによる相乗効果や相殺効果が現れることがある．一方の因子がどの水準をとるかによって他方の因子の効果に違いが生じるという**交互作用**である．もし，交互作用がなければ，一方の因子をどの水準にとっても他方の因子には影響しない．

各水準組合せにおける母平均は，全体の母平均 μ にこれらの要因効果が合わさったものになる．このとき，因子 A による主効果 a_i と因子 B による主効果 b_j のほかに，因子 A と因子 B の交互作用効果 $(ab)_{ij}$ が考えられるので，二元配置データの構造式は

$$\begin{aligned}x_{ijk} &= \mu + a_i + b_j + (ab)_{ij} + \varepsilon_{ijk} \\ (\text{データ}) &= (\text{全体平均}) + (\text{主効果}\,A) + (\text{主効果}\,B) \\ &\quad + (\text{交互作用}\,A \times B) + (\text{誤差})\end{aligned} \tag{5.2}$$

となる．ここでは，制約条件

$$\sum_i a_i = 0, \quad \sum_j b_j = 0, \quad \sum_i (ab)_{ij} = \sum_j (ab)_{ij} = 0, \quad \varepsilon_{ijk} \sim N(0, \sigma^2) \tag{5.3}$$

を満たさなければならない．

5.1.2 交互作用のしくみ

交互作用がない場合には，因子 A による違いは B の水準によらずに一定となるので，平行なグラフになる．しかし，交互作用があると，B の水準によって因子 A の効果に違いに差が生じるので，グラフは平行にはならない．

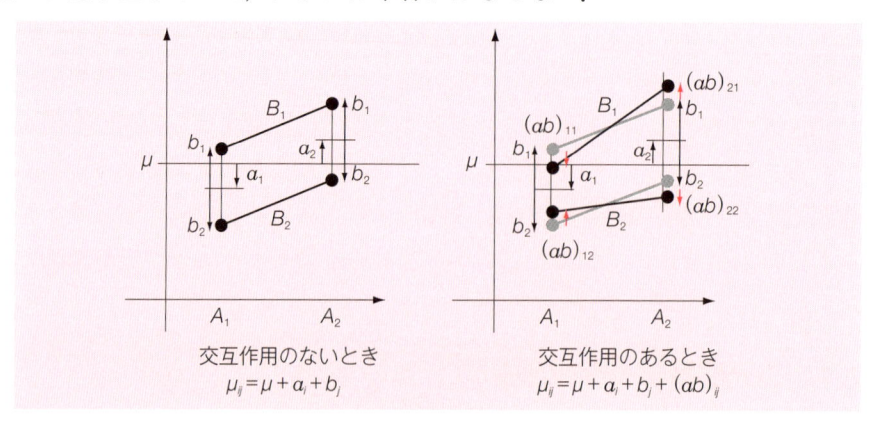

図 5.1 交互作用のしくみ

図 5.1 の例では，水準 B_1 においては A_1 と A_2 の違いは大きいが，水準 B_2 においてはほとんどない．つまり，水準 B_1 では A の主効果は見られるが，水準 B_2 では A の主効果は見られない．このような因子の組合せで変わる効果が交互作用であり，複数の因子を取り上げる実験では重要な要因である．

5.1.3 平方和の分解

データの総平方和 S_T は，要因 A と要因 B によるばらつき（要因平方和 S_{AB}）と誤差によるばらつき（誤差平方和 S_E）に分解される．

$$
\begin{aligned}
S_T &= \sum_{i=1}^{l}\sum_{j=1}^{m}\sum_{k=1}^{r}(x_{ijk}-\bar{x})^2 \\
&= \sum_{i=1}^{l}\sum_{j=1}^{m}\sum_{k=1}^{r}(x_{ijk}-\bar{x}_{ij\cdot}+\bar{x}_{ij\cdot}-\bar{x})^2 \\
&= \sum_{i=1}^{l}\sum_{j=1}^{m}\sum_{k=1}^{r}(x_{ijk}-\bar{x}_{ij\cdot})^2 + r\sum_{i=1}^{l}\sum_{j=1}^{m}(\bar{x}_{ij\cdot}-\bar{x})^2
\end{aligned}
\tag{5.4}
$$

$$
S_T = S_E(\text{誤差平方和}) + S_{AB}(\text{要因平方和}) \tag{5.5}
$$

さらに，S_{AB} は，主効果 A の平方和 S_A，主効果 B の平方和 S_B と交互作用 $A\times B$ の平方和 $S_{A\times B}$ に分解される．

$$
\begin{aligned}
S_{AB} &= r\sum_{i=1}^{l}\sum_{j=1}^{m}(\bar{x}_{ij\cdot}-\bar{x})^2 \\
&= r\sum_{i=1}^{l}\sum_{j=1}^{m}(\bar{x}_{i\cdot\cdot}-\bar{x}+\bar{x}_{\cdot j\cdot}-\bar{x}+\bar{x}_{ij\cdot}-\bar{x}_{i\cdot\cdot}-\bar{x}_{\cdot j\cdot}+\bar{x})^2 \\
&= mr\sum_{i=1}^{l}(\bar{x}_{i\cdot\cdot}-\bar{x})^2 + lr\sum_{j=1}^{m}(\bar{x}_{\cdot j\cdot}-\bar{x})^2 + r\sum_{i=1}^{l}\sum_{j=1}^{m}(\bar{x}_{ij\cdot}-\bar{x}_{i\cdot\cdot}-\bar{x}_{\cdot j\cdot}+\bar{x})^2 \\
&= S_A(\text{主効果}A) + S_B(\text{主効果}B) + S_{A\times B}(\text{交互作用}A\times B)
\end{aligned}
\tag{5.6}
$$

以上より，総平方和は四つの平方和に分解できる．

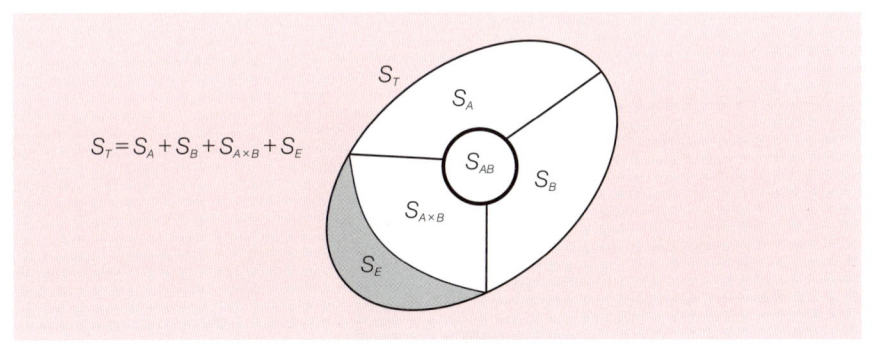

図 5.2 平方和の分解

5.1.4 各平方和と自由度の計算

平方和を実際に計算するときには，

$$CT = \frac{T^2}{N} \tag{5.7}$$

$$S_T = (個々のデータの 2 乗和) - CT \tag{5.8}$$

$$S_A = \sum_{i=1}^{l} \frac{(水準\,A_i\,のデータの合計)^2}{水準\,A_i\,のデータ数} - CT \tag{5.9}$$

$$S_B = \sum_{j=1}^{m} \frac{(水準\,B_j\,のデータの合計)^2}{水準\,B_j\,のデータ数} - CT \tag{5.10}$$

$$S_{AB} = \sum_{i=1}^{l}\sum_{j=1}^{m} \frac{(水準\,A_iB_j\,のデータの合計)^2}{水準\,A_iB_j\,のデータ数} - CT \tag{5.11}$$

$$S_{A \times B} = S_{AB} - S_A - S_B \tag{5.12}$$

$$S_E = S_T - (S_A + S_B + S_{A \times B}) \tag{5.13}$$

を使う．ここで，$N = lmr$ は全データ数である．

主効果の自由度は水準数 -1，交互作用の自由度は主効果の自由度の積になり，誤差自由度は総自由度から要因自由度の和を引くと得られる．

$$総自由度：\phi_T = N - 1 = lmr - 1 \tag{5.14}$$

$$主効果\,A\,の自由度：\phi_A = l - 1 \tag{5.15}$$

$$主効果\,B\,の自由度：\phi_B = m - 1 \tag{5.16}$$

$$交互作用\,A \times B\,の自由度：\phi_{A \times B} = \phi_A \times \phi_B = (l-1)(m-1) \tag{5.17}$$

$$誤差自由度：\phi_E = \phi_T - (\phi_A + \phi_B + \phi_{A \times B}) = lm(r-1) \tag{5.18}$$

5.1.5 平均平方の期待値

平方和を自由度で割ると平均平方が得られ，その期待値 $E(V)$ も一元配置と同様に与えられる．一般に，各要因の分散にデータ数をかけたものが誤差分散に加わっている．

$$E(V_E) = \sigma^2 \tag{5.19}$$

$$E(V_A) = \sigma^2 + mr\sigma_A^2 \tag{5.20}$$

$$E(V_B) = \sigma^2 + lr\sigma_B^2 \tag{5.21}$$

$$E(V_{A \times B}) = \sigma^2 + r\sigma_{A \times B}^2 \tag{5.22}$$

5.1.6 分散分析

二元配置では，主効果 A，主効果 B，交互作用 $A \times B$ の要因効果があるかどうかの三つの検定を同時に行う．それぞれの F_0 値あるいは P 値によって，各要因が統計的に有

意であるかどうかを判定する．以上の結果をまとめて分散分析表を作成する（表5.2）．

表 5.2　分散分析表

要因	平方和 S	自由度 ϕ	平均平方 V	F_0	P値	$E(V)$
A	S_A	ϕ_A	V_A	V_A/V_E	P_A	$\sigma^2 + mr\sigma_A^2$
B	S_B	ϕ_B	V_B	V_B/V_E	P_B	$\sigma^2 + lr\sigma_B^2$
$A \times B$	$S_{A \times B}$	$\phi_{A \times B}$	$V_{A \times B}$	$V_{A \times B}/V_E$	$P_{A \times B}$	$\sigma^2 + r\sigma_{A \times B}^2$
E	S_E	ϕ_E	V_E			σ^2
T	S_T	ϕ_T				

5.1.7　最適水準とその母平均の点推定

因子間に交互作用があるときには，因子を別々に考えてはいけない．因子の組合せを見て，どの水準組合せのときに特性値が最大（あるいは最小）になるかを求め，これが最適水準となる．**最適水準**における母平均の点推定値は，そこでの標本平均によって求める．

$$\hat{\mu}(A_i B_j) = \overline{\mu + a_i + b_j + (ab)_{ij}} = \frac{T_{ij\cdot}}{r} = \bar{x}_{ij} \tag{5.23}$$

5.1.8　母平均の区間推定

各水準組合せにおける標本平均は r 個のデータの平均である．この分散の推定値は

$$V(\bar{x}_{ij}) = \frac{V_E}{r} \tag{5.24}$$

となるから，水準 $A_i B_j$ における母平均の**信頼率** $100(1-\alpha)$％の**信頼区間**は

$$\hat{\mu}(A_i B_j) \pm t(\phi_E, \alpha)\sqrt{\frac{V_E}{r}} \tag{5.25}$$

で与えられる．

5.1.9　母平均の差の推定

二つの水準組合せ間における母平均の差を推定する．水準 $A_i B_j$ と水準 $A_i B_{j'}$ における母平均の差の点推定値は，各水準での標本平均の差となる．

$$\overline{\mu(A_iB_j)} - \overline{\mu(A_{i'}B_{j'})} = \overline{\mu + a_i + b_j + (ab)_{ij}} - \overline{\mu + a_{i'} + b_{j'} + (ab)_{i'j'}}$$

$$= \frac{T_{ij\cdot}}{r} - \frac{T_{i'j'\cdot}}{r}$$

$$= \bar{x}_{ij} - \bar{x}_{i'j'} \tag{5.26}$$

この分散の推定値は

$$V(\bar{x}_{ij} - \bar{x}_{i'j'}) = \frac{V_E}{r} + \frac{V_E}{r} = \frac{2}{r}V_E \tag{5.27}$$

となるから，母平均の差の信頼率 $100(1-\alpha)$ % の信頼区間は

$$(\bar{x}_{ij} - \bar{x}_{i'j'}) \pm t(\phi_E, \alpha)\sqrt{\frac{2}{r}V_E} \tag{5.28}$$

で与えられる．

5.1.10 データの予測

ある水準組合せで新たにデータをとるとき，どんな値が得られるかを予測する．点予測値は点推定値と同じである．

$$\hat{x}(A_iB_j) = \frac{T_{ij\cdot}}{r} \tag{5.29}$$

また，区間予測では，点推定値のばらつき V_E/r に，データのばらつき V_E が加わる．信頼率 $100(1-\alpha)$ % の予測区間は

$$\hat{x}(A_iB_j) \pm t(\phi_E, \alpha)\sqrt{\left(1 + \frac{1}{r}\right)V_E} \tag{5.30}$$

で与えられる．

5.2 繰り返しのある二元配置法の解析例

表5.1のデータを解析してみる．焼成温度（A）と材料組成（B）は強度に影響しているか，また，交互作用はあるだろうか，についてデータ解析してみる．

手順1 分散分析表の作成

まず，平方和を計算する．

$$CT = \frac{1752^2}{12} = 255792 \tag{5.31}$$

$$S_T = (135^2 + 140^2 + \cdots + 136^2) - 255792 = 1402 \tag{5.32}$$

$$S_{AB} = \frac{275^2}{2} + \frac{265^2}{2} + \frac{298^2}{2} + \frac{324^2}{2} + \frac{309^2}{2} + \frac{281^2}{2} - 255792 = 1244 \tag{5.33}$$

$$S_A = \frac{540^2}{4} + \frac{622^2}{4} + \frac{590^2}{4} - 255792 = 854 \tag{5.34}$$

$$S_B = \frac{882^2}{6} + \frac{870^2}{6} - 255792 = 12 \tag{5.35}$$

$$S_{A \times B} = 1244 - 854 - 12 = 378 \tag{5.36}$$

$$S_E = 1402 - 1244 = 158 \tag{5.37}$$

自由度は

$$\phi_T = 12 - 1 = 11, \quad \phi_A = 3 - 1 = 2, \quad \phi_B = 2 - 1 = 1, \quad \phi_{A \times B} = 2 \times 1 = 2,$$
$$\phi_E = 11 - (2 + 1 + 2) = 6$$

となり，表5.3の分散分析表が得られる．

表5.3　分散分析表

要因	平方和 S	自由度 ϕ	平均平方 V	F_0	P値	$E(V)$
A	854	2	427.0	16.2**	0.4%	$\sigma^2 + 4\sigma_A^2$
B	12	1	12.0	0.46	52.5%	$\sigma^2 + 6\sigma_B^2$
$A \times B$	378	2	189.0	7.18*	2.6%	$\sigma^2 + 2\sigma_{A \times B}^2$
E	158	6	26.33			σ^2
T	1402	11				

$F(2,6;0.05) = 5.14, \quad F(2,6;0.01) = 10.9$
$F(1,6;0.05) = 5.99, \quad F(1,6;0.01) = 13.7$

主効果Aは高度に有意となり，交互作用$A \times B$は有意となる．焼成温度は強度に大きく影響を及ぼし，材料との交互作用も存在している．

手順2　最適水準の決定

交互作用があるので，ABの6通りの水準組合せの中で最大となるA_2B_2が最適水準となる．つまり，焼成温度1300℃で変更品を用いたときに強度が最も高くなる．

手順3　母平均の推定

A_2B_2における母平均の点推定は，A_2B_2における平均から，

$$\hat{\mu}(A_2B_2) = \overline{\mu + a_2 + b_2 + (ab)_{22}} = \frac{324}{2} = 162.0 \tag{5.38}$$

である．また，信頼率95%での信頼区間は，

$$\hat{\mu}(A_2B_2) \pm t(\phi_E,\alpha)\sqrt{\frac{V_E}{r}} = 162.0 \pm t(6,0.05)\sqrt{\frac{26.33}{2}}$$
$$= 162.0 \pm 2.447 \times 3.628$$
$$= 162.0 \pm 8.9$$
$$= 153.1,\ 170.9 \qquad (5.39)$$

が得られる．

最適水準と水準 A_1B_1 における母平均の差を推定する．点推定値は，

$$\widehat{\mu(A_2B_2) - \mu(A_1B_1)} = \frac{324}{2} - \frac{275}{2} = 24.5 \qquad (5.40)$$

である．また，信頼率95％での信頼区間は，

$$(\bar{x}_{22} - \bar{x}_{11}) \pm t(\phi_E,\alpha)\sqrt{\frac{V_E}{r} + \frac{V_E}{r}} = 24.5 \pm t(6,0.05)\sqrt{\frac{26.33}{2} + \frac{26.33}{2}}$$
$$= 24.5 \pm 2.447 \times 5.132$$
$$= 24.5 \pm 12.6$$
$$= 11.9,\ 37.1 \qquad (5.41)$$

が得られる．

手順4　データの予測

最適水準と同じ条件で新たにデータをとるとき，得られる強度の値を予測する．点予測値は点推定値と同じになり，

$$\hat{x}(A_2B_2) = 162.0 \qquad (5.42)$$

である．また，信頼率95％での予測区間は

$$\hat{x}(A_2B_2) \pm t(\phi_E,\alpha)\sqrt{\left(1+\frac{1}{r}\right)V_E} = 162.0 \pm t(6,0.05)\sqrt{\left(1+\frac{1}{2}\right)\times 26.33}$$
$$= 162.0 \pm 2.447 \times 6.285$$
$$= 162.0 \pm 15.4$$
$$= 146.6,\ 177.4 \qquad (5.43)$$

が得られる．

Excel 解析 2

繰り返しのある二元配置法

表 5.1 のデータを Excel で解析してみる．表 5.1 のデータは，ある機械部品の強度に因子 A として焼成温度，因子 B として材料組成を取り上げ，二元配置の実験を行った結果である．この実験では，交互作用の有無を確認するため，繰り返しのある二元配置法を行っている．

表 5.1(再掲)　データ表

	B_1 (従来品)	B_2 (変更品)	合計	平均
A_1 (1200°C)	135, 140	128, 137	540	135.0
A_2 (1300°C)	151, 147	166, 158	622	155.5
A_3 (1400°C)	158, 151	145, 136	590	147.5
合計	882	870	1752	
平均	147.0	145.0		146.0

（1）　Excel 表計算による二元配置法（繰り返しあり）

手順 1　分散分析表の作成

1) データを入力し，基本統計量を計算する

データ表を作成する．

操作 1　セル B2:C7 にデータを入力する．

各水準組合せにおける繰り返しは行方向に入れる．各水準の合計や平均を計算し，交互作用を求めるための二元表も作成する．

操作 2　水準 A_1 の合計　[D2]=SUM(B2:C3)
操作 3　水準 A_1 の平均　[E2]=AVERAGE(B2:C3)
操作 4　水準 A_2, A_3 は，セル D2:E2 を D4:E4 と D6:E6 にコピーする
操作 5　水準 B_1 の合計　[B8]=SUM(B2:B7)
操作 6　水準 B_1 の平均　[B9]=AVERAGE(B2:B7)
操作 7　水準 B_2 は，セル B8:B9 を C8:C9 にコピーする
操作 8　全体の合計　[D8]=SUM(B2:C7)
操作 9　全体の平均　[E9]=AVERAGE(B2:C7)

また，AB の各水準組合せにおける合計を求める．

操作 10　水準 A_1B_1 の合計　[H2]=B2+B3

図5.3 データ表と二元表

操作11　水準 A_2B_1 の合計　[H3]=B4+B5
操作12　水準 A_3B_1 の合計　[H4]=B6+B7
操作13　水準 A_1B_2, A_2B_2, A_3B_2 は，セル H2:H4 を I2:I4 にコピーする．

2) データをグラフ化する

一つのグラフにまとめるには，データ配列を作り直す．

操作14　K列には横軸にくる水準名を入れる．
操作15　因子 A の各水準の平均　[L2]=E2，[L3]=E4，[L4]=E6
操作16　因子 B の各水準の平均　[M5]=B9，[M6]=C9
操作17　水準 A_1B_1 における平均　[N7]=H2/2
操作18　他の水準組合せにおける平均は，セル N7 を N7:O9 にコピーする．

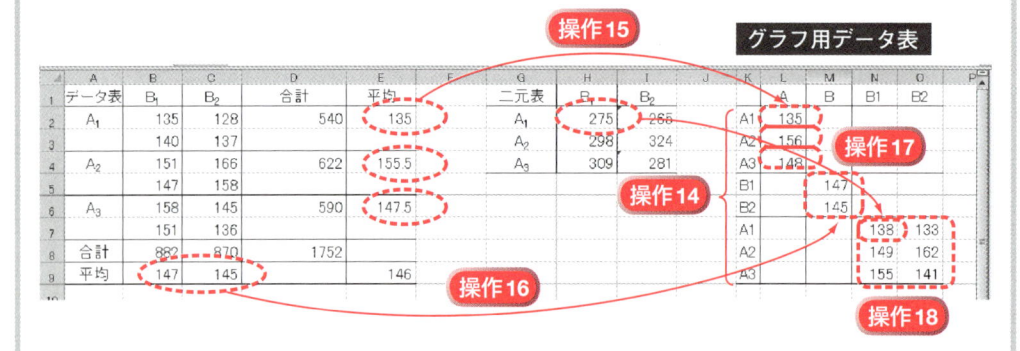

図5.4 グラフ作成用データ表の作成

操作19　データ範囲 K1:O9 を指定する．
操作20　「挿入」タブの「折れ線」から「マーカー付き折れ線」を選ぶと，折れ線グラフが表示される．
操作21　グラフを右クリックしてから「データ系列の書式設定(F)」をクリッ

クして，グラフを整形する．必要なら「マーカーのオプション」や「マーカーの塗りつぶし」「線の色」「マーカーの色」を設定する．

操作22 縦軸をクリックしてから，右クリックして「軸の書式設定(F)」をクリックする．「軸のオプション」：「最小値」は「固定」を選んで「120」を入れる．「目盛間隔」は「固定」を選んで「10」を入れる．「閉じる」をクリックする．

補助線は必要なければ，クリックしたのち，削除キーで削除する．

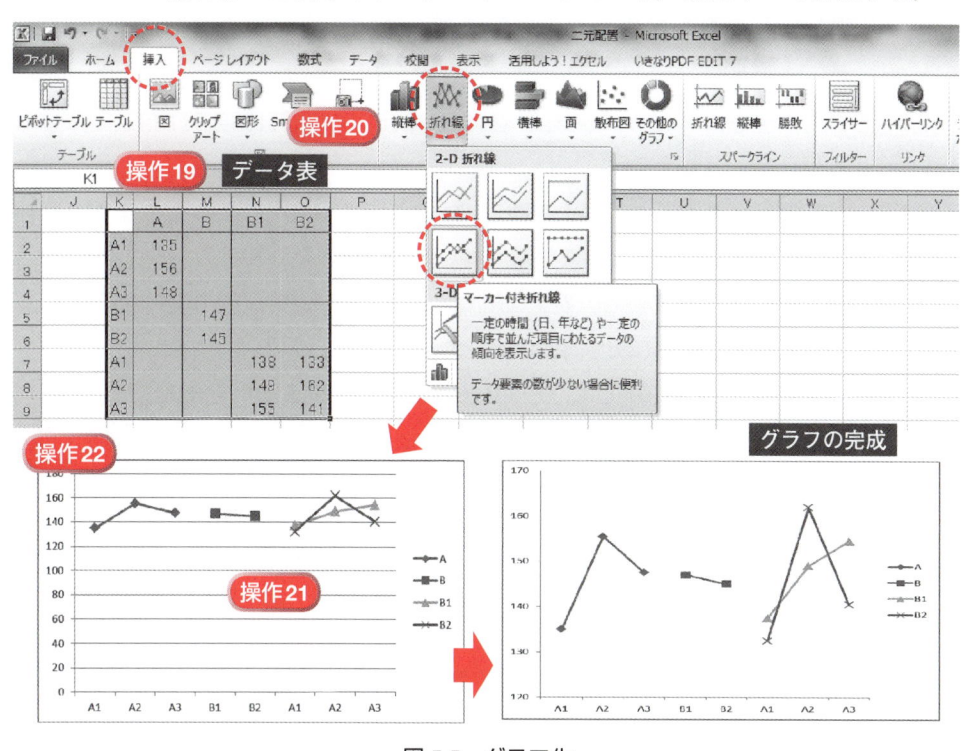

図5.5 グラフ化

3) 平方和を計算する

操作23 修正項 CT を計算する．[B11]=D8^2/12

操作24 総平方和 S_T を計算する．[B12]=SUMSQ(B2:C7)-B11

操作25 要因平方和 S_{AB} を計算する．[B13]=SUMSQ(H2:I4)/2-B11

操作26 要因平方和 S_A を計算する．[B14]=SUMSQ(D2:D6)/4-B11

操作27 要因平方和 S_B を計算する．[B15]=SUMSQ(B8:C8)/6-B11

操作28 要因平方和 $S_{A \times B}$ を計算する．[B16]=B13-B14-B15

操作29 誤差平方和 S_E を計算する．[B17]=B12-(B14+B15+B16)

4) 分散分析表にまとめる

操作30 平方和と自由度を入力する．

S	[E12]=B14	ϕ_A	[F12]=2
S_B	[E13]=B15	ϕ_B	[F13]=1
$S_{A\times B}$	[E14]=B16	$\phi_{A\times B}$	[F14]=2
S_E	[E15]=B17	ϕ_E	[F15]=6
S_T	[E16]=B12	ϕ_T	[F16]=11

誤差自由度 ϕ_E は，[F15]=F16-(F12+F13+F14) によって求めてもよい．

操作31 平均平方を計算する．[G12]=E12/F12，セル G12 を G13:G15 にコピーする．

操作32 F_0 値を計算する．[H12]=G12/\$G\$15，セル H12 を H13:H14 にコピーする．

操作33 P 値を求める．[I12]=FDIST(H12,F12,\$F\$15)，セル I12 を I13:I14 にコピーする．

操作34 F 境界値を求める．F 分布の 5% 点 [J12]=FINV(0.05,F12,\$F\$15)，セル J12 を J13:J14 にコピーする．

注）Excel 2010 では，F.INV.RT(0.05,F12,\$F\$15) を使用

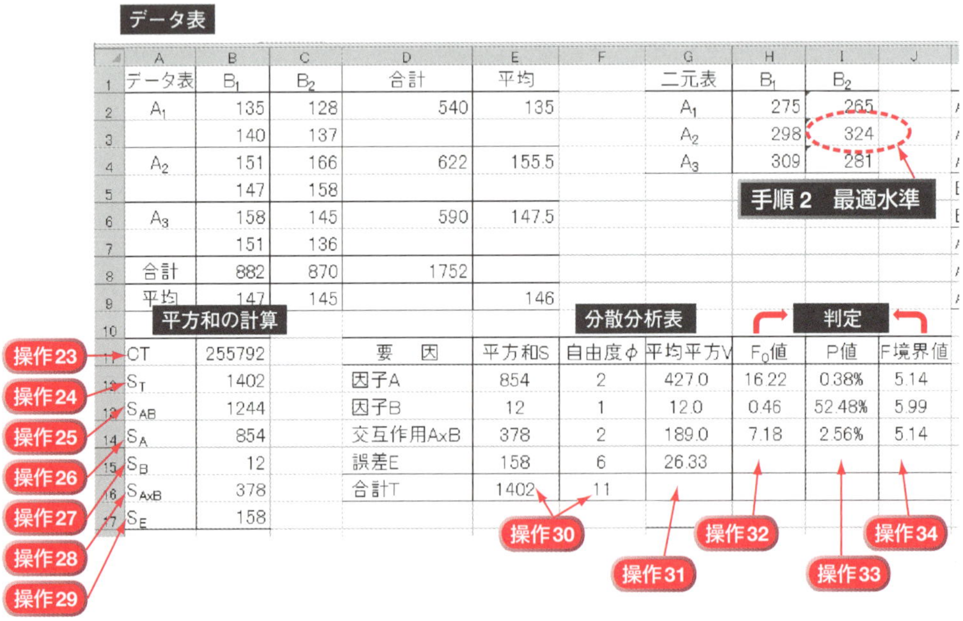

図 5.6　分散分析表

手順2　最適水準の決定

手順1 で計算した AB 二元表の水準組合せにおいて最大となる A_2B_2 が最適水準である．

手順3　母平均の推定

1) A_2B_2 における母平均の点推定

   操作35　点推定値を計算する．[B19]=I3/2

2) A_2B_2 における母平均の信頼率 95% での区間推定

   操作36　信頼区間の幅を計算する．[B20]=TINV(0.05,F15)*SQRT(G15/2)

   　　　　　　注）Excel 2010 では，T.INV.2T(0.05,F15)*SQRT(G15/2) を使用

   操作37　信頼下限を計算する．[B21]=B19-B20

   操作38　信頼上限を計算する．[B22]=B19+B20

3) 最適水準 A_2B_2 と水準 A_1B_1 における母平均の差の点推定

   操作39　平均の差を計算する．[E19]=I3/2-H2/2

4) A_2B_2 と A_1B_1 における母平均の差の区間推定

   操作40　信頼区間の幅を計算する．

   　　　　　　[E20]=TINV(0.05,F15)*SQRT(G15/2+G15/2)

   　　　　　　注）Excel 2010 では，T.INV.2T(0.05,F15)*SQRT(G15/2+G15/2) を使用

   操作41　信頼下限を計算する．[E21]=E19-E20

   操作42　信頼上限を計算する．[E22]=E19+E20

手順4　データの予測

1) A_2B_2 におけるデータの点予測

   操作43　点予測値を計算する．[H19]=B19

2) A_2B_2 におけるデータの信頼率 95% での区間予測

   操作44　予測区間の幅を計算する．

   　　　　　　[H20]=TINV(0.05,F15)*SQRT((1+1/2)*G15)

   　　　　　　注）Excel 2010 では，T.INV.2T(0.05,F15)*SQRT((1+1/2)*G15) を使用

   操作45　予測下限を計算する．[H21]=H19-H20

   操作46　予測上限を計算する．[H22]=H19+H20

	A	B	C	D	E	F	G	H	I	J
1	データ表	B_1	B_2	合計	平均		二元表	B_1	B_2	
2	A_1	135	128	540	135		A_1	275	265	
3		140	137				A_2	298	324	
4	A_2	151	166	622	155.5		A_3	309	281	
5		147	158						手順2 最適水準	
6	A_3	158	145	590	147.5					
7		151	136							
8	合計	882	870	1752						
9	平均	147	145		146					
10										
11	CT	255792		要因	平方和S	自由度φ	平均平方V	F_0値	P値	F境界値
12	S_T	1402		因子A	854	2	427.0	16.22	0.38%	5.14
13	S_{AB}	1244		因子B	12	1	12.0	0.46	52.48%	5.99
14	S_A	854		交互作用A×B	378	2	189.0	7.18	2.56%	5.14
15	S_B	12		誤差E	158	6	26.33			
16	$S_{A×B}$	378		合計T	1402	11				
17	S_E	158								
18	A_2B_2	A_2B_2の推定		A_2B_2とA_1B_1の差の推定			A_2B_2	A_2B_2の予測		
19	点推定値	162.0	操作35	A_2B_2とA_1B_1の差	24.5	操作39	点予測値	162.0	操作43	
20	区間幅	8.88	操作36	区間幅	12.56	操作40	予測幅	15.38	操作44	
21	信頼下限	153.1	操作37	信頼下限	11.9	操作41	予測下限	146.6	操作45	
22	信頼上限	170.9	操作38	信頼上限	37.1	操作42	予測上限	177.4	操作46	
23										

図5.7 推定

(2) Excel「分析ツール」による分散分析表の作成

分散分析表を作るまでなら,Excel「分析ツール」を使うこともできる.

手順1 「データ」タブから「データ分析」を選ぶ.

図5.8 分析ツールの起動

手順2 「分散分析:繰り返しのある二元配置」を選んで,「OK」を押す.

第 5 章 二元配置法

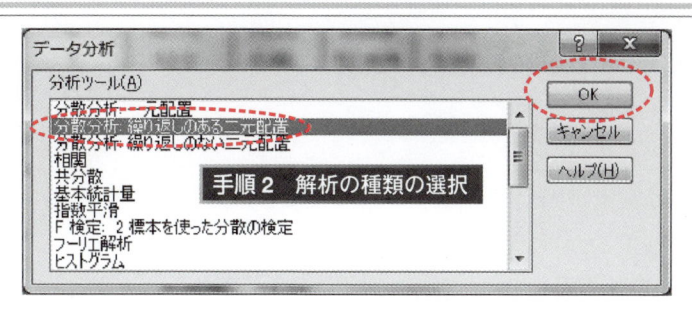

図 5.9 解析の種類の選択

手順 3 分析のための諸元を入力する．

操作 1 「入力範囲(W)」にデータを指定する．
ここでは，ラベルも含めて，「A1:C7」となる．

操作 2 「1 標本あたりの行数」を入力する．
ここでは，繰り返し数が 2 であるので，「2」と入力する．

操作 3 「出力オプション」を指定する．
ここでは，2)新規ワークシート(P) を選択している．

1) 出力先(O)：同じワークシートに表示する場合（セルを指定する）
2) 新規ワークシート(P)：同じファイルの新規別シートに表示する場合

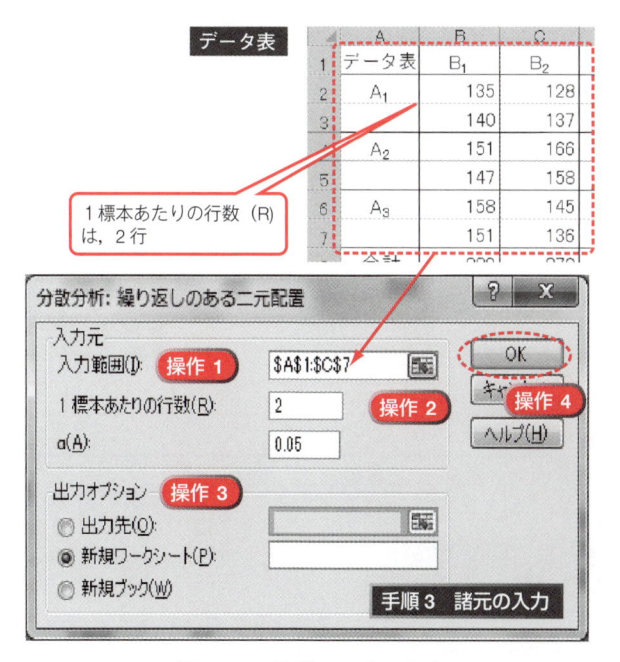

図 5.10 分析ツールの入力

3) **新規ブック(W)**：新規ファイルに表示する場合

操作4 「OK」をクリックする．

手順4 分散分析表が表示される．セルに表示される要因名などは，適切な表現に読み替える．

「変動要因」→「要因」	「変動」→「平方和 S」
「自由度」→「自由度 ϕ」	「分散」→「平均平方 V」
「観測された分散比」→「F_0 値」	「P-値」→「P 値」
「標本」→「因子 A」	「列」→「因子 B」
「交互作用」→「交互作用」	「繰り返し誤差」→「誤差 E」

	A	B	C	D	E	F	G
1	分散分析：繰り返しのある二元配置						
2							
3	概要	B1	B2	合計			
4	A1						
5	標本数	2	2	4			
6	合計	275	265	540			
7	平均	137.5	132.5	135			
8	分散	12.5	40.5	26			
9							
10	A2						
11	標本数	2	2	4			
12	合計	298	324	622			
13	平均	149	162	155.5			
14	分散	8	32	69.66667			
15							
16	A3						
17	標本数	2	2	4			
18	合計	309	281	590			
19	平均	154.5	140.5	147.5			
20	分散	24.5	40.5	87			
21							
22	合計						
23	標本数	6	6				
24	合計	882	870				
25	平均	147	145				
26	分散	69.2	208.8				
27	要因	平方和 S	自由度 ϕ	平均平方 V	F_0 値	P 値	F 境界値
28							
29	分散分析表						
30	変動要因	変動	自由度	分散	測された分散	P-値	F 境界値
31	標本（因子A）	854	2	427	16.21519	0.003806	5.143253
32	列（因子B）	12	1	12	0.455696	0.524788	5.987378
33	交互作用	378	2	189	7.177215	0.025614	5.143253
34	繰り返し誤差（誤差E）	158	6	26.33333			
35							
36	合計	1402	11				

手順4　分散分析表

図5.11　分析ツールの出力

5.3 交互作用のプーリング

分散分析の結果,要因効果が認められなかった要因は誤差と見なす.二元配置では交互作用効果が見られなければ,交互作用として計算されたばらつきは誤差ばらつきと見なし,誤差項に**プーリング**する.

焼成温度（因子 A：3 水準）と焼成時間（因子 C：2 水準）を取り上げて,各水準組合せで 2 回実験して強度を測定した.

表5.4 データ表

	C_1(10 分)	C_2(15 分)	合計	平均
A_1(1200℃)	135, 140	148, 139	562	140.5
A_2(1300℃)	151, 147	156, 160	614	153.5
A_3(1400℃)	158, 151	165, 168	642	160.5
合計	882	936	1818	
平均	147.0	156.0		151.5

このデータを先ほどの Excel シートに入力すると,図 5.12 の分散分析表が得られる.

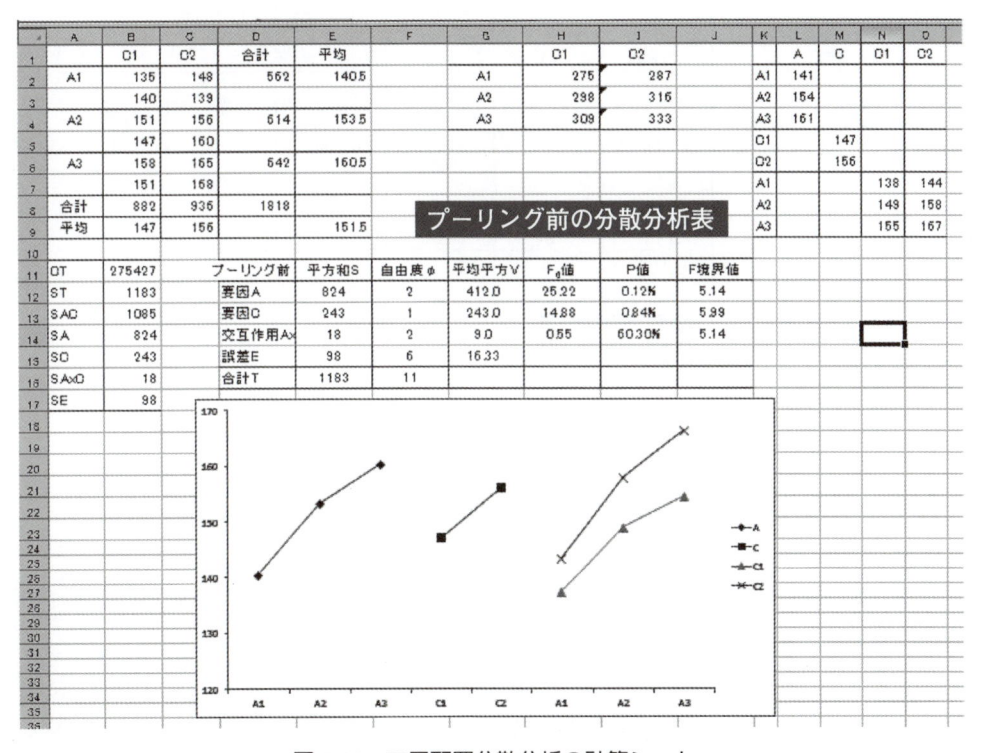

図 5.12 二元配置分散分析の計算シート

交互作用 $A \times C$ は有意ではなく,P 値は 60% あるため,交互作用はなさそうである.交互作用がないときには $\sigma_{A \times C}^2 = 0$ と見なされ,期待値は $E(V_{A \times C}) = \sigma^2$ となり,誤差分

散と同じになる．このことは，効果がないと判断した要因は誤差と見なされることを意味している．したがって，その要因の平方和と自由度を誤差の平方和と自由度に足し合わせて，新たに誤差を算出する．この操作を**プーリング**という．

効果を判断する際，P 値が 20% 程度より大きい場合には効果がないとする考え方がある．また，F 分布の 20% 点は，自由度によって変わるものの，およそ 2 となることから，F_0 値が 2 より小さいときには効果がないとすることもある．ただし，固有技術的な観点からの判断も重要であり，2 より小さいものは一律に効果なしと判断するものではない．

交互作用が本当に存在しないなら，プーリングによって誤差自由度が大きくなり，より精度の高い検定や推定ができる．しかし，交互作用が存在しているときにプーリングしてしまうと，誤差を本来の誤差より大きく見積もってしまい，検定や推定の精度が下がる．

	プーリング前	平方和S	自由度φ	平均平方V	F_0値	P値	F境界値
	要因A	824	2	412.0	25.22	0.12%	5.14
	要因C	243	1	243.0	14.88	0.84%	5.99
	交互作用A×C	18	2	9.0	0.55	60.30%	5.14
	誤差E	98	6	16.33			
	合計T	1183	11				
	プーリング後	平方和S	自由度φ	平均平方V	F_0値	P値	F境界値
	要因A	824	2	412.0	28.41	0.02%	4.46
	要因C	243	1	243.0	16.76	0.35%	5.32
	誤差E	116	8	14.50			
	T	1183	11				

誤差 E にプール

プーリング後の分散分析表

図 5.13　プーリング後の分散分析表

5.4　交互作用がないときの最適水準と母平均の推定

交互作用をプーリングすると組合せの効果はないことになるため，因子の組合せではなく，因子ごとに最適水準を決定する．

水準 A_iC_j における母平均の点推定 $\widehat{\mu + a_i + c_j}$ は，A_i における平均 $\widehat{\mu + a_i}$ と C_j における平均 $\widehat{\mu + c_j}$ から求める．データの構造式を次のように変形すると，全体平均 $\hat{\mu}$ が 2 回現れるので，1 回引いている．

$$\hat{\mu}(A_iC_j) = \widehat{\mu + a_i + c_j} = \widehat{\mu + a_i} + \widehat{\mu + c_j} - \hat{\mu}$$
$$= (A_i における平均) + (C_j における平均) - (全体平均)$$
$$= \frac{T_{i\cdot\cdot}}{mr} + \frac{T_{\cdot j\cdot}}{lr} - \frac{T}{lmr} \tag{5.44}$$

この点推定量の分散は，

$$V[\hat{\mu}(A_iC_j)] = \frac{\sigma^2}{n_e} \tag{4.45}$$

となる．ここで，n_e は**有効反復数**と呼ばれ，点推定に用いたデータ数に相当する数と解釈できる．n_e は**田口の式**あるいは**伊奈の式**で計算できる．

$$\frac{1}{n_e} = \frac{点推定に用いた要因の自由度の和 + 1}{総データ数} = \frac{l+m-1}{lmr} \quad (田口の式) \tag{5.46}$$

$$\frac{1}{n_e} = 点推定に用いた式の係数の和 = \frac{1}{mr} + \frac{1}{lr} - \frac{1}{lmr} \quad (伊奈の式) \tag{5.47}$$

有効反復数 n_e は次のように導かれる．水準 A_2B_2 における母平均の点推定値は

$$\hat{\mu}(A_2C_2) = (A_2 における平均) + (C_2 における平均) - (全体平均)$$
$$= \frac{1}{mr}\sum_{j,k} x_{2jk} + \frac{1}{lr}\sum_{i,k} x_{i2k} - \frac{1}{lmr}\sum_{i,j,k} x_{ijk}$$
$$= \left(\frac{1}{mr} + \frac{1}{lr} - \frac{1}{lmr}\right)\sum_k x_{22k} + \left(\frac{1}{mr} - \frac{1}{lmr}\right)\sum_{j\neq 2}\sum_k x_{2jk}$$
$$+ \left(\frac{1}{lr} - \frac{1}{lmr}\right)\sum_{i\neq 2}\sum_k x_{i2k} - \frac{1}{lmr}\sum_{i\neq 2}\sum_{j\neq 2}\sum_k x_{ijk}$$
$$= \frac{l+m-1}{lm}\bar{x}_{22} + \frac{l-1}{lm}\sum_{j\neq 2}\bar{x}_{2j} + \frac{m-1}{lm}\sum_{i\neq 2}\bar{x}_{i2} - \frac{1}{lm}\sum_{i\neq 2}\sum_{j\neq 2}\bar{x}_{ij} \tag{5.48}$$

と変形できる．この分散は

$$V[\hat{\mu}(A_2C_2)] = \left(\frac{l+m-1}{lm}\right)^2 \frac{\sigma^2}{r} + \left(\frac{l-1}{lm}\right)^2 \frac{\sigma^2}{r}(m-1) + \left(\frac{m-1}{lm}\right)^2 \frac{\sigma^2}{r}(l-1)$$
$$+ \left(-\frac{1}{lm}\right)^2 \frac{\sigma^2}{r}(l-1)(m-1)$$
$$= \frac{l+m-1}{lmr}\sigma^2 \tag{5.49}$$

となるため，これより有効反復数が次のように求められる．

$$\frac{1}{n_e} = \frac{l+m-1}{lmr} = \frac{1}{mr} + \frac{1}{lr} - \frac{1}{lmr} \tag{5.50}$$

この点推定量の分散の推定値は

$$\hat{V}[\hat{\mu}(A_iC_j)] = \frac{V_E}{n_e} \tag{5.51}$$

だから，水準 A_iC_j における母平均の信頼率 $100(1-\alpha)$ ％の信頼区間は

$$\hat{\mu}(A_iC_j) \pm t(\phi_E, \alpha)\sqrt{\frac{V_E}{n_e}} \tag{5.52}$$

で与えられる．

また，この条件で新たに実験するとるときのデータの予測では，点予測値は点推定値と同じである．また，信頼率 $100(1-\alpha)$ ％の予測区間は

$$\hat{x}(A_iC_j) \pm t(\phi_E, \alpha)\sqrt{\left(1+\frac{1}{n_e}\right)V_E} \tag{5.53}$$

で与えられる．

5.5 母平均の差の推定

二つの因子とも水準が異なる場合と一方の因子だけ水準が異なる場合で，有効反復数 n_e が異なるが，いずれの場合もデータの構造式に基づいて導出できる．

水準 A_iB_j と水準 $A_{i'}B_{j'}$ におけるデータの構造式は，それぞれ

$$\hat{\mu}(A_iB_j) = \bar{x}_{ij} = \widehat{\mu+a_i} + \widehat{\mu+b_j} - \hat{\mu} = \frac{T_{i\cdot}}{m} + \frac{T_{\cdot j}}{l} - \frac{T}{lm} \tag{5.54}$$

$$\hat{\mu}(A_{i'}B_{j'}) = \bar{x}_{i'j'} = \widehat{\mu+a_{i'}} + \widehat{\mu+b_{j'}} - \hat{\mu} = \frac{T_{i'\cdot}}{m} + \frac{T_{\cdot j'}}{l} - \frac{T}{lm} \tag{5.55}$$

である．まず，$i \neq i'$，$j \neq j'$ のとき，点推定値は

$$\bar{x}_{ij} - \bar{x}_{i'j'} = \left(\frac{T_{i\cdot}}{m} - \frac{T_{i'\cdot}}{m}\right) + \left(\frac{T_{\cdot j}}{l} - \frac{T_{\cdot j'}}{l}\right) \tag{5.56}$$

となり，$\bar{x}_{ij} - \bar{x}_{i'j'}$ の分散の推定値は $V(\bar{x}_{ij} - \bar{x}_{i'j'}) = \left(\frac{2}{m} + \frac{2}{l}\right)V_E$ となる．このときの母平均の差の信頼区間は

$$(\bar{x}_{ij} - \bar{x}_{i'j'}) \pm t(\phi_E, \alpha)\sqrt{\left(\frac{2}{m} + \frac{2}{l}\right)V_E} \tag{5.57}$$

となる．$\hat{\mu}(A_iB_j)$ と $\hat{\mu}(A_iB_{j'})$ の差をとると共通の項が消え，残った項から求めた点推定値

$$\bar{x}_{ij} - \bar{x}_{i'j'} = \left(\frac{T_{i\cdot}}{m} + \frac{T_{\cdot j}}{l}\right) - \left(\frac{T_{i'\cdot}}{m} - \frac{T_{\cdot j'}}{l}\right) \tag{5.58}$$

では，$\bar{x}_{ij}$，$\bar{x}_{i'j'}$ のそれぞれの有効反復数が $\frac{1}{n_e} = \frac{1}{m} + \frac{1}{l}$ となることから，$\frac{2}{n_e}$ が V_E の

係数になると考える．

次に，$i \neq i'$，$j=j'$ のように一方の水準が同じとき，点推定値は

$$\bar{x}_{ij} - \bar{x}_{i'j} = \frac{T_{i\cdot}}{m} - \frac{T_{i'\cdot}}{m} \tag{5.59}$$

となり，$\bar{x}_{ij} - \bar{x}_{i'j}$ の分散の推定値は $V(\bar{x}_{ij} - \bar{x}_{i'j}) = \frac{2}{m} V_E$ となる．このときの母平均の差の信頼区間は

$$(\bar{x}_{ij} - \bar{x}_{i'j}) \pm t(\phi_E, \alpha)\sqrt{\frac{2}{m} V_E} \tag{5.60}$$

となる．

5.6 繰り返しのない二元配置実験

データには誤差が含まれているため，各水準組合せで 1 回しか実験をしなかったら，組合せ効果が見られたとしても，それが交互作用によるものか誤差によるものかを区別できない．繰り返しのある二元配置では，繰り返しデータから誤差を推測することができるから，交互作用を検出できるのである．

データの構造式は，繰り返しがないときには添え字 k がなくなり，

$$x_{ij} = \mu + a_i + b_j + (ab)_{ij} + \varepsilon_{ij} \tag{5.61}$$

となる．このとき，交互作用 $(ab)_{ij}$ と誤差 ε_{ij} の添え字が同じであるから，両者を区別できない．これを交互作用と誤差が**交絡**するという．

交互作用が存在するときに**繰り返しのない二元配置実験**を行うと，交互作用は誤差に含まれてしまうため，誤差の大きさは過大に見積もられる．したがって，主効果の検定が適切にできない．二元配置実験をするときには，原則として繰り返しをすることが必要である．交互作用が存在しないとはっきりしているときに限って，繰り返しのない二元配置実験をしてもよい．

実験の繰り返しとは，各因子の水準設定からデータをとるまでの一連の操作を繰り返すことをいう．測定だけを繰り返してデータをとっても，実験を繰り返したことにはならない．

各平方和と自由度の計算方法はこれまでと同じである．交互作用は検出できないため，総平方和 S_T は

$$S_T = S_A(\text{要因 } A) + S_B(\text{要因 } B) + S_E(\text{誤差}) \tag{5.62}$$

と分解される．このとき，誤差平方和と誤差自由度は

$$S_E = S_T - (S_A + S_B) \tag{5.63}$$

$$\phi_E = \phi_T - (\phi_A + \phi_B) \tag{5.64}$$

から求められる．

　繰り返しのない二元配置では，主効果 A と主効果 B の要因効果を検定する．このとき，表5.5の分散分析表にまとめられる．

表5.5　分散分析表

要因	平方和 S	自由度 ϕ	平均平方 V	F_0	P値	$E(V)$
A	S_A	ϕ_A	V_A	V_A/V_E	P_A	$\sigma^2 + m\sigma_A^2$
B	S_B	ϕ_B	V_B	V_B/V_E	P_B	$\sigma^2 + l\sigma_B^2$
E	S_E	ϕ_E	V_E			σ^2
T	S_T	ϕ_T				

　一般に，有意でなく F_0 値も小さい要因は，誤差項にプーリングするが，要因配置実験では主効果はプーリングしない．要因配置実験では，取り上げた因子のすべての組合せで実験をするため，影響を与えていると思われている因子を取り上げているからである．

　繰り返しのない二元配置法の分散分析表は，繰り返しのある二元配置実験で交互作用をプーリングした後の分散分析表と同じ形になる．したがって，最適水準の求め方や母平均の推定，データの予測の方法は，繰り返しのある二元配置実験で交互作用をプーリングしたときの方法と同じである．

5.7　繰り返しのない二元配置法の解析例

　2種類の材料に対して焼成温度を3水準とり，6個の機械部品を作製して，強度を測定した．このときに得られたデータを解析してみる（表5.6）．

表5.6　データ表

	B_1（従来品）	B_2（変更品）	合計	平均
A_1(1200℃)	135	148	283	141.5
A_2(1300℃)	151	156	307	153.5
A_3(1400℃)	158	165	323	161.5
合計	444	469	913	
平均	148.0	156.3		152.2

手順1　**分散分析表の作成**

　まず，平方和を計算する．

$$CT = \frac{913.0^2}{6} = 138928.2 \tag{5.65}$$

$$S_T = (135^2 + 148^2 + \cdots + 165^2) - 138928.2 = 526.8 \tag{5.66}$$

$$S_A = \frac{283^2}{2} + \frac{307^2}{2} + \frac{323^2}{2} - 138928.2 = 405.3 \tag{5.67}$$

$$S_B = \frac{444^2}{3} + \frac{469^2}{3} - 138928.2 = 104.2 \tag{5.68}$$

$$S_E = 526.8 - (405.3 + 104.2) = 17.3 \tag{5.69}$$

自由度は $\phi_T = 6 - 1 = 5$, $\phi_A = 3 - 1 = 2$, $\phi_B = 2 - 1 = 1$, $\phi_E = 5 - (2 + 1) = 2$ となり，表5.7 の分散分析表が得られる．

表5.7　分散分析表

要因	平方和 S	自由度 ϕ	平均平方 V	F_0	P 値	$E(V)$
A	405.3	2	202.7	23.4*	4.1%	$\sigma^2 + 2\sigma_A^2$
B	104.2	1	104.2	12.0	7.4%	$\sigma^2 + 3\sigma_B^2$
E	17.3	2	8.65			σ^2
T	526.8	5				

$F(2,2;0.05) = 19.0$, $F(1,2;0.05) = 18.5$

主効果 A は有意となる．主効果 B は有意ではないが，F_0 値も大きく，主効果であるからプーリングはしない．

手順2　最適水準の決定

因子 A が最大となるのは水準 A_3，因子 B が最大となるのは水準 B_2 だから，$A_3 B_2$ が最適水準である．

手順3　母平均の推定

$A_3 B_2$ における母平均の点推定は，A_2 における平均と B_4 における平均から，

$$\hat{\mu}(A_3 B_2) = \widehat{\mu + a_3 + b_2} = \widehat{\mu + a_3} + \widehat{\mu + b_2} - \hat{\mu}$$

$$= \frac{323}{2} + \frac{469}{3} - \frac{913}{6} = 165.7 \tag{5.70}$$

である．有効反復数は，伊奈の式から，$\dfrac{1}{n_e} = \dfrac{1}{2} + \dfrac{1}{3} - \dfrac{1}{6} = \dfrac{2}{3}$ となるので，信頼率95％での信頼区間は，

$$\hat{\mu}(A_3 B_2) \pm t(\phi_E, \alpha)\sqrt{\frac{V_E}{n_e}} = 165.67 \pm t(2, 0.05)\sqrt{\frac{2}{3} \times 8.65}$$

$$= 165.67 \pm 4.303 \times 2.401$$

$$= 165.67 \pm 10.33$$

$$= 155.3,\ 176.0 \tag{5.71}$$

最適水準 $A_3 B_2$ と水準 $A_1 B_1$ における母平均の差を推定する．点推定値は

$$\bar{x}_{32} - \bar{x}_{11} = \left(\frac{T_{3\cdot}}{2} + \frac{T_{\cdot 2}}{3} - \frac{T}{6}\right) - \left(\frac{T_{1\cdot}}{2} + \frac{T_{\cdot 1}}{3} - \frac{T}{6}\right)$$

$$= \left(\frac{T_{3\cdot}}{2} + \frac{T_{\cdot 2}}{3}\right) - \left(\frac{T_{1\cdot}}{2} + \frac{T_{\cdot 1}}{3}\right)$$

$$= \left(\frac{323}{2} + \frac{469}{3}\right) - \left(\frac{283}{2} + \frac{444}{3}\right)$$

$$= 28.3 \tag{5.72}$$

である．$\bar{x}_{32} - \bar{x}_{11}$ の分散の推定値は $V(\bar{x}_{32} - \bar{x}_{11}) = 2\left(\dfrac{1}{2} + \dfrac{1}{3}\right)V_E = \dfrac{5}{3}V_E$ であり，このときの母平均の差の信頼率95％での信頼区間は

$$\begin{aligned}
(\bar{x}_{32} - \bar{x}_{11}) \pm t(\phi_E, \alpha)\sqrt{\frac{5}{3}V_E} &= 28.33 \pm t(2, 0.05)\sqrt{\frac{5}{3} \times 8.65} \\
&= 28.33 \pm 4.303 \times 3.797 \\
&= 28.33 \pm 16.34 \\
&= 12.0,\ 44.7
\end{aligned} \tag{5.73}$$

が得られる．

手順4　データの予測

最適水準と同じ条件で新たにデータをとるとき，得られる強度の値を予測する．点予測値は点推定値と同じになり，

$$\hat{x}(A_3B_2) = 165.7 \tag{5.74}$$

である．また，信頼率95％での予測区間は

$$\begin{aligned}
\hat{x}(A_3B_2) \pm t(\phi_E, \alpha)\sqrt{\left(1 + \frac{1}{n_e}\right)V_E} &= 165.67 \pm t(2, 0.05)\sqrt{\left(1 + \frac{2}{3}\right) \times 8.65} \\
&= 165.67 \pm 4.303 \times 3.797 \\
&= 165.67 \pm 16.34 \\
&= 149.3,\ 182.0
\end{aligned} \tag{5.75}$$

が得られる．

Excel 解析 3

繰り返しのない二元配置法

表 5.6 のデータを Excel で解析してみる．表 5.6 のデータは，2 種類の材料に対して焼成温度を 3 水準とり，6 個の機械部品を作製して，強度を測定した．このときに得られたデータを解析してみる．

表 5.6(再掲)　データ表

	B_1（従来品）	B_2（変更品）	合計	平均
A_1(1200℃)	135	148	283	141.5
A_2(1300℃)	151	156	307	153.5
A_3(1400℃)	158	165	323	161.5
合計	444	469	913	
平均	148.0	156.3		152.2

(1)　Excel 表計算による二元配置法（繰り返しなし）

手順 1　分散分析表の作成

1)　データを入力し，基本統計量を計算する．

データ表を作成する．

操作 1　セル B2:C4 にデータを入力する．

操作 2　水準 A_1 の合計　[D2]=SUM(B2:C2)

操作 3　水準 A_1 の平均　[E2]=AVERAGE(B2:C2)

操作 4　水準 A_2, A_3 は，セル D2:E2 を D3:E3 と D4:E4 にコピーする．

操作 5　水準 B_1 の合計　[B5]=SUM(B2:B4)

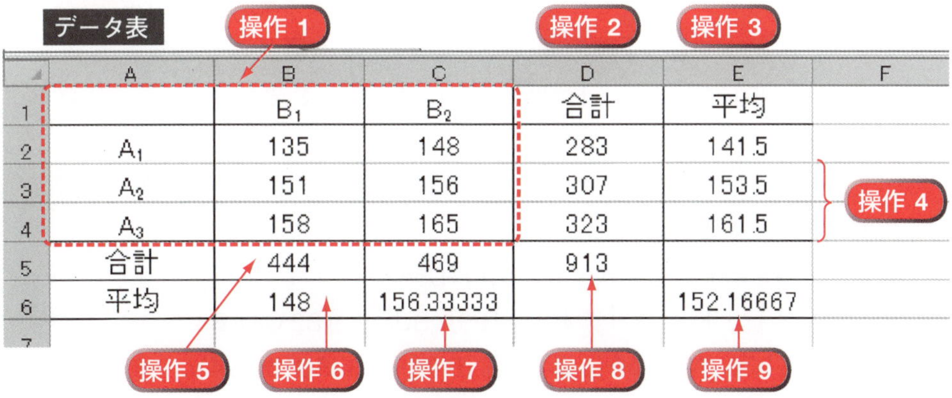

	A	B	C	D	E	F
1		B1	B2	合計	平均	
2	A1	135	148	283	141.5	
3	A2	151	156	307	153.5	
4	A3	158	165	323	161.5	
5	合計	444	469	913		
6	平均	148	156.33333		152.16667	

図 5.14　データ表

操作6 水準 B_1 の平均 [B6]=AVERAGE(B2:B4)
操作7 水準 B_2 は，セル B5:B6 を C5:C6 にコピーする．
操作8 全体の合計 [D5]=SUM(B2:C4)
操作9 全体の平均 [E6]=AVERAGE(B2:C4)

2) データをグラフ化する

一つのグラフにまとめるには，データ配列を作り直す．

操作10 G 列には横軸にくる水準名を入れる．
操作11 因子 A の各水準の平均 [H2]=E2，[H3]=E3，[H4]=E4
操作12 因子 B の各水準の平均 [I5]=B6，[I6]=C6

	A	B	C	D	E	F	G	H	I	J
1		B_1	B_2	合計	平均			A	B	
2	A_1	135	148	283	141.5		A_1	141.5		
3	A_2	151	156	307	153.5		A_2	153.5		
4	A_3	158	165	323	161.5		A_3	161.5		
5	合計	444	469	913			B_1		148	
6	平均	148	156.33333		152.16		B_2		156.33333	

図 5.15 グラフ作成用データ表の作成

操作13 データ範囲 G1:I6 を指定する．
操作14 「挿入」タブの「折れ線」から「マーカー付き折れ線」を選ぶと，折れ線グラフが表示される．
操作15 グラフを右クリックしてから「データ系列の書式設定(F)」をクリックして，グラフを整形する．必要なら「マーカーのオプション」や「マーカーの塗りつぶし」「線の色」「マーカーの色」を設定する．
操作16 縦軸をクリックしてから，右クリックして「軸の書式設定(F)」をクリックする．「軸のオプション」:「最小値」は「固定」を選んで「140」を入れる．「目盛間隔」は「固定」を選んで「10」を入れる．「閉じる」をクリックする．
補助線は必要なければ，クリックしたのち，削除キーで削除する．

3) 平方和を計算する

操作17 修正項 CT を計算する．[B8]=D5^2/6
操作18 総平方和 S_T を計算する．[B9]=SUMSQ(B2:C4)-B8
操作19 要因平方和 S_A を計算する．[B10]=SUMSQ(D2:D4)/2-B8
操作20 要因平方和 S_B を計算する．[B11]=SUMSQ(B5:C5)/3-B8

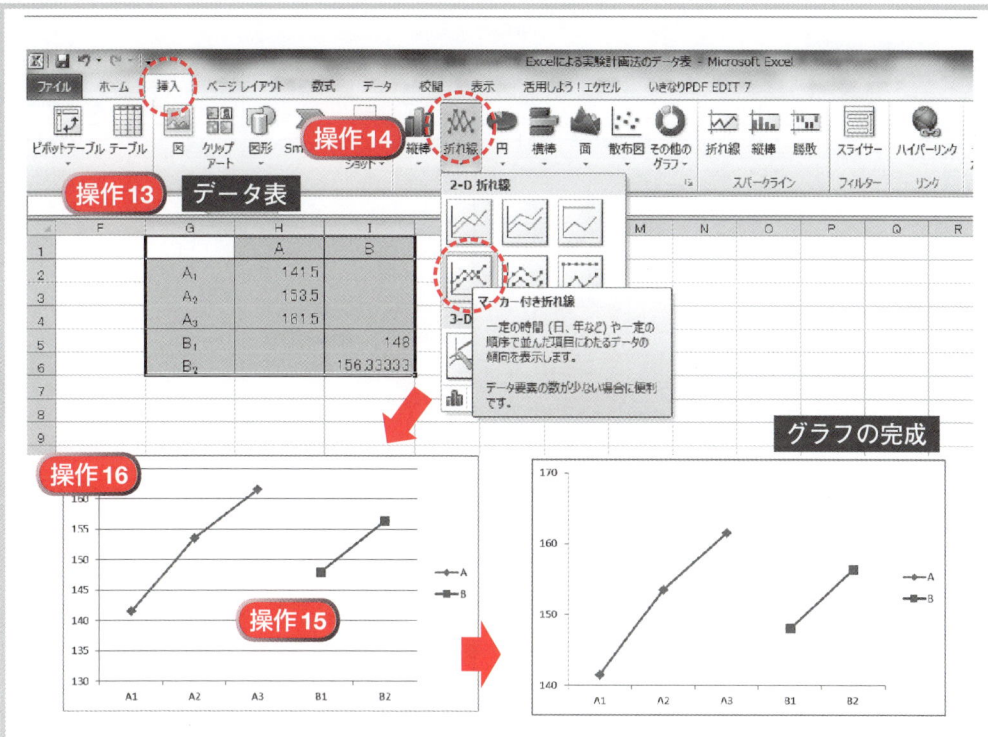

図 5.16　グラフ化

操作21　誤差平方和 S_E を計算する．[B12]=B9-(B10+B11)

4) **分散分析表にまとめる**

操作22　平方和と自由度を入力する．

S_A　[B15]=B10　　　　ϕ_A　[C15]=2

S_B　[B16]=B11　　　　ϕ_B　[C16]=1

S_E　[B17]=B12　　　　ϕ_E　[C17]=C18-(C15+C16)

S_T　[B18]=B9　　　　 ϕ_T　[C18]=5

操作23　平均平方を計算する．[D15]=B15/C15，セル D15 を D16:D17 にコピーする．

操作24　F_0 値を計算する．[E15]=D15/\$D\$17，セル E15 を E16 にコピーする．

操作25　P 値を求める．[F15]=FDIST(E15,C15,\$C\$17)，セル F15 を F16 にコピーする．

操作26　F 境界値を求める．F 分布の 5%点 [G15]=FINV(0.05,C15,\$C\$17)，セル G15 を G16 にコピーする．

注）Excel 2010 では，F.INV.RT(0.05,C15,\$C\$17) を使用

データ表

	A	B	C	D	E	F	G	H
1		B_1	B_2	合計	平均			A
2	A_1	135	148	283	141.5		A_1	141.5
3	A_2	151	156	307	153.5		A_2	153.5
4	A_3	158	165	323	161.5		A_3	161.5
5	合計	444	469	913			B_1	
6	平均	148	156.33333		152.16667		B_2	

平方和の計算

7								
8	修正項CT	138928.17	←操作17		手順2 最適水準			
9	全体平方和S_T	526.83333	←操作18					
10	因子A平方和	405.33333	←操作19					
11	因子B平方和	104.16667	←操作20					
12	誤差平方和S_e	17.333333	←操作21			判定		

分散分析表

		平方和S	自由度φ	平均平方V	F_0値	P値	F境界値
14							
15	因子A	405.3	2	202.67	23.4	4.10%	19.0
16	因子B	104.2	1	104.17	12.0	7.41%	18.5
17	誤差E	17.3	2	8.67			
18	合計T	526.8	5				

操作22 操作23 操作24 操作25 操作26

図5.17 分散分析表

手順2 最適水準の決定

A が最大となるのは，E2:E4 の中で最大となる水準 A_3，B が最大となるのは，B6:C6 の中で最大となる水準 B_2 である．最適水準は A_3B_2 である．

手順3 母平均の推定

1) A_3B_2 における母平均の点推定

　操作27　点推定値を計算する．[B21]=E4+C6-E6

2) A_3B_2 における母平均の信頼率95%での区間推定

　操作28　有効反復数を計算する．[B22]=1/3+1/2-1/6

　操作29　信頼区間の幅を計算する．

　　　　[B23]=TINV(0.05,C17)*SQRT(D17*B22)

　　　　注）Excel 2010では，T.INV.2T(0.05,C17)*SQRT(D17*B22)を使用

　操作30　信頼下限を計算する．[B24]=B21-B23

　操作31　信頼上限を計算する．[B25]=B21+B23

3) 最適水準 A_3B_2 と水準 A_1B_1 における母平均の差の点推定

　操作32　平均の差を計算する．[E21]=(E4+C6)-(E2+B6)

4) A_3B_2 と A_1B_1 における母平均の差の区間推定

　操作33　有効反復数を計算する．[E22]=2*(1/3+1/2)

　操作34　信頼区間の幅を計算する．[E23]=TINV(0.05,C17)*SQRT(D17*E22)
　　　　　注）Excel 2010 では，YINV2T(0.05,C17)*SQRT(D17*E22)を使用

　操作35　信頼下限を計算する．[E24]=E21-E23

　操作36　信頼上限を計算する．[E25]=E21+E23

手順4　データの予測

1) A_3B_2 におけるデータの点予測

　操作37　点予測値を計算する．[H21]=B21

2) A_3B_2 におけるデータの信頼率 95%での区間予測

　操作38　$1+1/n_e$ を計算する．[H22]=1+B22

　操作39　予測区間の幅を計算する．[H23]=TINV(0.05,C17)*SQRT(D17*H22)
　　　　　注）Excel 2010 では，T.INV.2T(0.05,C17)*SQRT(D17*H22)を使用

　操作40　予測下限を計算する．[H24]=H21-H23

　操作41　予測上限を計算する．[H25]=H21+H23

	A	B	C	D	E	F	G	H	I
1		B_1	B_2	合計	平均			A	B
2	A_1	135	148	283	141.5		A_1	141.5	
3	A_2	151	156	307	153.5		A_2	153.5	
4	A_3	158	165	323	161.5		A_3	161.5	
5	合計	444	469	913			B_1		148
6	平均	148	156.33333		152.16667		B_2		156.33333
7									
8	修正項CT	138928.17							
9	総平方和S_T	526.83333							
10	因子A平方和	405.33333							
11	因子B平方和	104.16667							
12	誤差平方和S_e	17.333333							
13									
14		平方和S	自由度φ	平均平方V	F_0値	P値	F境界値		
15	因子A	405.3	2	202.67	23.4	4.10%	19.0		
16	因子B	104.2	1	104.17	12.0	7.41%	18.5		
17	誤差E	17.3	2	8.67					
18	合計T	526.8	5						
19									
20	最適水準	A_3B_2		A_3B_2とA_1B_1の差			予測		
21	点推定値	165.7	操作27	点推定値	28.3	操作32	点予測値	165.7	操作37
22	$1/n_e$	0.67	操作28	$2/n_e'$	1.67	操作33	$1+1/n_e$	1.67	操作38
23	区間幅	10.34	操作29	区間幅	16.35	操作34	予測幅	16.35	操作39
24	信頼下限	155.3	操作30	信頼下限	12.0	操作35	予測下限	149.3	操作40
25	信頼上限	176.0	操作31	信頼上限	44.7	操作36	予測上限	182.0	操作41

A_3B_2の推定　　　A_3B_2とA_1B_1の差の推定　　　A_3B_2の予測

図 5.18　推定と予測

(2) Excel「分析ツール」による分散分析表の作成

分散分析表を作るまでなら，Excel「分析ツール」を使うこともできる．

手順1　「データ」タブから「データ分析」を選ぶ．

図 5.19　分析ツールの起動

手順2　「分散分析：繰り返しのない二元配置」を選んで，「OK」を押す．

図 5.20　解析の種類の選択

手順3　分析のための諸元を入力する．
- **操作1**　「入力範囲(I)」にデータを指定する．
  ここでは，ラベルも含めて，「A1:C4」となる．
- **操作2**　「ラベル(L)」を行う．
  A列には水準名があるので「ラベル(L)」にチェックを入れる．
- **操作3**　「出力オプション」を指定する．
  ここでは，2)新規ワークシート(P) を選択している．
  1) 出力先(O)：同じワークシートに表示する場合（セルを指定する）
  2) 新規ワークシート(P)：同じファイルの新規別シートに表示する場合
  3) 新規ブック(W)：新規ファイルに表示する場合

操作 4 「OK」をクリックする．

データ表

	A	B	C
1		B_1	B_2
2	A_1	135	148
3	A_2	151	156
4	A_3	158	165

先頭列は「ラベル」

分散分析: 繰り返しのない二元配置

入力元
- 入力範囲(I): 〔操作 1〕 $A$1:$C$4
- ☑ ラベル(L) 〔操作 2〕
- α(A): 0.05

出力オプション 〔操作 3〕
- ○ 出力先(O):
- ● 新規ワークシート(P):
- ○ 新規ブック(W)

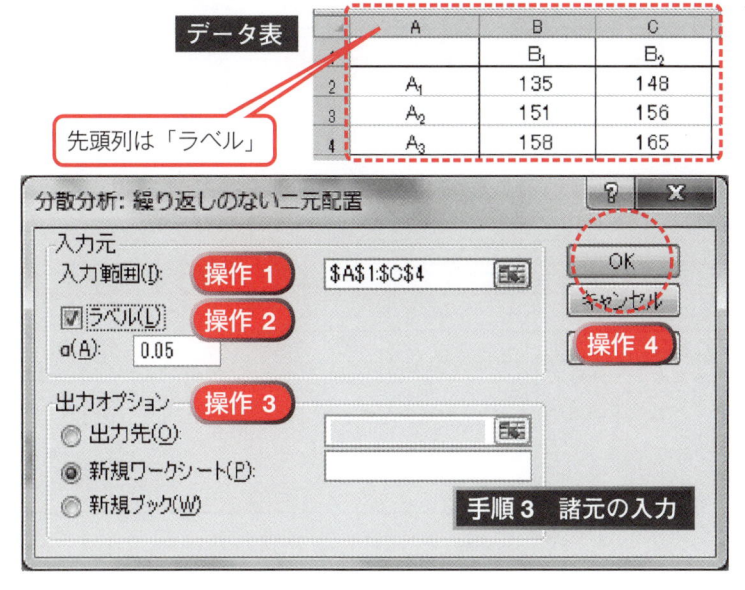

OK 〔操作 4〕
キャンセル

手順 3 諸元の入力

図 5.21 分析ツールの入力

手順 4 分散分析表が表示される．要因名などは，適切な表現に読み替える．

- 「変動要因」→「要因」　　　　「変動」→「平方和 S」
- 「自由度」→「自由度 ϕ」　　「分散」→「平均平方 V」
- 「観測された分散比」→「F_0 値」　「P- 値」→「P 値」
- 「行」→「因子 A」　　　　　「列」→「因子 B」
- 「誤差」→「誤差 E」

	A	B	C	D	E	F	G
1	分散分析: 繰り返しのない二元配置						
2							
3	概要	標本数	合計	平均	分散		
4	A1	2	283	141.5	84.5		
5	A2	2	307	153.5	12.5		
6	A3	2	323	161.5	24.5		
7							
8	B1	3	444	148	139		
9	B2	3	469	156.3333	72.33333333		
10	要因	平方和 S	自由度 ϕ	平均平方 V	F_0 値	P 値	F 境界値
11							
12	分散分析表						
13	変動要因	変動	自由度	分散	観測された分散比	P-値	F 境界値
14	行 (因子 A)	405.3333	2	202.6667	23.38461538	0.041009	19
15	列 (因子 B)	104.1667	1	104.1667	12.01923077	0.074074	18.51282
16	誤差 (誤差 E)	17.33333	2	8.666667			
17							
18	合計	526.8333	5				
19							

手順 4 分散分析表

図 5.22 分析ツールの出力

第6章 多元配置法

6.1 多元配置実験

多元配置実験とは，三つ以上の因子を取り上げて，特性に影響を及ぼしているかどうかを調べるときに行う実験である．水準組合せの数が多くなるため，実験回数も多くなるが，解析方法は一元配置や二元配置と同じである．

機械部品の強度に影響を与える因子として，焼成温度（A：3水準），材料組成（B：2水準）と焼成時間（C：2水準）を取り上げ，各水準組合せで2個ずつ試作して強度を測定した．このとき，3×2×2×2＝24回の実験が必要となる．

実験回数は水準数の積となり，因子の数が増えるとかなりの回数になる．これらの実験をすべて同じ条件で実施するのは難しくなるため，分割法などによる局所管理が行われることもある．また，実際には四つ以上の因子を取り上げた多元配置実験が行われることはあまりなく，直交配列表実験を適用することが多い．

三つの因子を取り上げた要因配置型の実験は**三元配置実験**という．機械部品の強度データの例を挙げよう（表6.1）．

表6.1 データ表

	B_1(従来品)		B_2(変更品)	
	C_1(10分)	C_2(15分)	C_1(10分)	C_2(15分)
A_1(1200℃)	135, 140	148, 139	128, 137	135, 142
A_2(1300℃)	151, 147	156, 160	166, 158	174, 168
A_3(1400℃)	158, 151	165, 168	145, 136	160, 157

この表からでは，どの因子が強度に影響を与えているかとか，交互作用があるかなどを容易に推測することはできないであろう．たくさんの因子が絡んでいる実験では，特に統計的な解析が必要となってくる．

6.1.1 三元配置データの構造

因子Aにl個の水準，因子Bにm個の水準，因子Cにn個の水準をとって，ABCの各水準組合せにおいて繰り返しr回の実験を行った．水準組合せ$A_iB_jC_k$でq回目に実験したときの誤差をε_{ijkq}とすると，このときに得られるデータx_{ijkq}は，水準組合せ$A_iB_jC_k$における母平均μ_{ijk}に誤差ε_{ijkq}が加わったものとして観測されているので，

$$x_{ijkq} = \mu_{ijk} + \varepsilon_{ijkq}, \quad \varepsilon_{ijkq} \sim \mathrm{N}(0, \sigma^2) \tag{6.1}$$

と表される．ここで，誤差 ε_{ijkq} は平均 0，分散 σ^2 の正規分布に従うものとする．

　三つの因子を同時に取り上げて実験するときに起こりうる交互作用には，二つの因子間に存在する 2 因子交互作用と三つの因子間に存在する 3 因子交互作用がある．水準組合せにおける母平均は，全体の母平均 μ に各因子の主効果とそれらの交互作用が合わさったものになる．このとき，三元配置データの構造式は

$$x_{ijkq} = \mu + a_i + b_j + c_k + (ab)_{ij} + (ac)_{ik} + (bc)_{jk} + (abc)_{ijk} + \varepsilon_{ijkq}$$
$$(データ) = (全体平均) + (主効果\ A) + (主効果\ B) + (主効果\ C)$$
$$+ (交互作用\ A \times B) + (交互作用\ A \times C) + (交互作用\ B \times C)$$
$$+ (交互作用\ A \times B \times C) + (誤差) \tag{6.2}$$

となり，三つの主効果のほかに，三つの 2 因子交互作用と一つの 3 因子交互作用がある．各水準組合せにおける繰り返しがなければ添え字の q がなくなるため，3 因子交互作用と誤差が交絡し，3 因子交互作用を検出できない．しかし，3 因子以上の交互作用は存在しないことが多く，また存在したとしてもその意味を考えることは容易ではないため，3 因子以上の交互作用は誤差と見なすことがある．この考え方に基づき，多元配置実験では繰り返しをしないで，主効果と 2 因子交互作用だけを検出するように実験することもある．

6.1.2 平方和の分解と計算

　データの総平方和 S_T は，要因 A, B, C によるばらつき（要因平方和 S_{ABC}）と誤差によるばらつき（誤差平方和 S_E）に分解され，要因平方和 S_{ABC} は三つの主効果と三つの 2 因子交互作用と一つの 3 因子交互作用に分解できる．

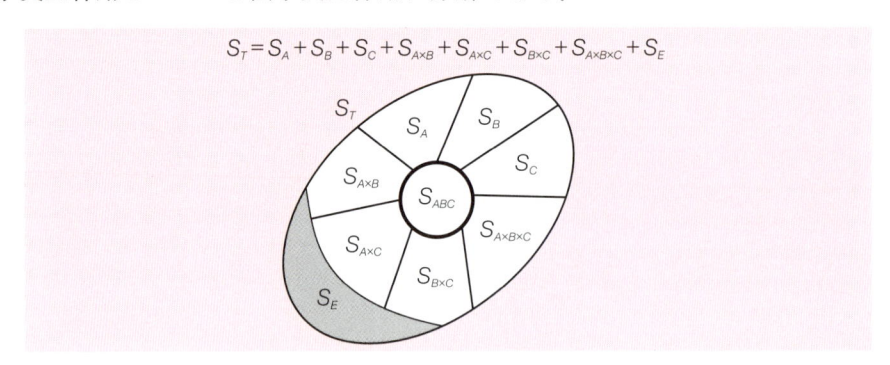

図 6.1　平方和の分解

　主効果と 2 因子交互作用の平方和はこれまでと同じ方法で計算できる．3 因子交互作用の平方和 $S_{A \times B \times C}$ は，3 因子による要因平方和 S_{ABC} から主効果と 2 因子交互作用の平方和の合計を引いて求められる．

$$S_{ABC} = \sum_{i=1}^{l}\sum_{j=1}^{m}\sum_{k=1}^{n} \frac{(A_iB_jC_k \text{水準のデータの合計})^2}{A_iB_jC_k \text{水準のデータ数}} - CT \qquad (6.3)$$

$$S_{A\times B\times C} = S_{ABC} - (S_A + S_B + S_C + S_{A\times B} + S_{A\times C} + S_{B\times C}) \qquad (6.4)$$

誤差平方和は，総平方和から各要因平方和を引いて

$$S_E = S_T - (S_A + S_B + S_C + S_{A\times B} + S_{A\times C} + S_{B\times C} + S_{A\times B\times C}) \qquad (6.5)$$

で求められる．

3因子交互作用の自由度は，各因子の自由度の積で求められ，

$$\phi_{A\times B\times C} = \phi_A \times \phi_B \times \phi_C \qquad (6.6)$$

となる．誤差自由度は総自由度から要因自由度の和を引いて求める．

$$\phi_E = \phi_T - (\phi_A + \phi_B + \phi_C + \phi_{A\times B} + \phi_{A\times C} + \phi_{B\times C} + \phi_{A\times B\times C}) \qquad (6.7)$$

繰り返しのないときは，$A_iB_jC_k$ 水準には一つしかデータがないので，$S_{ABC}=S_T$ となり，3因子交互作用と誤差が交絡する．そのため，$S_{A\times B\times C}$ は考えない．

6.1.3 分散分析

三元配置では，三つの主効果 A, B, C と三つの2因子交互作用 $A\times B$, $A\times C$, $B\times C$，繰り返しがあったら3因子交互作用 $A\times B\times C$ の要因効果があるかどうかを検定する．それぞれの F_0 値あるいは P 値によって，各要因が統計的に有意であるかどうかを判定する．以上の結果をまとめて分散分析表を作成する（表6.2）．

表6.2 分散分析表

要因	平方和 S	自由度 ϕ	平均平方 V	F_0 値	P 値	$E(V)$
A	S_A	ϕ_A	V_A	V_A/V_E	P_A	$\sigma^2 + mnr\sigma_A^2$
B	S_B	ϕ_B	V_B	V_B/V_E	P_B	$\sigma^2 + lnr\sigma_B^2$
C	S_C	ϕ_C	V_C	V_C/V_E	P_C	$\sigma^2 + lmr\sigma_C^2$
$A\times B$	$S_{A\times B}$	$\phi_{A\times B}$	$V_{A\times B}$	$V_{A\times B}/V_E$	$P_{A\times B}$	$\sigma^2 + nr\sigma_{A\times B}^2$
$A\times C$	$S_{A\times C}$	$\phi_{A\times C}$	$V_{A\times C}$	$V_{A\times C}/V_E$	$P_{A\times C}$	$\sigma^2 + mr\sigma_{A\times C}^2$
$B\times C$	$S_{B\times C}$	$\phi_{B\times C}$	$V_{B\times C}$	$V_{B\times C}/V_E$	$P_{B\times C}$	$\sigma^2 + lr\sigma_{B\times C}^2$
$A\times B\times C$	$S_{A\times B\times C}$	$\phi_{A\times B\times C}$	$V_{A\times B\times C}$	$V_{A\times B\times C}/V_E$	$P_{A\times B\times C}$	$\sigma^2 + r\sigma_{A\times B\times C}^2$
E	S_E	ϕ_E	V_E			σ^2
T	S_T	ϕ_T				

6.1.4 最適水準とその母平均の点推定

最適水準を決めるときには，交互作用に注意しなければならない．交互作用がある因子は水準組合せを考え，要因効果がないと見なされた交互作用は誤差項にプーリングする．

水準組合せにおける母平均の推定値は，データの構造式に基づいて計算する．3因子

交互作用 $A \times B \times C$ の要因効果があったときには，ABC の水準組合せの中から最大となる組合せを見つける．

$$\hat{\mu}(A_i B_j C_k) = \widehat{\mu + a_i + b_j + c_k + (ab)_{ij} + (ac)_{ik} + (bc)_{jk} + (abc)_{ijk}} = \frac{T_{ijk\cdot}}{r} \tag{6.8}$$

3因子交互作用がないときに三つの因子の組合せから最適水準を決めるのは誤りである．たとえば，交互作用 $A \times B$ と $A \times C$ の要因効果があったときは，AB の水準組合せと AC の水準組合せから計算する．このとき，$\widehat{\mu + a_i}$ を2回足していることになるので，一つ引くことになる．

$$\begin{aligned}
\hat{\mu}(A_i B_j C_k) &= \widehat{\mu + a_i + b_j + c_k + (ab)_{ij} + (ac)_{ik}} \\
&= \widehat{\mu + a_i + b_j + (ab)_{ij}} + \widehat{\mu + a_i + c_k + (ac)_{ik}} - \widehat{\mu + a_i} \\
&= \frac{T_{ij\cdot\cdot}}{nr} + \frac{T_{i\cdot k\cdot}}{mr} - \frac{T_{i\cdot\cdot\cdot}}{mnr}
\end{aligned} \tag{6.9}$$

$\hat{\mu}(A_i B_j C_k)$ が最大となる水準組合せを求めるには，AB と AC の水準組合せについては大きくなるものを，A の水準については小さくなるものを求めなければならないが，このときに選ばれる因子 A の水準が一致するとは限らない．複数の交互作用にまたがっている因子があるときには，重複する因子に対して，水準ごとに母平均を計算して比較する．計算方法は 6.2 節に示す．

6.1.5 母平均の区間推定

点推定量の分散の推定値は，

$$V\left[\hat{\mu}(A_i B_j C_k)\right] = \frac{V_E}{n_e} \tag{6.10}$$

となる．**有効反復数** n_e は**田口の式**あるいは**伊奈の式**で計算する．

$$\begin{aligned}
\frac{1}{n_e} &= \frac{\text{点推定に用いた要因の自由度の和}+1}{\text{総データ数}} \quad （田口の式） \\
&= \frac{(l-1)+(m-1)+(n-1)+(l-1)(m-1)+(l-1)(n-1)+1}{lmnr} \\
&= \frac{m+n-1}{mr}
\end{aligned} \tag{6.11}$$

$$\begin{aligned}
\frac{1}{n_e} &= \text{点推定に用いた式の係数の和} \quad （伊奈の式） \\
&= \frac{1}{nr} + \frac{1}{mr} - \frac{1}{mnr}
\end{aligned} \tag{6.12}$$

このとき，$A_i B_j C_k$ 水準における母平均の信頼率 $100(1-\alpha)$% の**信頼区間**は

$$\hat{\mu}(A_i B_j C_k) \pm t(\phi_E, \alpha)\sqrt{\frac{V_E}{n_e}} \tag{6.13}$$

で与えられる．

また，この条件で新たに実験するとるときのデータの予測では，点予測値は点推定値と同じである．また，信頼率 $100(1-\alpha)$ %の予測区間は

$$\hat{x}(A_i B_j C_k) \pm t(\phi_E, \alpha)\sqrt{\left(1+\frac{1}{n_e}\right)V_E} \tag{6.14}$$

で与えられる．

6.2 三元配置法の解析例

表 6.1 のデータを解析してみる．焼成温度（A），材料組成（B），燃焼時間（C）は強度に影響しているか，また，交互作用はあるのか，を解析してみる．

得られたデータから二元表を作る．

表6.3　データの二元表

	B_1	B_2	合計
A_1	562	542	1104
A_2	614	666	1280
A_3	642	598	1240
合計	1818	1806	3624

	C_1	C_2	合計
A_1	540	564	1104
A_2	622	658	1280
A_3	590	650	1240
合計	1752	1872	3624

	C_1	C_2	合計
B_1	882	936	1818
B_2	870	936	1806
合計	1752	1872	3624

手順1　分散分析表の作成

まず，平方和を計算する．

$$CT = \frac{3624^2}{24} = 547224 \tag{6.15}$$

$$S_T = (135^2 + 140^2 + \cdots + 157^2) - 547224 = 3718 \tag{6.16}$$

$$S_A = \frac{1104^2}{8} + \frac{1280^2}{8} + \frac{1240^2}{8} - 547224 = 2128 \tag{6.17}$$

$$S_B = \frac{1818^2}{12} + \frac{1806^2}{12} - 547224 = 6 \tag{6.18}$$

$$S_C = \frac{1752^2}{12} + \frac{1872^2}{12} - 547224 = 600 \tag{6.19}$$

$$S_{AB} = \frac{562^2}{4} + \frac{542^2}{4} + \frac{614^2}{4} + \frac{666^2}{4} + \frac{642^2}{4} + \frac{598^2}{4} - 547224 = 2758 \tag{6.20}$$

$$S_{AC} = \frac{540^2}{4} + \frac{564^2}{4} + \frac{622^2}{4} + \frac{658^2}{4} + \frac{590^2}{4} + \frac{650^2}{4} - 547224 = 2812 \tag{6.21}$$

$$S_{BC} = \frac{882^2}{6} + \frac{936^2}{6} + \frac{870^2}{6} + \frac{936^2}{6} - 547224 = 612 \tag{6.22}$$

$$S_{A \times B} = S_{AB} - S_A - S_B = 2758 - 2128 - 6 = 624 \tag{6.23}$$

$$S_{A \times C} = S_{AC} - S_A - S_C = 2812 - 2128 - 600 = 84 \tag{6.24}$$

$$S_{B \times C} = S_{BC} - S_B - S_C = 612 - 6 - 600 = 6 \tag{6.25}$$

$$S_{ABC} = \frac{275^2}{2} + \frac{287^2}{2} + \cdots + \frac{317^2}{2} - 547224 = 3460 \tag{6.26}$$

$$\begin{aligned} S_{A \times B \times C} &= S_{ABC} - S_A - S_B - S_C - S_{A \times B} - S_{A \times C} - S_{B \times C} \\ &= 3460 - 2128 - 6 - 600 - 624 - 84 - 6 = 12 \end{aligned} \tag{6.27}$$

$$S_E = S_T - S_{ABC} = 3718 - 3460 = 258 \tag{6.28}$$

自由度は

$$\phi_T = 24 - 1 = 23 \tag{6.29}$$

$$\phi_A = 3 - 1 = 2 \tag{6.30}$$

$$\phi_B = 2 - 1 = 1 \tag{6.31}$$

$$\phi_C = 2 - 1 = 1 \tag{6.32}$$

$$\phi_{A \times B} = 2 \times 1 = 2 \tag{6.33}$$

$$\phi_{A \times C} = 2 \times 1 = 2 \tag{6.34}$$

$$\phi_{B \times C} = 1 \times 1 = 1 \tag{6.35}$$

$$\phi_{A \times B \times C} = 2 \times 1 \times 1 = 2 \tag{6.36}$$

$$\phi_E = 23 - (2 + 1 + 1 + 2 + 2 + 1 + 2) = 12 \tag{6.37}$$

となり，表6.4の分散分析表が得られる．

　主効果A, Cと交互作用$A \times B$は高度に有意となった．交互作用$A \times C$は有意ではないが，P値が20%以下であることから，プーリングはしない．交互作用$B \times C$と$A \times B \times C$は有意でなくF_0値も小さいので，誤差項にプーリングする．主効果Bは，交互作用$A \times B$が有意であることから因子Aとの組合せ効果が見られるため，プーリング

表6.4 分散分析表

要因	平方和 S	自由度 ϕ	平均平方 V	F_0値	P値	$E(V)$
A	2128	2	1064.0	49.5**	0.0%	$\sigma^2+8\sigma_A^2$
B	6	1	6.0	0.28	60.7%	$\sigma^2+12\sigma_B^2$
C	600	1	600.0	27.9**	0.0%	$\sigma^2+12\sigma_C^2$
$A\times B$	624	2	312.0	14.5**	0.1%	$\sigma^2+4\sigma_{A\times B}^2$
$A\times C$	84	2	42.0	1.95	18.4%	$\sigma^2+4\sigma_{A\times C}^2$
$B\times C$	6	1	6.0	0.28	60.7%	$\sigma^2+4\sigma_{B\times C}^2$
$A\times B\times C$	12	2	6.0	0.28	76.1%	$\sigma^2+2\sigma_{A\times B\times C}^2$
E	258	12	21.5			σ^2
T	3718	23				

$F(2,12;0.05)=3.89,\ F(2,12;0.01)=6.93$
$F(1,12;0.05)=4.75,\ F(1,12;0.01)=9.33$

しない．プーリング後の分散分析表を求める（表6.5）．

表6.5 プーリング後の分散分析表

要因	平方和 S	自由度 ϕ	平均平方 V	F_0値	P値	$E(V)$
A	2128	2	1064.0	57.8**	0.0%	$\sigma^2+8\sigma_A^2$
B	6	1	6.0	0.33	57.6%	$\sigma^2+12\sigma_B^2$
C	600	1	600.0	32.6**	0.0%	$\sigma^2+12\sigma_C^2$
$A\times B$	624	2	312.0	17.0**	0.0%	$\sigma^2+4\sigma_{A\times B}^2$
$A\times C$	84	2	42.0	2.28	13.6%	$\sigma^2+4\sigma_{A\times C}^2$
E	276	15	18.4			σ^2
T	3718	23				

$F(2,15;0.05)=3.68,\ F(2,15;0.01)=6.36$
$F(1,15;0.05)=4.54,\ F(1,15;0.01)=8.68$

手順2 最適水準の決定

二つの交互作用 $A\times B$ と $A\times C$ では因子 A が重複しているので，A の水準を固定して，B, C の最適水準を求める．

$$\hat{\mu}(A_iB_jC_k)=\overline{\mu+a_i+b_j+c_k+(ab)_{ij}+(ac)_{ik}}$$
$$=\overline{\mu+a_i+b_j+(ab)_{ij}}+\overline{\mu+a_i+c_k+(ac)_{ik}}-\widehat{\mu+a_i}$$
$$=\frac{T_{ij\cdot\cdot}}{nr}+\frac{T_{i\cdot k\cdot}}{mr}-\frac{T_{i\cdot\cdot\cdot}}{mnr} \tag{6.38}$$

(i) 水準 A_1 のとき，AB 二元表より水準 B_1，AC 二元表より水準 C_2 のときに最大となる．

$$\hat{\mu}(A_1B_1C_2)=\overline{\mu+a_1+b_1+(ab)_{11}}+\overline{\mu+a_1+c_2+(ac)_{12}}-\widehat{\mu+a_1}$$
$$=\frac{562}{4}+\frac{564}{4}-\frac{1104}{8}=143.5 \tag{6.39}$$

(ii) 水準 A_2 のとき，AB 二元表より水準 B_2，AC 二元表より水準 C_2 のときに最大となる．

$$\hat{\mu}(A_2B_2C_2) = \overline{\mu + a_2 + b_2 + (ab)_{22}} + \overline{\mu + a_2 + c_2 + (ac)_{22}} - \widehat{\mu + a_2}$$
$$= \frac{666}{4} + \frac{658}{4} - \frac{1280}{8} = 171.0 \tag{6.40}$$

(iii) 水準 A_3 のとき，AB 二元表より水準 B_1，AC 二元表より水準 C_2 のときに最大となる．

$$\hat{\mu}(A_3B_1C_2) = \overline{\mu + a_3 + b_1 + (ab)_{31}} + \overline{\mu + a_3 + c_2 + (ac)_{32}} - \widehat{\mu + a_3}$$
$$= \frac{642}{4} + \frac{650}{4} - \frac{1240}{8} = 168.0 \tag{6.41}$$

(i)，(ii)，(iii) を比較して，最適水準は最も平均が高くなる $A_2B_2C_2$ である．

手順3　母平均の推定

$A_2B_2C_2$ における母平均の点推定は，A_2B_2 における平均と A_2C_2 における平均から

$$\hat{\mu}(A_2B_2C_2) = \overline{\mu + a_2 + b_2 + (ab)_{22}} + \overline{\mu + a_2 + c_2 + (ac)_{22}} - \widehat{\mu + a_2}$$
$$= \frac{666}{4} + \frac{658}{4} - \frac{1280}{8} = 171.0 \tag{6.42}$$

である．有効反復数は，伊奈の式から，$\dfrac{1}{n_e} = \dfrac{1}{4} + \dfrac{1}{4} - \dfrac{1}{8} = \dfrac{3}{8}$ となるので，信頼率95％での信頼区間は，

$$\hat{\mu}(A_2B_2C_2) \pm t(\phi_E, \alpha)\sqrt{\frac{V_E}{n_e}} = 171.0 \pm t(15, 0.05)\sqrt{\frac{3}{8} \times 18.4}$$
$$= 171.0 \pm 2.131 \times 2.627$$
$$= 171.0 \pm 5.6$$
$$= 165.4,\ 176.6 \tag{6.43}$$

が得られる．

手順4　データの予測

最適水準と同じ条件で新たにデータをとるとき，得られる強度の値を予測する．点予測値は点推定値と同じになり，

$$\hat{x}(A_2B_2C_2) = 171.0 \tag{6.44}$$

である．また，信頼率95％での予測区間は

$$\begin{aligned}\hat{x}(A_2B_2C_2) \pm t(\phi_E,\alpha)\sqrt{\left(1+\frac{1}{n_e}\right)V_E} &= 171.0 \pm t(15,0.05)\sqrt{\left(1+\frac{3}{8}\right)\times 18.4} \\ &= 171.0 \pm 2.131 \times 5.030 \\ &= 171.0 \pm 10.7 \\ &= 160.3,\ 181.7 \end{aligned} \qquad (6.45)$$

が得られる．

Excel 解析 4

三元配置法

表 6.1 のデータを Excel で解析してみる．表 6.1 は，機械部品の強度に影響を与える因子として，焼成温度（A：3 水準），材料組成（B：2 水準）と焼成時間（C：2 水準）を取り上げ，各水準組合せで 2 個ずつ試作して強度を測定したときの 3×2×2×2＝24 回の実験結果である．

表 6.1（再掲）　データ表

	B_1（従来品）		B_2（変更品）	
	C_1（10 分）	C_2（15 分）	C_1（10 分）	C_2（15 分）
A_1（1200℃）	135, 140	148, 139	128, 137	135, 142
A_2（1300℃）	151, 147	156, 160	166, 158	174, 168
A_3（1400℃）	158, 151	165, 168	145, 136	160, 157

手順 1　分散分析表の作成

1）　データを入力して，基本統計量を計算する

データ表を作成する．

操作 1　セル B3:E8 にデータを入力する．
繰り返しデータは，縦の行に入力する．

	A	B	C	D	E	F
1	■データ表	B_1		B_2		
2		C_1	C_2	C_1	C_2	
3	A_1	135	148	128	135	
4		140	139	137	142	
5	A_2	151	156	166	174	
6		147	160	158	168	
7	A_3	158	165	145	160	
8		151	168	136	157	
9						

図 6.2　データ表

交互作用を求めるための二元表と三元表を作成する．AB 二元表では，AB の各水準組合せにおける合計を求める．

操作 2　水準 A_1B_1 の合計　[B12]=SUM(B3:C4)

操作 3　水準 A_1B_2 の合計　[C12]=SUM(D3:E4)

操作 4　水準 A_2B_1 の合計　[B13]=SUM(B5:C6)

> **操作5** 水準 A_2B_2 の合計　[C13]=SUM(D5:E6)
>
> **操作6** 水準 A_3B_1 の合計　[B14]=SUM(B7:C8)
>
> **操作7** 水準 A_3B_2 の合計　[C14]=SUM(D7:E8)

A, B の各水準の合計と平均も計算しておく．

> **操作8** 水準 A_1 の合計　[D12]=SUM(B12:C12)，平均　[E12]=D12/8
>
> 水準 A_2 と水準 A_3 は，セル D12:E12 を D13:E14 にコピーする．
>
> **操作9** 水準 B_1 の合計　[B15]=SUM(B 2:B14)，平均：[B16]=B15/12
>
> 水準 B_2 は，セル B15:B16 を C15:C16 にコピーする．
>
> **操作10** 全体の合計　[D15]=SUM(B12:C14)，平均　[E16]=D15/24

同様にして，AC 二元表，BC 二元表，ABC 三元表を作る．

2) データをグラフ化する

	A	B	C	D	E	F	G	H	I	J	K
1	■データ表	B_1		B_2							
2		C_1	C_2	C_1	C_2						
3	A_1	135	148	128	135						
4		140	139	137	142						
5	A_2	151	156	166	174						
6		147	160	158	168						
7	A_3	158	165	145	160						
8		151	168	136	157						
9											
10	■AB二元表						■BC二元表				
11		B_1	B_2	合計	平均			C_1	C_2	合計	平均
12	A_1	562	542	1104	138		B_1	882	936	1818	151.5
13	A_2	614	666	1280	160		B_2	870	936	1806	150.5
14	A_3	642	598	1240	155		合計	1752	1872	3624	
15	合計	1818	1806	3624			平均	146	156		151
16	平均	151.5	150.5		151		■ABC三元表				
17	■AC二元表							B_1		B_2	
18		C_1	C_2	合計	平均			C_1	C_2	C_1	C_2
19	A_1	540	564	1104	138		A_1	275	287	265	277
20	A_2	622	658	1280	160		A_2	298	316	324	342
21	A_3	590	650	1240	155		A_3	309	333	281	317
22	合計	1752	1872	3624							
23	平均	146	156		151						

（操作2 ～ 操作10 は AB二元表の B12:E16 範囲に該当）

図 6.3　二元表と三元表の作成

一つのグラフにまとめるには，データ配列を作り直す．

> **操作11** M 列には横軸にくる水準名を入れる．
>
> **操作12** 因子 A の各水準の平均　[N2]=E12，セル N2 を N3:N4 にコピーする
>
> **操作13** 因子 B の各水準の平均　[O5]=B16，[O6]=C16
>
> **操作14** 因子 C の各水準の平均　[P7]=B23，[P8]=C23
>
> **操作15** 水準 A_1B_1 における平均　[Q9]=B12/4
>
> 他の水準 AB における平均は，セル Q9 を Q9:R11 にコピーする

操作16 水準 A_1C_1 における平均 ［S12］＝B19/4

他の水準 AC における平均は，セル S12 を S12:T14 にコピーする．

操作17 水準 B_1C_1 における平均 ［U15］＝H12/6

他の水準 BC における平均は，セル U15 を U15:V16 にコピーする．

	M	N	O	P	Q	R	S	T	U	V
1		A	B	C	B1	B2	C1	C2	C1	C2
2	A_1	138								
3	A_2	160								
4	A_3	155								
5	B_1		151.5							
6	B_2		150.5							
7	C_1			146						
8	C_2			156						
9	A_1				141	136				
10	A_2				154	167				
11	A_3				161	150				
12	A_1						135	141		
13	A_2						156	165		
14	A_3						148	163		
15	B_1								147	156
16	B_2								145	156
17										

図 6.4　グラフ化のためのデータ表の作成

操作18 データ範囲 M1:V16 を指定する．

操作19 「挿入」タブの「折れ線」から「マーカー付き折れ線」を選ぶと，折れ線グラフが表示される．

操作20 グラフを右クリックしてから「データ系列の書式設定(F)」をクリックして，グラフを整形する．必要なら「マーカーのオプション」や「マーカーの塗りつぶし」「線の色」「マーカーの色」を設定する．

操作21 縦軸をクリックしてから，右クリックして「軸の書式設定(F)」をクリックする．「軸のオプション」：「最小値」は「固定」を選んで「130」を入れる．「目盛間隔」は「固定」を選んで「10」を入れる．「閉じる」をクリックする．

補助線は必要なければ，クリックしたのち，削除キーで削除する．

第6章　多元配置法

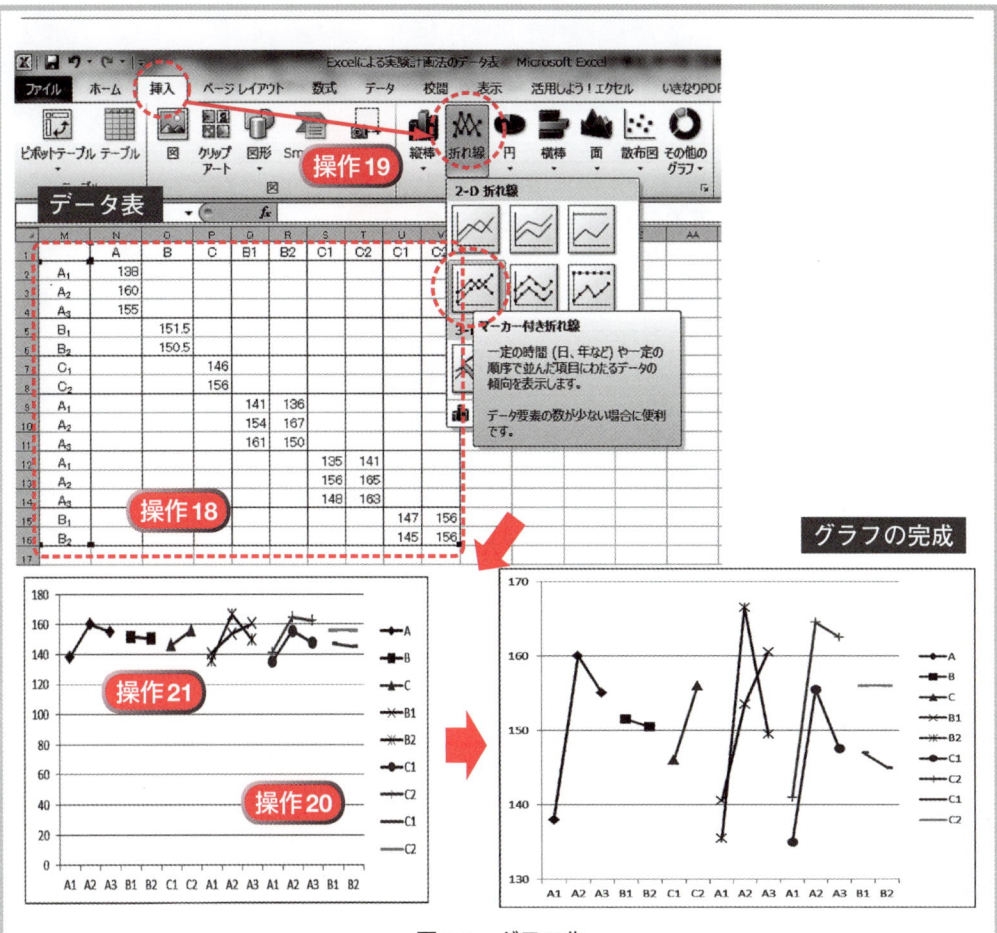

図6.5　グラフ化

3) 平方和を計算する

- 操作22　修正項 CT を計算する．[B26]=D15^2/24
- 操作23　総平方和 S_T を計算する．[B27]=SUMSQ(B3:E8)-B26
- 操作24　要因平方和 S_A を計算する．[B28]=SUMSQ(D12:D14)/8-B26
- 操作25　要因平方和 S_B を計算する．[B29]=SUMSQ(B15:C15)/12-B26
- 操作26　要因平方和 S_C を計算する．[B30]=SUMSQ(B22:C22)/12-B26
- 操作27　要因平方和 S_{AB} を計算する．[B31]=SUMSQ(B12:C14)/4-B26
- 操作28　要因平方和 S_{AC} を計算する．[B32]=SUMSQ(B19:C21)/4-B26
- 操作29　要因平方和 S_{BC} を計算する．[B33]=SUMSQ(H12:I13)/6-B26
- 操作30　要因平方和 S_{ABC} を計算する．[B34]=SUMSQ(H19:K21)/2-B26

	A	B	C	D	E
24		平方和の計算			
25	■平方和の計算				
26	修正項CT	547224	操作22		
27	全体平方和S_T	3718	操作23		
28	因子A平方和S_A	2128	操作24		
29	因子B平方和S_B	6	操作25		
30	因子C平方和S_C	600	操作26		
31	AB平方和S_{AB}	2758	操作27		
32	AC平方和S_{AC}	2812	操作28		
33	BC平方和S_{BC}	612	操作29		
34	ABC平方和S_{ABC}	3460	操作30		

図6.6 平方和の計算

4) 分散分析表にまとめる

操作31 平方和と自由度を入力する．

S_A [B37]=B28　　　　　　　　ϕ_A　[C37]=2

S_B [B38]=B29　　　　　　　　ϕ_B　[C38]=1

S_C [B39]=B30　　　　　　　　ϕ_C　[C39]=1

$S_{A\times B}$ [B40]=B31-B28-B29　　　$\phi_{A\times B}$　[C40]=2

$S_{A\times C}$ [B41]=B32-B28-B30　　　$\phi_{A\times C}$　[C41]=2

$S_{B\times C}$ [B42]=B33-B29-B30　　　$\phi_{B\times C}$　[C42]=1

$S_{A\times B\times C}$ [B43]=B34-SUM(B37:B42)　$\phi_{A\times B\times C}$　[C43]=2

S_E [B44]=B27-B34　　　　　　ϕ_E　[C44]=12

S_T [B45]=B27　　　　　　　　ϕ_T　[C45]=23

操作32 平均平方を計算する．[D37]=B37/C37，セル D37 を D38:D44 にコピーする．

操作33 F_0 値を計算する．[E37]=D37/$D$44，セル E37 を E38:E43 にコピーする．

操作34 P 値を求める．[F37]=FDIST(E37,C37,$C$44)，セル F37 を F38:F43 にコピーする．

操作35 F 境界値を求める．F 分布の 5％点 [G37]=FINV(0.05,C37,$C$44)，セル G37 を G38:G43 にコピーする．

注) Excel 2010 では，F.INV.RT(0.05,C37,$C$44) を使用

第6章 多元配置法

分散分析表

	A	B	C	D	E	F	G	H
35	■分散分析表							
36	要因	平方和S	自由度φ	平均平方V	F_0値	P値	F境界値	
37	因子A	2128	2	1064	49.49	0.00%	3.89	
38	因子B	6	1	6	0.28	60.69%	4.75	
39	因子C	600	1	600	27.91	0.02%	4.75	
40	交互作用AxB	624	2	312	14.51	0.06%	3.89	
41	交互作用AxC	84	2	42	1.95	18.43%	3.89	
42	交互作用BxC	6	1	6	0.28	60.69%	4.75	pooling
43	交互作用AxBxC	12	2	6	0.28	76.13%	3.89	pooling
44	誤差E	258	12	21.5				
45	合計T	3718	23					

判定

操作31 操作32 操作33 操作34 操作35

図6.7 分散分析表

5) プーリングを検討する

　有意でなく F_0 値も小さい交互作用 $B \times C$ と $A \times B \times C$ 誤差にプーリングして分散分析表を作り直す．

- **操作36** 新しい誤差を求める．
  誤差平方和　[J44]=B44+B42+B43
  誤差自由度　[K44]=C44+C42+C43
  平均平方　[L44]=J44/K44

- **操作37** 因子 A から，交互作用 $A \times C$ の要因平方和，自由度，平均平方はプーリング前と同じなので，同じ値を J37:L41 に入力する．

- **操作38** F_0 値を計算する．[M37]=L37/$L$44，セル M37 を M38:M41 にコピーする．

- **操作39** P 値を求める．[N37]=FDIST(M37,K37,$K$44)，セル N37 を N38:N41 にコピーする．

- **操作40** F 境界値を求める．F 分布の 5% 点 [O37]=FINV(0.05,K37,$K$44)，セル O37 を O38:O41 にコピーする．
  注）Excel 2010 では，F.INV.RT(0.05,K37,$K$44) を使用

分散分析表

	E	F	G	H	I	J	K	L	M	N	O
34										判定	
35					■プーリング後の分散分析表						
36	F_0値	P値	F境界値		要因	平方和S	自由度φ	平均平方V	F_0値	P値	F境界値
37	49.49	0.00%	3.89		因子A	2128	2	1064	57.83	0.00%	3.68
38	0.28	60.69%	4.75		因子B	6	1	6	0.33	57.64%	4.54
39	27.91	0.02%	4.75		因子C	600	1	600	32.61	0.00%	4.54
40	14.51	0.06%	3.89		交互作用A×	624	2	312	16.96	0.01%	3.68
41	1.95	18.43%	3.89		交互作用A×	84	2	42	2.28	13.63%	3.68
42	0.28	60.69%	4.75	pooling							
43	0.28	76.13%	3.89	pooling							
44	誤差にプーリング				誤差E	276	15	18.4			
45					合計T	3718	23				

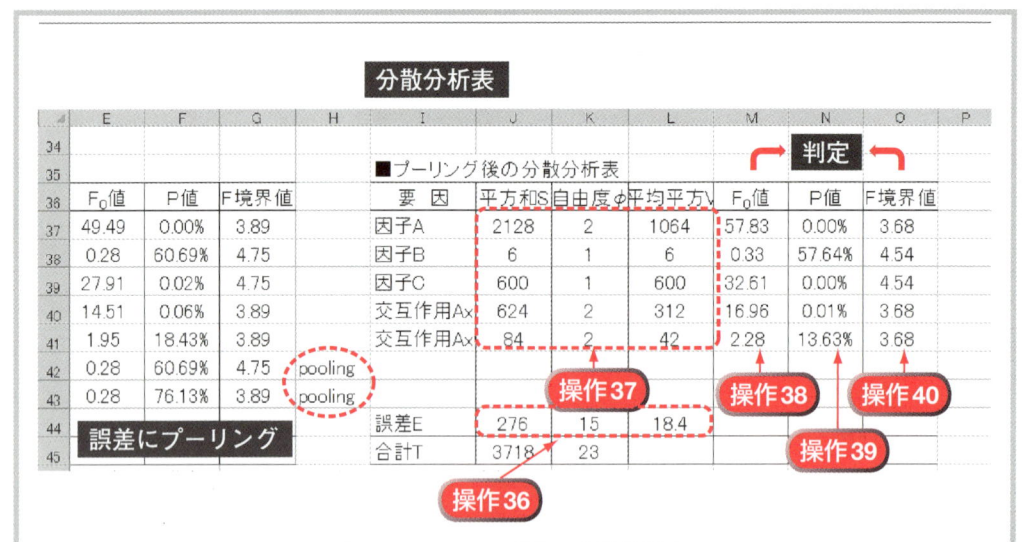

操作36, 操作37, 操作38, 操作39, 操作40

図6.8 プーリング後の分散分析表

手順2 最適水準の決定

交互作用で因子Aが重複しているので，水準を固定する．

- 操作41 水準A_1のとき ［B48］=B12/4+C19/4-E12
- 操作42 水準A_2のとき ［B49］=C13/4+C20/4-E13
- 操作43 水準A_3のとき ［B50］=B14/4+C21/4-E14

この中で水準A_2のときに最大となるので，$A_2B_2C_2$が最適水準となる．

手順3 母平均の推定

1) $A_2B_2C_2$における母平均の点推定
   - 操作44 点推定値を計算する．［E47］=B49

2) $A_2B_2C_2$における母平均の信頼率95％での区間推定
   - 操作45 有効反復数を計算する．［E48］=1/4+1/4-1/8
   - 操作46 信頼区間の幅を計算する．［E49］=TINV(0.05,K44)*SQRT(L44*E48)
     注）Excel 2010では，T.INV.2T(0.05,K44)*SQRT(L44*E48)で使用
   - 操作47 信頼下限を計算する．［E50］=E47-E49
   - 操作48 信頼上限を計算する．［E51］=E47+E49

手順4 データの予測

1) $A_2B_2C_2$におけるデータの点予測
   - 操作49 点予測値を計算する．［H47］=E47

2) A_2B_2におけるデータの信頼率95％での区間予測
   - 操作50 $1+1/n_e$を計算する．［H48］=1+E48

操作51 予測区間の幅を計算する．[H49]=TINV(0.05,K44)*SQRT(L44*H48)
注) Excel 2010 では，T.INV.2T(0.05,K44)*SQRT(L44*H48)を使用

操作52 予測下限を計算する．[H50]=H47-H49

操作53 予測上限を計算する．[H51]=H47+H49

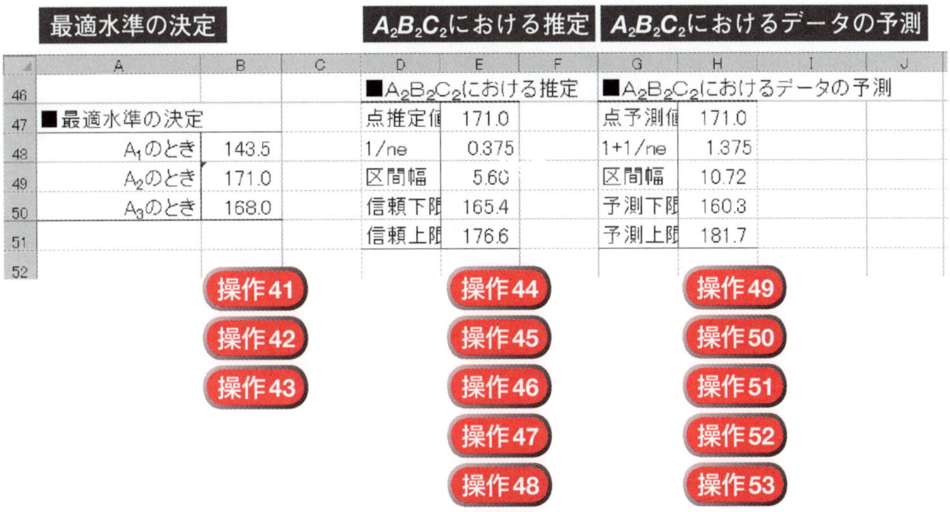

	A	B	C	D	E	F	G	H	I	J
46				■$A_2B_2C_2$における推定			■$A_2B_2C_2$におけるデータの予測			
47	■最適水準の決定			点推定値	171.0		点予測値	171.0		
48	A_1のとき	143.5		1/ne	0.375		1+1/ne	1.375		
49	A_2のとき	171.0		区間幅	5.60		区間幅	10.72		
50	A_3のとき	168.0		信頼下限	165.4		予測下限	160.3		
51				信頼上限	176.6		予測上限	181.7		
52										

図 6.9 推定と予測

コラム4 ● 分ければわかる

「わかる」の漢字は,「分かる,判る,解る」といろいろある.
いずれも「わける」ということと大いに関係している.

　　　「分」は,八が末広がりに二つに分かれる形をしており,刀で二つに分けること,
　　　「判」は立刀で半分に割ること,
　　　さらに,「解」は,牛を刀で角や肉に切り分けることを示している.

「分ければわかる」のである.
このことは漢字ができた大昔から知られていたようである.

　　　実験計画法も分けて考えることが基礎になっている.
　　　ばらつきを分けることで差があるかどうか判定する.
　　　分散分析がそれである.

大切なことは,
こうした分ける作業を
決して他人任せにしたり怠ったりしてはいけないということ.
みんなが共通認識をもってわかるためには,
みんなが「分ける」作業に付き合うことが大事であると思われる.

　　　本当においしいところを
　　　一番よく知っているのは,
　　　料理を食べる人ではなく,
　　　実は,肉を切り分けて調理
　　　するその人であるから.

第7章
2水準系直交配列表実験

7.1 直交配列表による実験の計画

　たくさんの因子による実験をするときに，すべての要因効果を調べる要因配置型実験ではすべての水準組合せで実験をする必要がある．多元配置実験では水準組合せが膨大な数になってしまう．取り上げる要因を絞ることで，すべての水準組合せで実験するのではなく，一部の水準組合せの実験から取り上げた要因効果を効率的に調べることのできるのが**直交配列表実験**の考え方である．

　要因配置実験で効果がありそうな因子を取り上げて，効果があるかどうかを検出するのはもちろんだが，それらの効果の大きさを調べることが主な目的である．これに対して，効果があるかどうかわからない因子に対して，それらの効果の有無を調べることを目的とする場合は，多くの因子を取り上げる実験が必要となる．

　取り上げる因子が増えると，それらの間に存在する交互作用の数は指数的に増える．五つの因子（A, B, C, D, F）による要因効果は表7.1に示すように $2^5 = 32$ 個あるが，26個は交互作用である．しかも3因子以上の交互作用が16個もある．実際には3因子以上の交互作用を考えることはほとんどないため，これらを検出するための実験はしなくてもいいだろう．さらに2因子交互作用の中でも，技術的に見て交互作用があるとは考えられない交互作用は取り上げないことにすれば，検出すべき要因効果を絞り込むことができる．10個の2因子交互作用のうちで五つの交互作用だけを取り上げるなら，全部で11個の要因効果を検出できるように実験すればよい．

　要因を絞り込むことによって実験回数を抑える際には，検出したい要因を適切に検出できるように実験を計画する必要がある．このときに使われるのが**直交配列表**である．

表7.1　因子とその個数

要因	個数	
誤差	1	
主効果	5	A, B, C, D, F
2因子交互作用	10	$A \times B, A \times C, A \times D, A \times F, B \times C, B \times D, B \times F, C \times D, C \times F, D \times F$
3因子交互作用	10	$A \times B \times C, A \times B \times D, A \times B \times F, A \times C \times D, A \times C \times F, A \times D \times F,$ $B \times C \times D, B \times C \times F, B \times D \times F, C \times D \times F$
4因子交互作用	5	$A \times B \times C \times D, A \times B \times C \times F, A \times B \times D \times F, A \times C \times D \times F,$ $B \times C \times D \times F$
5因子交互作用	1	$A \times B \times C \times D \times F$

7.1.1 水準組合せとデータの構造

簡単のため主効果だけを考えることにする．四つの 2 水準因子（A, B, C, D）を取り上げると，これらの因子の水準組合せは全部で $2^4 = 16$ 通りある．

要因 A の水準効果は a_1, a_2 で表す．A_1 水準のときには全体平均から a_1 だけ大きくなり，A_2 水準のときには全体平均から a_2 だけ大きくなるとしている．したがって，$a_1 + a_2 = 0$ という関係が成り立つ．これらは他の因子についても同様である．もし，四つの因子とも第 1 水準で実験をしたら，そのときに得られるデータの構造式は

$$x = \mu + a_1 + b_1 + c_1 + d_1 + \varepsilon \tag{7.1}$$

となる．つまり，全体平均に各要因効果が合わさって，それに誤差が加わる．16 通りの水準組合せとそのときのデータの構造式は表 7.2 のようになる．たとえば，No.3 の実験では，(A_1, B_1, C_2, D_1) の水準組合せで実験する．

表 7.2 データの構造式

No.	A	B	C	D	データの構造
1	1	1	1	1	$x_1 = \mu + a_1 + b_1 + c_1 + d_1 + \varepsilon_1$
2	1	1	1	2	$x_2 = \mu + a_1 + b_1 + c_1 + d_2 + \varepsilon_2$
3	1	1	2	1	$x_3 = \mu + a_1 + b_1 + c_2 + d_1 + \varepsilon_3$
4	1	2	1	1	$x_4 = \mu + a_1 + b_2 + c_1 + d_1 + \varepsilon_4$
5	2	1	1	1	$x_5 = \mu + a_2 + b_1 + c_1 + d_1 + \varepsilon_5$
6	1	1	2	2	$x_6 = \mu + a_1 + b_1 + c_2 + d_2 + \varepsilon_6$
7	1	2	1	2	$x_7 = \mu + a_1 + b_2 + c_1 + d_2 + \varepsilon_7$
8	1	2	2	1	$x_8 = \mu + a_1 + b_2 + c_2 + d_1 + \varepsilon_8$
9	2	1	1	2	$x_9 = \mu + a_2 + b_1 + c_1 + d_2 + \varepsilon_9$
10	2	1	2	1	$x_{10} = \mu + a_2 + b_1 + c_2 + d_1 + \varepsilon_{10}$
11	2	2	1	1	$x_{11} = \mu + a_2 + b_2 + c_1 + d_1 + \varepsilon_{11}$
12	1	2	2	2	$x_{12} = \mu + a_1 + b_2 + c_2 + d_2 + \varepsilon_{12}$
13	2	1	2	2	$x_{13} = \mu + a_2 + b_1 + c_2 + d_2 + \varepsilon_{13}$
14	2	2	1	2	$x_{14} = \mu + a_2 + b_2 + c_1 + d_2 + \varepsilon_{14}$
15	2	2	2	1	$x_{15} = \mu + a_2 + b_2 + c_2 + d_1 + \varepsilon_{15}$
16	2	2	2	2	$x_{16} = \mu + a_2 + b_2 + c_2 + d_2 + \varepsilon_{16}$

7.1.2 要因効果の現れ方

水準 A_1 のときの実験は，No.1, 2, 3, 4, 6, 7, 8, 12 の 8 回ある．この 8 回には，水準 B_1 と水準 B_2 は 4 回ずつ含まれており，要因 C と D についても同じである．8 個のデータを合計すると，$b_1 + b_2 = 0$, $c_1 + c_2 = 0$, $d_1 + d_2 = 0$ だから，要因 B, C, D の水準効果は相殺される．

水準 A_1 と水準 A_2 における合計は，それぞれ次のように表される．

$$T_{A1} = x_1 + x_2 + x_3 + x_4 + x_6 + x_7 + x_8 + x_{12} + (誤差) = 8\mu + 8a_1 + (誤差) \tag{7.2}$$

$$T_{A2} = x_5 + x_9 + x_{10} + x_{11} + x_{13} + x_{14} + x_{15} + x_{16} + (誤差) = 8\mu + 8a_2 + (誤差) \tag{7.3}$$

これらの差をとると

$$T_{A1} - T_{A2} = 8a_1 - 8a_2 + (誤差) \tag{7.4}$$

となるので，要因 A の水準効果だけが残る．他の要因 B, C, D についても，水準間の差をとるとその要因の水準効果しか残らない．すべての水準組合せで実験を行う要因配置実験では，特定の要因について水準の合計を求めると，他の要因の効果は相殺される．

7.1.3 要因効果が交絡しないために

一部の水準組合せで実験を行う場合でも，他の要因効果が相殺されるように水準組合せを決めることができれば，必要な要因効果を求めることができる．そのためには，2水準因子の場合，任意の二つの因子の水準組合せは $(1,1), (1,2), (2,1), (2,2)$ の4通りがあるが，これらが同じ回数現れるように実験すればよい．この性質を満たすような組合せを表にしたものが直交配列表であり，2水準因子に対して作られた表を**2水準系直交配列表**という．

表7.3 $L_8(2^7)$ 直交配列表

No.	[1]	[2]	[3]	[4]	[5]	[6]	[7]
1	1	1	1	1	1	1	1
2	1	1	1	2	2	2	2
3	1	2	2	1	1	2	2
4	1	2	2	2	2	1	1
5	2	1	2	1	2	1	2
6	2	1	2	2	1	2	1
7	2	2	1	1	2	2	1
8	2	2	1	2	1	1	2
成分	a	b	a b c	c	a c	b c	a b c

表7.3には七つの列があり，各列には1と2がそれぞれ4回ずつ現れる．さらに，どの二つの列の組合せを見ても，$(1,1), (1,2), (2,1), (2,2)$ は2回ずつ現れる．8通りの水準組合せでは，最大で七つの列をとることができることから，この表を $L_8(2^7)$ と表す．各列を七つの8次元ベクトルと見ると，これらのベクトルは互いに直交していることから，直交配列表という．**成分**とは，列の性質を表す記号で，交互作用を考え

るときに使う．

より大きな直交配列表でも，どの二つの列においても $(1, 1), (1, 2), (2, 1), (2, 2)$ の組合せが同じ回数現れるような表にするには，16通り，32通り，64通りのように2倍ずつ大きくしなければならない．$L_8(2^7)$ の次に大きな直交配列表は $L_{16}(2^{15})$ で，16通りの水準組合せで15列ある（表7.4）．

表7.4 $L_{16}(2^{15})$ 直交配列表

No.	[1]	[2]	[3]	[4]	[5]	[6]	[7]	[8]	[9]	[10]	[11]	[12]	[13]	[14]	[15]
1	1	1	1	1	1	1	1	1	1	1	1	1	1	1	1
2	1	1	1	1	1	1	1	2	2	2	2	2	2	2	2
3	1	1	1	2	2	2	2	1	1	1	1	2	2	2	2
4	1	1	1	2	2	2	2	2	2	2	2	1	1	1	1
5	1	2	2	1	1	2	2	1	1	2	2	1	1	2	2
6	1	2	2	1	1	2	2	2	2	1	1	2	2	1	1
7	1	2	2	2	2	1	1	1	1	2	2	2	2	1	1
8	1	2	2	2	2	1	1	2	2	1	1	1	1	2	2
9	2	1	2	1	2	1	2	1	2	1	2	1	2	1	2
10	2	1	2	1	2	1	2	2	1	2	1	2	1	2	1
11	2	1	2	2	1	2	1	1	2	1	2	2	1	2	1
12	2	1	2	2	1	2	1	2	1	2	1	1	2	1	2
13	2	2	1	1	2	2	1	1	2	2	1	1	2	2	1
14	2	2	1	1	2	2	1	2	1	1	2	2	1	1	2
15	2	2	1	2	1	1	2	1	2	2	1	2	1	1	2
16	2	2	1	2	1	1	2	2	1	1	2	1	2	2	1
成分	a	b	a b	c	a c	b c	a b c	d	a d	b d	a b d	c d	a c d	b c d	a b c d

7.1.4 主効果の割り付け

直交配列表を用いて実験を計画するには，取り上げた因子を列に割り付けて，実験する水準組合せを決定する．このとき，交互作用を考えないのであれば，どの列にどの因子を割り付けてもよい．たとえば，四つの因子 (A, B, C, D) を取り上げて $L_8(2^7)$ に割り付けるとき，A を第[1]列，B を第[2]列，C を第[3]列，D を第[4]列に割り付けたとすると，8通りの水準組合せは表7.5のようになる．No.3の実験では，$A_1B_2C_3D_1$ の水準組合せで実験をする．

表7.5 データの構造式

No.	[1] A	[2] B	[3] C	[4] D	[5]	[6]	[7]	水準組合せ	データの構造
1	1	1	1	1	1	1	1	$A_1B_1C_1D_1$	$x_1=\mu+a_1+b_1+c_1+d_1+\varepsilon_1$
2	1	1	1	2	2	2	2	$A_1B_1C_1D_2$	$x_2=\mu+a_1+b_1+c_1+d_2+\varepsilon_2$
3	1	2	2	1	1	2	2	$A_1B_2C_2D_1$	$x_3=\mu+a_1+b_2+c_2+d_1+\varepsilon_3$
4	1	2	2	2	2	1	1	$A_1B_2C_2D_2$	$x_4=\mu+a_1+b_2+c_2+d_2+\varepsilon_4$
5	2	1	2	1	2	1	2	$A_2B_1C_2D_1$	$x_5=\mu+a_2+b_1+c_2+d_1+\varepsilon_5$
6	2	1	2	2	1	2	1	$A_2B_1C_2D_2$	$x_6=\mu+a_2+b_1+c_2+d_2+\varepsilon_6$
7	2	2	1	1	2	2	1	$A_2B_2C_1D_1$	$x_7=\mu+a_2+b_2+c_1+d_1+\varepsilon_7$
8	2	2	1	2	1	1	2	$A_2B_2C_1D_2$	$x_8=\mu+a_2+b_2+c_1+d_2+\varepsilon_8$

7.1.5 交互作用の割り付け

要因 A と要因 B の交互作用効果を $(ab)_{11}$, $(ab)_{12}$, $(ab)_{21}$, $(ab)_{22}$ で表す．水準 A_1 では，水準 B_1 のときに全体平均から $(ab)_{11}$ だけ大きくなり，水準 B_2 のときに全体平均から $(ab)_{12}$ だけ大きくなるので，$(ab)_{11}+(ab)_{12}=0$ という関係がある．これらは他の要因についても同様であるから，$(ab)_{21}+(ab)_{22}=0$, $(ab)_{11}+(ab)_{21}=0$, $(ab)_{12}+(ab)_{22}=0$ となる．この結果，$(ab)_{11}=(ab)_{22}$, $(ab)_{12}=(ab)_{21}$ となり，交互作用効果は，$\{(1,1),(2,2)\}$ のデータの和と $\{(1,2),(2,1)\}$ のデータの和との差に現れる．

A を第[1]列，B を第[2]列に割り付けたとき，第[3]列を見ると，A_1B_1 と A_2B_2 の組合せでは水準1，A_1B_2 と A_2B_1 の組合せでは水準2となっており，A と B の交互作用が第[3]列に現れていることを示している．

交互作用が現れる列に他の要因を割り付けると，これらが交絡してしまう．今，交互作用 $A\times B$ は第[3]列に現れるが，因子 C を第[3]列に割り付けている．そのため，第[3]列に現れる要因効果が有意となっても，この効果が因子 C の主効果なのか，交互作用 $A\times B$ なのかを区別することができない．もし交互作用 $A\times B$ を取り上げるのであれば，因子 C は第[3]列に割り付けてはいけない．

交互作用の現れる列は，直交配列表の成分表示から見つけることができる．成分 p の列と成分 q の列の交互作用は成分 pq の列に現れる．たとえば，第[1]列：a と第[7]列：abc の交互作用は，

$$a \times abc = a^2bc = bc \rightarrow 第[6]列$$

より，第[6]列に現れる．ここで，2水準系だから，$a^2=b^2=c^2=1$ とする．主効果を割り付けた後で，交互作用の現れる列を求め，これらが他の要因と交絡していなければよい．交絡していれば，主効果を他の列に移すなどして交絡しない割り付けを見つけなければならない．

主効果と交互作用の関係を表した線点図が，それぞれの直交配列表についてあらかじ

め用意されている．主効果を点で，交互作用を線で表現したものである．実験で取り上げる要因に対して必要な線点図と同じ構造を，用意された線点図に見つけることができれば，その直交配列表を使って要因を割り付けることができる．図7.1と図7.2に線点図を示す．

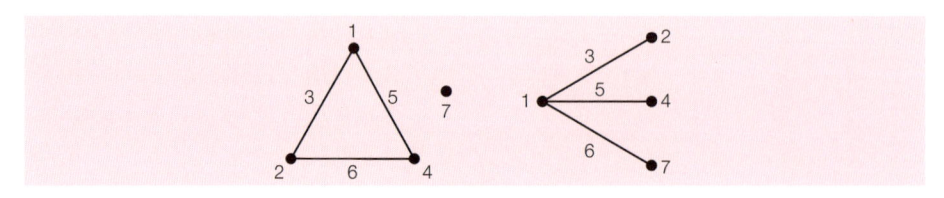

図7.1　$L_8(2^7)$直交配列表の線点図

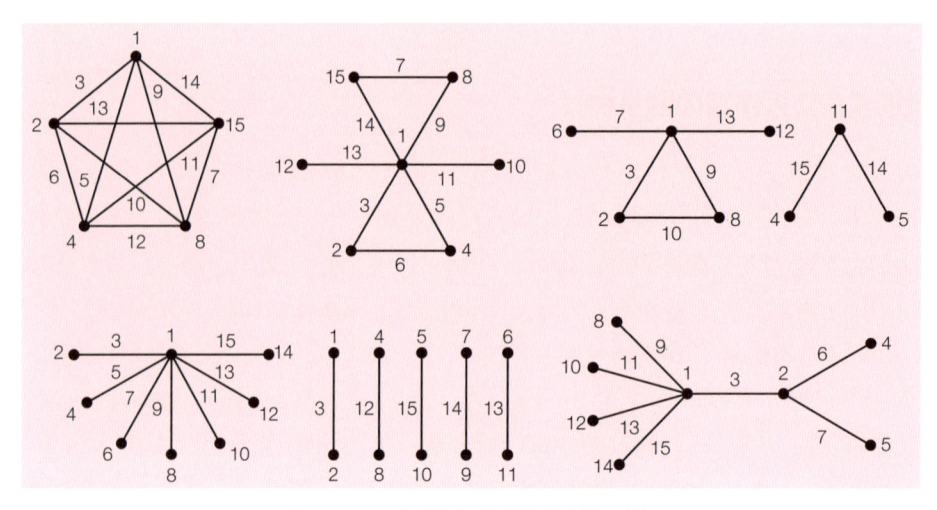

図7.2　$L_{16}(2^{15})$直交配列表の線点図

四つの2水準因子（A, B, C, D）を取り上げ，それらの主効果と二つの交互作用（$A \times B, A \times C$）を調べる実験を計画してみる．六つの要因効果を調べるので，7列以上が必要になるため，$L_8(2^7)$直交配列表を用いる．必要となる線点図を求め，用意された線点図へのあてはめを考える．

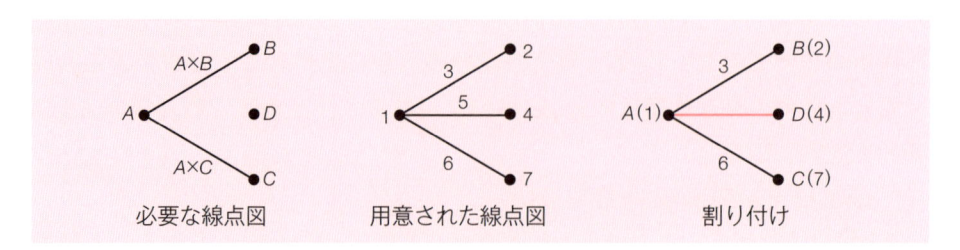

図7.3　線点図によるL_8への割り付け

このとき，因子Aを第[1]列，因子Bを第[2]列，因子Cを第[7]列，因子Dを第[4]列に割り付け，二つの交互作用は$A \times B$が第[3]列，$A \times C$が第[6]列に現れる．誤差は第[5]列に現れる．

第7章　2水準系直交配列表実験

もう少し複雑な割り付けの例として，五つの主効果（A, B, C, D, F）を取り上げ，それらの主効果と六つの交互作用（$A \times B, A \times C, A \times D, A \times F, B \times C, D \times F$）を調べる実験を計画してみる．ここでは11の要因効果を調べるので，12列以上が必要になるため，$L_{16}(2^{15})$ 直交配列表を用いる．

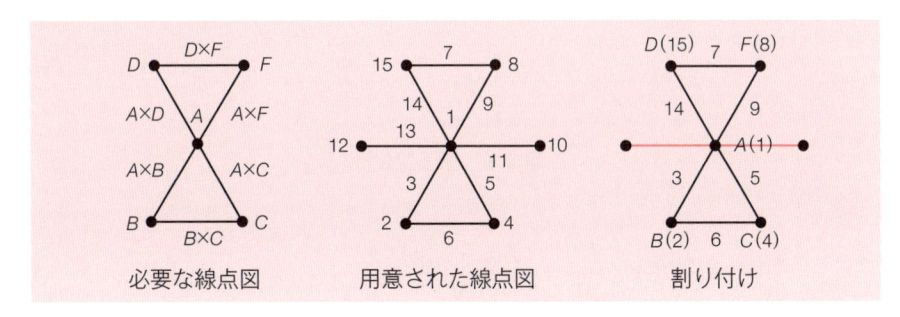

図 7.4　線点図による L_{16} への割り付け

このとき，因子 A は第[1]列，因子 B は第[2]列，因子 C は第[4]列，因子 D は第[15]列，因子 F は第[8]列に割り付け，六つの交互作用は $A \times B$ が第[3]列，$A \times C$ が第[5]列，$A \times D$ が第[14]列，$A \times F$ が第[9]列，$B \times C$ が第[6]列，$D \times F$ が第[7]列に現れることになる．誤差はその他の第[10][11][12][13]列に現れる．

7.1.6　分散分析

四つの2水準因子（A, B, C, D）の主効果と二つの交互作用（$A \times B, A \times C$）を調べる実験を $L_8(2^7)$ 直交配列表を用いて計画して，8回の実験を行い，表 7.6 と図 7.5 のデータを得た．

この結果を見ると，主効果 A, B, C と交互作用 $A \times B$ の効果がありそうだが，主効果 D と交互作用 $A \times C$ の効果は判然としない．

要因効果を調べるために，分散分析を行う．第 $[k]$ 列の平方和は

表 7.6　因子の割り付けとデータ

No.	[1] A	[2] B	[3] $A \times B$	[4] D	[5]	[6] $A \times C$	[7] C	水準組合せ	データ
1	1	1	1	1	1	1	1	$A_1 B_1 C_1 D_1$	20
2	1	1	1	2	2	2	2	$A_1 B_1 C_2 D_2$	22
3	1	2	2	1	1	2	2	$A_1 B_2 C_2 D_1$	25
4	1	2	2	2	2	1	1	$A_1 B_2 C_1 D_2$	19
5	2	1	2	1	2	1	2	$A_2 B_1 C_2 D_1$	27
6	2	1	2	2	1	2	1	$A_2 B_1 C_1 D_2$	24
7	2	2	1	1	2	2	1	$A_2 B_2 C_1 D_1$	19
8	2	2	1	2	1	1	2	$A_2 B_2 C_2 D_2$	22

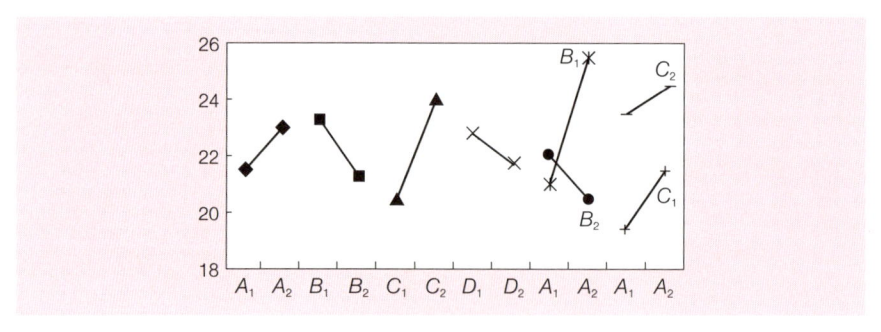

図7.5　グラフ化

$$S_{[k]} = \frac{T_{[k]1}^{\,2}}{N/2} + \frac{T_{[k]2}^{\,2}}{N/2} - \frac{T^2}{N} = \frac{(T_{[k]1} - T_{[k]2})^2}{N} \qquad (7.5)$$

で計算できる．各列で第1水準と第2水準の合計（$T_{[k]1}$, $T_{[k]2}$）を計算し，その差の2乗を総データ数 N で割ったものが，その列の平方和となる．要因平方和は，割り付けられた列の平方和であり，何も割り付けられなかった列の平方和の合計が誤差平方和となる．

各列の水準数は2だから，列自由度は1であり，各要因の自由度は1となる．誤差自由度は誤差列の列自由度の和である．

平方和と自由度が決まると，分散分析表にまとめて，要因効果の有無を検定する．

7.1.7 プーリング

取り上げた要因のうち効果がないと判断できるものは誤差に**プーリング**する．誤差自由度が小さいときには，要因効果はなかなか検出できないし，有意でないからといって効果がないのではない．目安として，P値が約20％以内かF_0値が約2以上であればプーリングしないという判断基準がある．技術的に見て交互作用があると考えられる場合には，たとえ有意でなくてもプーリングしないで残すこともある．

直交配列表実験は，主効果でもプーリングの対象とする．ただ，F_0値が小さくてプーリングの対象となる主効果でも，他の因子との交互作用が存在するときには，その主効果はプーリングしない．交互作用があるときには，最適な水準組合せを決める際にその因子の水準を設定するが，プーリングをすると，その要因効果は誤差であると見なすことになり，その因子の水準を設定することに意味がなくなるからである．

プーリング後に分散分析表を作成し直し，そこで得られた誤差分散の値が母平均の推定などに用いられる．なお，プーリング後に作成し直した分散分析表で再度プーリングすることはしない．プーリングは誤差分散をより正確に推測するために行うもので，1回しか行わない．

7.1.8 最適水準と母平均の推定

分散分析の結果，特性に影響を及ぼすと考えられる要因が選ばれ，特性を最大あるいは最小にする最適な水準組合せが決められる．二元配置のときと同じ考え方により，交互作用がないものは単独で決め，交互作用があるものは因子の組合せで決める．

母平均の点推定値を求めるときのデータの構造式の展開も，交互作用に基づいて行われる．区間推定をするときに必要となる有効反復数 n_e は，伊奈の式あるいは田口の式によって求められる．信頼率 $100(1-\alpha)$ ％の信頼区間は

$$\hat{\mu}(ABC) \pm t(\phi_E, \alpha)\sqrt{\frac{V_E}{n_e}} \tag{7.6}$$

で与えられ，誤差分散と誤差自由度は分散分析表で得られた値を用いる．

7.2 2水準系直交配列表実験の解析例

表7.6のデータを解析してみる．どの因子が影響しているだろうか．

手順1 データの整理

各列で第1水準と第2水準の合計を計算して，列平方和を求める．また，交互作用を調べるために二元表にまとめる（表7.7）．

表7.7 データ表

No.	[1] A	[2] B	[3] $A \times B$	[4] D	[5]	[6] $A \times C$	[7] C
第1水準の和	86	93	83	91	91	88	82
第2水準の和	92	85	95	87	87	90	96
差	−6	8	−12	4	4	−2	−14
$S_{[k]}$	4.5	8.0	18.0	2.0	2.0	0.5	24.5

AB 二元表

	B_1	B_2
A_1	42	44
A_2	51	41

AC 二元表

	C_1	C_2
A_1	39	47
A_2	43	49

次に，各平方和を計算する．要因の割り付けられた列の列平方和が要因平方和となる．

手順2　分散分析表の作成

表7.8　分散分析表

要因	平方和 S	自由度 ϕ	平均平方 V	F_0 値	P 値	$E(V)$
A	4.5	1	4.5	2.25	37.4%	$\sigma^2+4\sigma_A^2$
B	8.0	1	8.0	4.00	29.5%	$\sigma^2+4\sigma_B^2$
C	24.5	1	24.5	12.25	17.7%	$\sigma^2+4\sigma_C^2$
D	2.0	1	2.0	1.00	50.0%	$\sigma^2+4\sigma_D^2$
$A\times B$	18.0	1	18.0	9.00	20.5%	$\sigma^2+2\sigma_{A\times B}^2$
$A\times C$	0.5	1	0.5	0.25	70.5%	$\sigma^2+2\sigma_{A\times C}^2$
E	2.0	1	2.0			σ^2
T	59.5	7				

$F(1,1;0.05)=161,\ F(1,1;0.01)=4052$

どの要因も有意水準5%で有意ではないが，F_0 値が小さい主効果 D と交互作用 $A\times C$ をプーリングする．プーリング後の分散分析表を作り直す．

表7.9　プーリング後の分散分析表

要因	平方和 S	自由度 ϕ	平均平方 V	F_0 値	P 値	$E(V)$
A	4.5	1	4.5	3.00	18.2%	$\sigma^2+4\sigma_A^2$
B	8.0	1	8.0	5.33	10.4%	$\sigma^2+4\sigma_B^2$
C	24.5	1	24.5	16.3*	2.7%	$\sigma^2+4\sigma_C^2$
$A\times B$	18.0	1	18.0	12.0*	4.1%	$\sigma^2+2\sigma_{A\times B}^2$
E	4.5	3	1.5			σ^2
T	59.5	7				

$F(1,3;0.05)=10.1,\ F(1,3;0.01)=34.1$

プーリング後の分散分析の結果，主効果 C と交互作用 $A\times B$ が5%有意となった．

手順3　最適水準の決定と母平均の推定

推定に用いるデータの構造式は，

$$x=\mu+a+b+c+(ab)+\varepsilon \tag{7.7}$$

であるから，因子 AB が最大となるのは AB 二元表から水準 A_2B_1，因子 C は単独で水準 C_2 が選ばれ，最適水準は $A_2B_1C_2$ となる．

最適水準 $A_2B_1C_2$ における母平均の点推定値は，A_2B_1 における平均と C_2 における平均から求める．

第7章　2水準系直交配列表実験

$$\hat{\mu}(A_2B_1C_2) = \overline{\mu + a_2 + b_1 + c_2 + (ab)_{21}}$$
$$= \overline{\mu + a_2 + b_1 + (ab)_{21}} + \widehat{\mu + c_2} - \hat{\mu}$$
$$= \frac{51}{2} + \frac{96}{4} - \frac{178}{8}$$
$$= 27.25 \tag{7.8}$$

有効反復数 n_e は，伊奈の式から，

$$\frac{1}{n_e} = \frac{1}{2} + \frac{1}{4} - \frac{1}{8} = \frac{5}{8} \tag{7.9}$$

となるので，信頼率95％での信頼区間は，次のようになる．

$$\hat{\mu}(A_2B_1C_2) \pm t(\phi_E, \alpha)\sqrt{\frac{V_E}{n_e}} = 27.25 \pm t(3, 0.05)\sqrt{\frac{5}{8} \times 1.5}$$
$$= 27.25 \pm 3.182 \times 0.968$$
$$= 27.25 \pm 3.08$$
$$= 24.2,\ 30.3 \tag{7.10}$$

手順4　データの予測

最適水準と同じ条件で新たにデータをとるとき，得られる値を予測する．点予測値は，母平均の点推定値と同じになる．

$$\hat{x}(A_2B_1C_2) = 27.25 \tag{7.11}$$

また，信頼率95％の予測区間は，次のようになる．

$$\hat{x}(A_2B_1C_2) \pm t(\phi_E, \alpha)\sqrt{\left(1 + \frac{1}{n_e}\right)V_E} = 27.25 \pm t(3, 0.05)\sqrt{\left(1 + \frac{5}{8}\right) \times 1.5}$$
$$= 27.25 \pm 3.182 \times 1.561$$
$$= 27.25 \pm 4.97$$
$$= 22.3,\ 32.2 \tag{7.12}$$

Excel 解析 5

2 水準系直交配列表実験

四つの 2 水準因子 (A, B, C, D) の主効果と二つの交互作用 ($A\times B, A\times C$) を調べる実験を $L_8(2^7)$ 直交配列表を用いて計画して，8 回の実験を行い，表 7.6 のデータを得た．このデータ表を基に Excel で 2 水準系直交配列表実験の解析を行ってみる．

表 7.6（再掲） 因子の割り付けとデータ

No.	[1] A	[2] B	[3] $A\times B$	[4] D	[5]	[6] $A\times C$	[7] C	水準組合せ	データ
1	1	1	1	1	1	1	1	$A_1B_1C_1D_1$	20
2	1	1	1	2	2	2	2	$A_1B_1C_2D_2$	22
3	1	2	2	1	1	2	2	$A_1B_2C_2D_1$	25
4	1	2	2	2	2	1	1	$A_1B_2C_1D_2$	19
5	2	1	2	1	2	1	2	$A_2B_1C_2D_1$	27
6	2	1	2	2	1	2	1	$A_2B_1C_1D_2$	24
7	2	2	1	1	2	2	1	$A_2B_2C_1D_1$	19
8	2	2	1	2	1	1	2	$A_2B_2C_2D_2$	22

手順1 データの整理

1) データを入力して，列平方和を計算する

   操作1 直交配列表を B3:H10 に入れ，1 行目には列番号，2 列目には割り付けた要因を入力する．データは I3:I10 に入力する．

   各列において，水準ごとの合計，差，平方和を計算する．

   操作2 データの合計 [I11]=SUM(I3:I10)

   操作3 第[1]列における第 2 水準の合計

   [B12]=SUMIF(B3:B10,"=2", $I3:$I10)

   操作4 第[1]列における第 1 水準の合計 [B11]=$I11–B12

   操作5 第[1]列における水準間の差 [B13]=B11–B12

   操作6 第[1]列における列平方和 [B14]=B13^2/8

   操作7 第[2]列から第[7]列は，[B11:B14]を[C11:H14]にコピーする

   また，交互作用を求めるための二元表を作成して，AB の水準組合せにおける合計を求める．

   操作8 水準 A_1B_1 の合計 [B17]=SUMIFS(I3:I10,B3:B10,"=1",C3:C10,"=1")

操作9 水準 A_1B_2 の合計 [C17]=SUMIFS(I3:I10,B3:B10,"=1",C3:C10,"=2")
操作10 水準 A_2B_1 の合計 [B18]=SUMIFS(I3:I10,B3:B10,"=2",C3:C10,"=1")
操作11 水準 A_2B_2 の合計 [C18]=SUMIFS(I3:I10,B3:B10,"=2",C3:C10,"=2")

同様にして，AC 二元表も求める．（**操作12**）

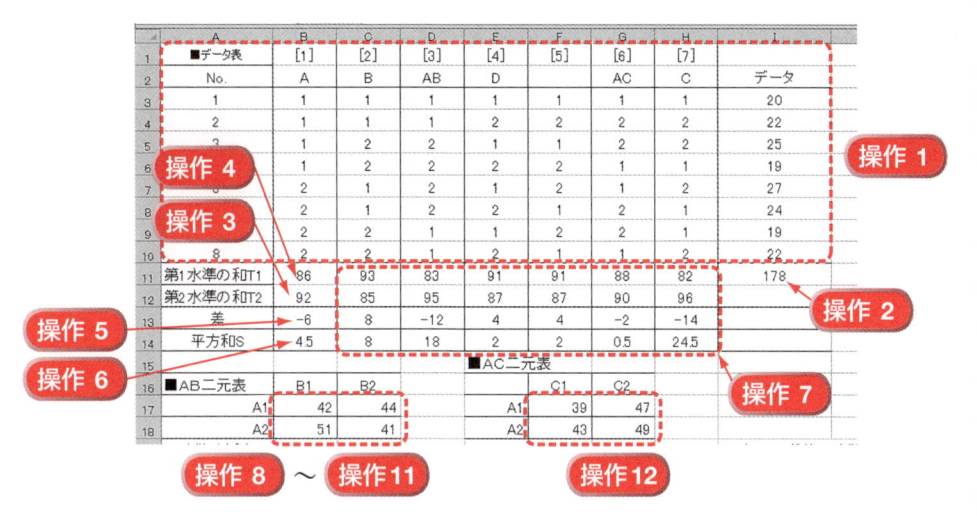

	A	B	C	D	E	F	G	H	I
1	■データ表	[1]	[2]	[3]	[4]	[5]	[6]	[7]	
2	No.	A	B	AB	D		AC	C	データ
3	1	1	1	1	1	1	1	1	20
4	2	1	1	1	2	2	2	2	22
5	3	1	2	2	1	1	2	2	25
6	4	1	2	2	2	2	1	1	19
7	5	2	1	2	1	2	1	2	27
8	6	2	1	2	2	1	2	1	24
9	7	2	2	1	1	2	2	1	19
10	8	2	2	1	2	1	1	2	22
11	第1水準の和T1	86	93	83	91	91	88	82	178
12	第2水準の和T2	92	85	95	87	87	90	96	
13	差	−6	8	−12	4	4	−2	−14	
14	平方和S	4.5	8	18	2	2	0.5	24.5	
15						■AC二元表			
16	■AB二元表	B1	B2				C1	C2	
17	A1	42	44			A1	39	47	
18	A2	51	41			A2	43	49	

図 7.6　データ表

注）Excel 2003 以前の場合

Excel 2003 以前では，SUMIFS 関数が組み込まれていないため，**操作8** ～ **操作11** は，SUMPRODUCT を使用して次のように入力する．

操作8 水準 A_1B_1 の合計
[B17]=SUMPRODUCT((C3:C10=1)∗(B3:B10=1),I3:I10)

操作9 水準 A_1B_2 の合計
[C17]=SUMPRODUCT((C3:C10=2)∗(B3:B10=1),I3:I10)

操作10 水準 A_2B_1 の合計
[B18]=SUMPRODUCT((C3:C10=1)∗(B3:B10=2),I3:I10)

操作11 水準 A_2B_2 の合計
[C18]=SUMPRODUCT((C3:C10=2)∗(B3:B10=2),I3:I10)

2) データをグラフ化する

一つのグラフにまとめるには，データ配列を作り直す．

操作13 K 列には横軸にくる水準名を入れる．
操作14 因子 A の各水準の平均 [L2]=B11/4，[L2] を [L3] にコピーする．
操作15 因子 B の各水準の平均 [M4]=C11/4，[M4] を [M5] にコピーする．
操作16 因子 C の各水準の平均 [N6]=H11/4，[N6] を [N7] にコピーする．

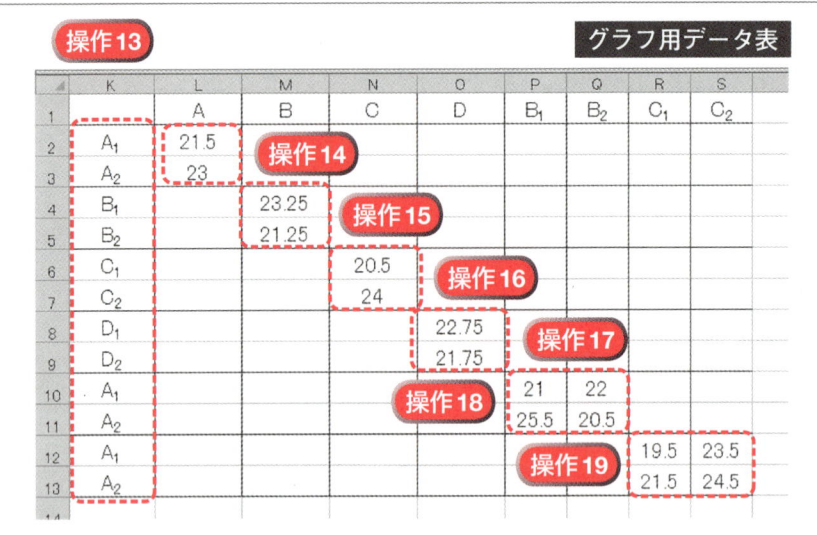

図7.7 グラフ化のためのデータ表の作成

- 操作17　因子 D の各水準の平均 [O8]=E11/4，[O8] を [O9] にコピーする．
- 操作18　AB の各水準組合せの平均 [P10]=B17/2，[P10] を [P10:Q11] にコピーする．
- 操作19　AC の各水準組合せの平均 [R12]=F17/2，[R12] を [R12:S13] にコピーする．
- 操作20　データ範囲 K1:S13 を指定する．
- 操作21　「挿入」タブの「折れ線」から「マーカー付き折れ線」を選ぶと，折れ線グラフが表示される．
- 操作22　グラフを右クリックしてから「データ系列の書式設定(F)」をクリックして，グラフを整形する．必要なら「マーカーのオプション」や「マーカーの塗りつぶし」「線の色」「マーカーの色」を設定する．
- 操作23　縦軸をクリックしてから，右クリックして「軸の書式設定(F)」をクリックする．「軸のオプション」：「最小値」は「固定」を選んで「19」を入れる．「目盛間隔」は「固定」を選んで「1」を入れる．「閉じる」をクリックする．
  補助線は必要なければ，クリックしたのち，削除キーで削除する．

第 7 章　2 水準系直交配列表実験

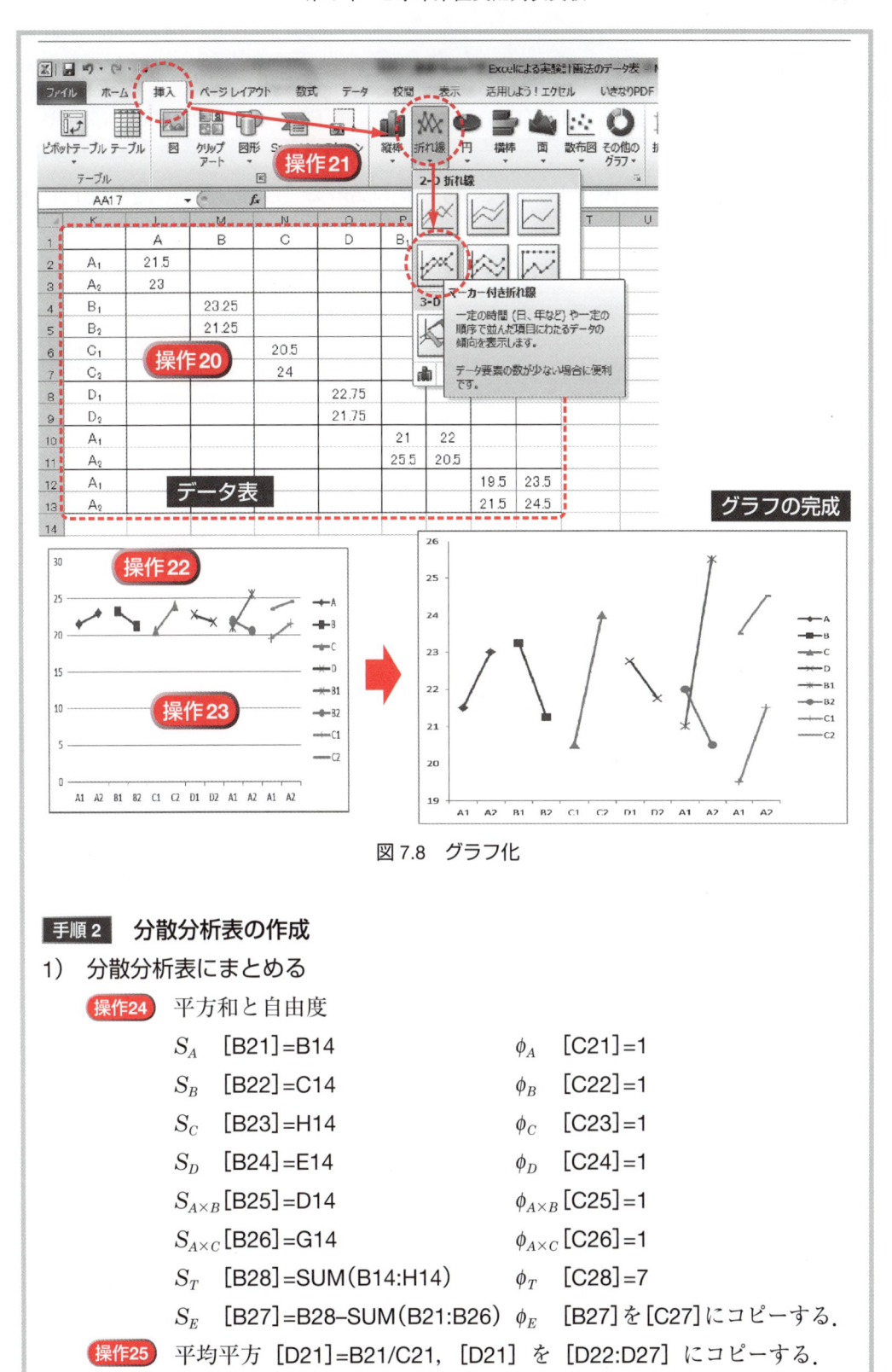

図 7.8　グラフ化

手順 2　分散分析表の作成

1) 分散分析表にまとめる

  操作24　平方和と自由度

  S_A　[B21]=B14　　　　　　ϕ_A　[C21]=1

  S_B　[B22]=C14　　　　　　ϕ_B　[C22]=1

  S_C　[B23]=H14　　　　　　ϕ_C　[C23]=1

  S_D　[B24]=E14　　　　　　ϕ_D　[C24]=1

  $S_{A \times B}$　[B25]=D14　　　　　　$\phi_{A \times B}$　[C25]=1

  $S_{A \times C}$　[B26]=G14　　　　　　$\phi_{A \times C}$　[C26]=1

  S_T　[B28]=SUM(B14:H14)　ϕ_T　[C28]=7

  S_E　[B27]=B28−SUM(B21:B26)　ϕ_E　[B27]を[C27]にコピーする．

  操作25　平均平方　[D21]=B21/C21，[D21] を [D22:D27] にコピーする．

操作26 F_0 値 [E21]=D21/$D$27，[E21] を [E22:E26] にコピーする．

操作27 P 値 [F21]=FDIST(E21,C21,$C$27)，[F21] を [F22:F26] にコピーする．

操作28 F 境界値 [G21]=FINV(0.05,C21,$C$27)，[G21] を [G22:G26] にコピーする．

注）Excel 2010 では，F.INV.RT(0.05,C21,$C$27) を使用

	A	B	C	D	E	F	G	H
19	■分散分析表							分散分析表
20	要因	平方和S	自由度φ	平均平方V	F_0値	P値	F境界値	
21	因子A	4.5	1	4.5	2.25	37.4%	161.4	
22	因子B	8	1	8.0	4.00	29.5%	161.4	
23	因子C	24.5	1	24.5	12.25	17.7%	161.4	
24	因子D	2	1	2.0	1.00	50.0%	161.4	pooling
25	交互作用A×B	18	1	18.0	9.00	20.5%	161.4	
26	交互作用A×C	0.5	1	0.5	0.25	70.5%	161.4	pooling
27	誤差E	2	1	2.0				
28	合計T	59.5	7					

図 7.9　分散分析表

2) プーリングを検討する

主効果 D と交互作用 $A \times C$ は誤差にプーリングして，分散分析表を作り直す．

操作29 平方和と自由度

S_A　　[J21]=B21

S_B　　[J22]=B22

S_C　　[J23]=B23

$S_{A \times B}$　[J25]=B25

S_T　　[J28]=B28

S_E　　[B27] を [J27] にコピーする．

自由度 [J21:J28] を [K21:K28] にコピーする．

操作30 平均平方 [D21:D27] を [L21:L27] にコピーする．

プーリングした [L24] と [L26] はセルを「空白」にする．

（以下 **操作31** ～ **操作33** まで同じ）

操作31 F_0 値 [M21]=L21/$L$27，[M21] を [M22:M25] にコピーする．

操作32 P 値 [N21]=FDIST(M21,K21,$K$27)，[N21] を [N22:N25] にコ

ピーする．

操作33 F 境界値 ［O21］=FINV(0.05,K21,$K$27)，［O21］を［O22:O25］にコピーする．

注）Excel 2010 では，F.INV.RT(0.05,K21,$K$27) を使用

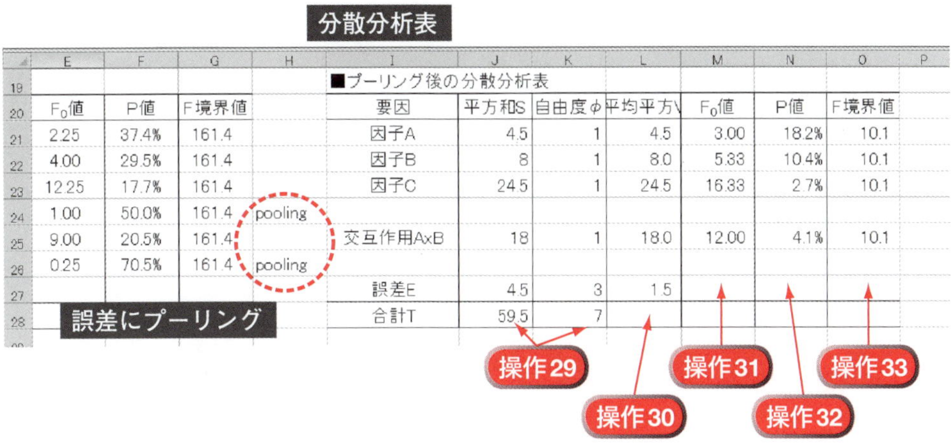

分散分析表

要因	平方和S	自由度φ	平均平方	F_0値	P値	F境界値
因子A	4.5	1	4.5	3.00	18.2%	10.1
因子B	8	1	8.0	5.33	10.4%	10.1
因子C	24.5	1	24.5	16.33	2.7%	10.1
交互作用A×B	18	1	18.0	12.00	4.1%	10.1
誤差E	4.5	3	1.5			
合計T	59.5	7				

（プーリング前の F_0値／P値／F境界値 列）
2.25　37.4%　161.4
4.00　29.5%　161.4
12.25　17.7%　161.4
1.00　50.0%　161.4　pooling
9.00　20.5%　161.4
0.25　70.5%　161.4　pooling

誤差にプーリング

図 7.10　プーリング後の分散分析表

手順3　最適水準の決定と母平均の推定

1) 最適水準の決定

AB が最大となるのは B17:C18 の中から水準 A_2B_1，C が最大となるのは H11:H12 の中から水準 C_2 である．したがって，最適水準は $A_2B_1C_2$ である．

2) $A_2B_1C_2$ における母平均の点推定

操作34 点推定値 ［J31］=B18/2+H12/4−I11/8

3) $A_2B_1C_2$ における母平均の信頼率 95% での区間推定

操作35 有効反復数 $1/n_e$ ［J32］=1/2+1/4−1/8

操作36 信頼区間の幅 ［J33］=TINV(0.05,$K$27)*SQRT($L$27*J32)

注）Excel 2010 では，T.INV.2T(0.05,$K$27)*SQRT($L$27*J32) を使用

操作37 信頼下限 ［J34］=J31−J33

操作38 信頼上限 ［J35］=J31+J33

手順4　データの予測

1) $A_2B_1C_2$ におけるデータの点予測

操作39 点予測値 ［M31］=J31

2）　$A_2B_1C_2$ におけるデータの信頼率 95%での区間予測

操作40　$1+1/n_e$　[M32]=1+J32

操作41　予測区間の幅　[M33]=TINV(0.05,$K$27)*SQRT(M32*$L$27)

予測下限　[M34]=M31−M33

予測上限　[M35]=M31+M33

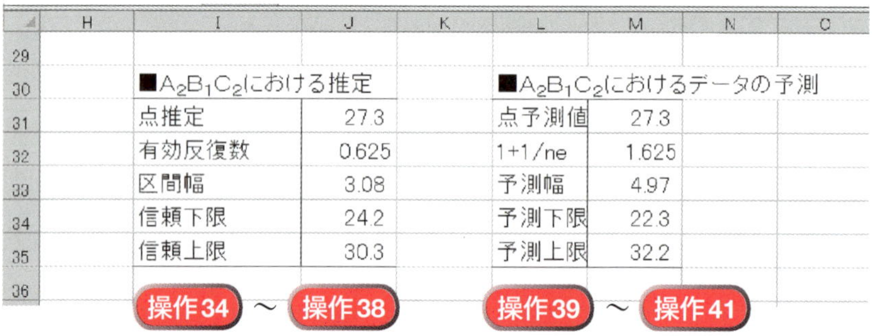

	H	I	J	K	L	M	N	O
29								
30		■A2B1C2における推定			■A2B1C2におけるデータの予測			
31		点推定	27.3		点予測値	27.3		
32		有効反復数	0.625		1+1/ne	1.625		
33		区間幅	3.08		予測幅	4.97		
34		信頼下限	24.2		予測下限	22.3		
35		信頼上限	30.3		予測上限	32.2		
36								

操作34 ～ 操作38
操作39 ～ 操作41

図 7.11　推定と予測

第8章

3水準系直交配列表実験

8.1　3水準系直交配列表

各因子に三つの水準をとった実験の計画には，3水準系直交配列表が使われる．二つの因子の水準組合せには，(1, 1)，(1, 2)，(1, 3)，(2, 1)，(2, 2)，(2, 3)，(3, 1)，(3, 2)，(3, 3) の9通りがあるが，これらの9通りの組合せが同じ回数現れる配列を考える．最も小さい直交配列表は $L_9(3^4)$ であり，四つの列がある（表8.1）．どの二つの列を見ても，9通りの水準組合せが1回ずつ現れている．

表8.1　$L_9(3^4)$直交配列表

No.	[1]	[2]	[3]	[4]
1	1	1	1	1
2	1	2	2	2
3	1	3	3	3
4	2	1	2	3
5	2	2	3	1
6	2	3	1	2
7	3	1	3	2
8	3	2	1	3
9	3	3	2	1
成分	a	b	ab	ab^2

より大きな直交配列表を作るには，3倍ずつ大きくする必要があり，$L_9(3^4)$の次に大きな直交配列表は $L_{27}(3^{13})$ となる（表8.2）．27通りの水準組合せと13の列をもっている．

8.1.1　要因の割り付け

交互作用が他の要因と交絡しないように割り付けなければならない．3水準因子の自由度は2だから，これらの交互作用の自由度は $2 \times 2 = 4$ になる．列自由度は2なので，3水準因子の交互作用を表すには二つの列が必要になる．

直交配列表の成分表示から交互作用の現れる列を見つけるとき，成分 p の列と成分 q の列の交互作用は，成分 pq の列と成分 pq^2 の列の二つの列に現れる．たとえば，$L_{27}(3^{13})$ において，第[2]列：b と第[9]列：abc の交互作用は，

表8.2 $L_{27}(3^{13})$直交配列表

No.	[1]	[2]	[3]	[4]	[5]	[6]	[7]	[8]	[9]	[10]	[11]	[12]	[13]
1	1	1	1	1	1	1	1	1	1	1	1	1	1
2	1	1	1	1	2	2	2	2	2	2	2	2	2
3	1	1	1	1	3	3	3	3	3	3	3	3	3
4	1	2	2	2	1	1	1	2	2	2	3	3	3
5	1	2	2	2	2	2	2	3	3	3	1	1	1
6	1	2	2	2	3	3	3	1	1	1	2	2	2
7	1	3	3	3	1	1	1	3	3	3	2	2	2
8	1	3	3	3	2	2	2	1	1	1	3	3	3
9	1	3	3	3	3	3	3	2	2	2	1	1	1
10	2	1	2	3	1	2	3	1	2	3	1	2	3
11	2	1	2	3	2	3	1	2	3	1	2	3	1
12	2	1	2	3	3	1	2	3	1	2	3	1	2
13	2	2	3	1	1	2	3	2	3	1	3	1	2
14	2	2	3	1	2	3	1	3	1	2	1	2	3
15	2	2	3	1	3	1	2	1	2	3	2	3	1
16	2	3	1	2	1	2	3	3	1	2	2	3	1
17	2	3	1	2	2	3	1	1	2	3	3	1	2
18	2	3	1	2	3	1	2	2	3	1	1	2	3
19	3	1	3	2	1	3	2	1	3	2	1	3	2
20	3	1	3	2	2	1	3	2	1	3	2	1	3
21	3	1	3	2	3	2	1	3	2	1	3	2	1
22	3	2	1	3	1	3	2	2	1	3	3	2	1
23	3	2	1	3	2	1	3	3	2	1	1	3	2
24	3	2	1	3	3	2	1	1	3	2	2	1	3
25	3	3	2	1	1	3	2	3	2	1	2	1	3
26	3	3	2	1	2	1	3	1	3	2	3	2	1
27	3	3	2	1	3	2	1	2	1	3	1	3	2
成分	a	b	a b	a b^2	c	a c	a b c^2	b c	a b c	a b^2 c^2	b c^2	a b^2 c	a b c^2

$$b \times abc = ab^2c \to 第[12]列$$

$$b \times (abc)^2 = a^2b^3c^2 = a^2c^2 = (a^2c^2)^2 = a^4c^4 = ac \to 第[6]列$$

より,第[6]列と第[12]列に現れる.3水準系だから,$a^3=b^3=c^3=1$ とする.また,a^2c^2 のように,成分表示にないときには全体を2乗する.

線点図を用いて割り付けることもできる.$L_{27}(3^{13})$ に対する線点図は図8.1の2種類が用意されている.必要な線点図を作って,用意されている線点図へのあてはめを考える.

五つの3水準因子 (A, B, C, D, F) を取り上げ,それらの主効果と二つの交互作用

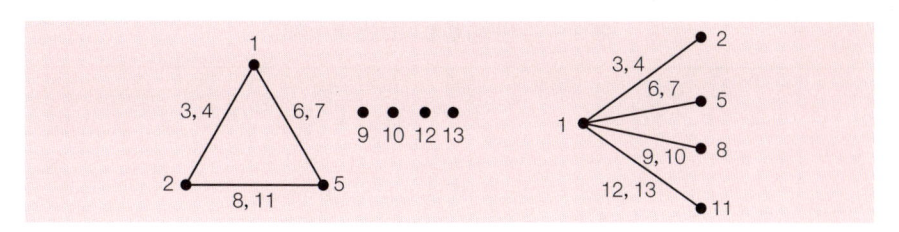

図8.1　$L_{27}(3^{13})$直交配列表の線点図

($A \times B$, $A \times C$, $A \times D$) を調べる実験を計画してみる．主効果の自由度は2，交互作用の自由度は4だから，要因自由度の合計は22となり，11列以上の配列表が必要となるため，$L_{27}(3^{13})$直交配列表を用いる（図8.2）．

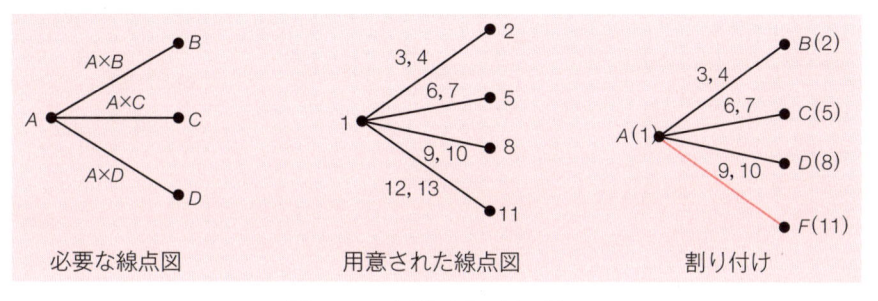

図8.2　3水準因子の割り付け

このとき，因子 A を第[1]列，因子 B を第[2]列，因子 C を第[5]列，因子 D を第[8]列，因子 F を第[11]列に割り付け，交互作用 $A \times B$ は第[3]列と第[4]列に，$A \times C$ は第[6]列と第[7]列に，$A \times D$ は第[9]列と第[10]列に現れる．残っている第[12]列と第[13]列が誤差となる．

243通りの水準組合せの中から27通りを選んでおり，たとえば，No.4の実験では，$A_1B_2C_1D_2F_3$ の水準組合せで実験することになる．

3水準系では交互作用がたくさんの列に現れるため，列の数が十分にあっても割り付けができないことがある．たとえば，交互作用 $A \times D$ のかわりに $B \times D$ を調べる実験でも，11列以上あればよいはずだが，$L_{27}(3^{13})$直交配列表では，どのように割り付けても，交互作用を交絡しないようにはできない．$L_{81}(3^{40})$ が必要になり，実験回数は3倍になってしまう．取り上げる交互作用を選ぶにあたっては，必要となる実験の大きさと，交互作用を取り上げる必要性を十分に検討しなければならない．

8.1.2　分散分析

五つの3水準因子（A, B, C, D, F）の主効果と三つの交互作用（$A \times B, A \times C, A \times D$）を調べる実験を $L_{27}(3^{13})$直交配列表を用いて計画して，27回の実験を行い，表8.3と図8.3のデータを得た．

この結果を見ると，主効果 A, B, C と交互作用 $A \times B, A \times C$ の効果がありそうだが，

表8.3 因子の割り付けとデータ

No.	[1] A	[2] B	[3] A×B	[4] A×B	[5] C	[6] A×C	[7] A×C	[8] D	[9] A×D	[10] A×D	[11] F	[12]	[13]	データ
1	1	1	1	1	1	1	1	1	1	1	1	1	1	14
2	1	1	1	1	2	2	2	2	2	2	2	2	2	15
3	1	1	1	1	3	3	3	3	3	3	3	3	3	16
4	1	2	2	2	1	1	1	2	2	2	3	3	3	23
5	1	2	2	2	2	2	2	3	3	3	1	1	1	21
6	1	2	2	2	3	3	3	1	1	1	2	2	2	22
7	1	3	3	3	1	1	1	3	3	3	2	2	2	14
8	1	3	3	3	2	2	2	1	1	1	3	3	3	17
9	1	3	3	3	3	3	3	2	2	2	1	1	1	15
10	2	1	2	3	1	2	3	1	2	3	1	2	3	21
11	2	1	2	3	2	3	1	2	3	1	2	3	1	22
12	2	1	2	3	3	1	2	3	1	2	3	1	2	20
13	2	2	3	1	1	2	3	2	3	1	3	1	2	20
14	2	2	3	1	2	3	1	3	1	2	1	2	3	24
15	2	2	3	1	3	1	2	1	2	3	2	3	1	20
16	2	3	1	2	1	2	3	3	1	2	2	3	1	18
17	2	3	1	2	2	3	1	1	2	3	3	1	2	20
18	2	3	1	2	3	1	2	2	3	1	1	2	3	18
19	3	1	3	2	1	3	2	1	3	2	1	3	2	21
20	3	1	3	2	2	1	3	2	1	3	2	1	3	14
21	3	1	3	2	3	2	1	3	2	1	3	2	1	15
22	3	2	1	3	1	3	2	2	1	3	3	2	1	23
23	3	2	1	3	2	1	3	3	2	1	1	3	2	16
24	3	2	1	3	3	2	1	1	3	2	2	1	3	16
25	3	3	2	1	1	3	2	3	2	1	2	1	3	20
26	3	3	2	1	2	1	3	1	3	2	3	2	1	11
27	3	3	2	1	3	2	1	2	1	3	1	3	2	19

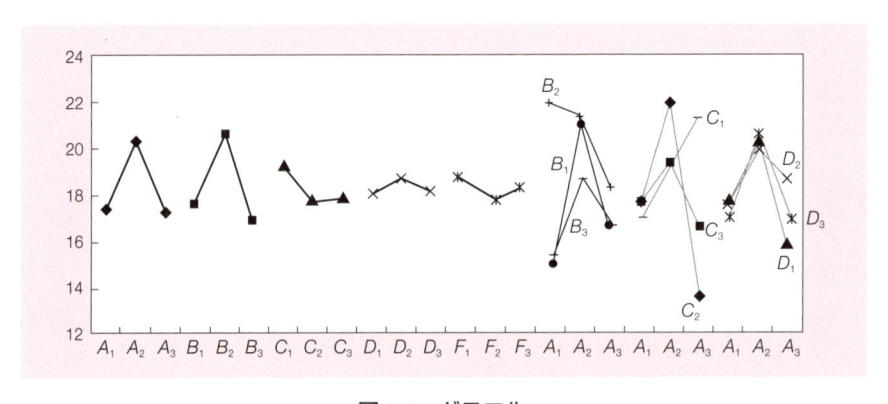

図8.3 グラフ化

主効果 D, F と交互作用 $A \times D$ の効果は判然としない．

要因効果を調べるために，分散分析を行う．第 $[k]$ 列の平方和は，

$$S_{[k]} = \frac{T_{[k]1}^2}{N/3} + \frac{T_{[k]2}^2}{N/3} + \frac{T_{[k]3}^2}{N/3} - \frac{T^2}{N} \tag{8.1}$$

で計算できる．3 水準の一元配置実験のときの平方和と同じである．主効果の要因平方和は，割り付けられた列の平方和である．交互作用は二つの列に現れるため，交互作用の平方和は二つの列平方和の和となる．何も割り付けられなかった列の平方和の合計が誤差平方和となる．

各列の水準数は 3 だから，列自由度は 2 であり，主効果の自由度は 2，交互作用の自由度は 4 となる．

平方和と自由度が求まると，分散分析表にまとめて，要因効果の有無を検定する．プーリングの基準は，2 水準系直交配列表実験などこれまでの分散分析と同じで，誤差と見なすことのできる要因を誤差にプーリングして，分散分析表を作り直す．

8.2 3 水準系直交配列表実験の解析例

表 8.3 のデータを解析してみる．どの因子が影響しているのだろうか．

手順 1　データの整理

各列で水準ごとの合計を計算して，列平方和を求める．また，交互作用を調べるために二元表にまとめる（表 8.4）．

表 8.4　データ表

No.	[1] A	[2] B	[3] $A \times B$	[4] $A \times B$	[5] C	[6] $A \times C$	[7] $A \times C$	[8] D	[9] $A \times D$	[10] $A \times D$	[11] F	[12]	[13]
第 1 水準の和	157	158	156	159	174	150	167	162	171	164	169	160	159
第 2 水準の和	183	185	179	172	160	162	175	169	165	163	161	163	167
第 3 水準の和	155	152	160	164	161	183	153	164	159	168	165	172	169
$S_{[k]}$	54.22	68.67	33.56	9.56	13.56	62.00	27.56	2.89	8.00	1.56	3.56	8.67	6.22

AB 二元表

	B_1	B_2	B_3
A_1	45	66	46
A_2	63	64	56
A_3	50	55	50

AC 二元表

	C_1	C_2	C_3
A_1	51	53	53
A_2	59	66	58
A_3	64	41	50

AD 二元表

	D_1	D_2	D_3
A_1	53	53	51
A_2	61	60	62
A_3	48	56	51

次に，各平方和を計算する．要因の割り付けられた列の列平方和が要因平方和となる．

手順2 分散分析表の作成

表8.5 分散分析表

要因	平方和 S	自由度 ϕ	平均平方 V	F_0 値	P 値	$E(V)$
A	54.22	2	27.11	7.28*	4.6%	$\sigma^2+9\sigma_A^2$
B	68.67	2	34.33	9.22*	3.2%	$\sigma^2+9\sigma_B^2$
C	13.56	2	6.78	1.82	27.4%	$\sigma^2+9\sigma_C^2$
D	2.89	2	1.44	0.39	70.1%	$\sigma^2+9\sigma_D^2$
F	3.56	2	1.78	0.48	65.2%	$\sigma^2+9\sigma_F^2$
$A\times B$	43.11	4	10.78	2.90	16.4%	$\sigma^2+3\sigma_{A\times B}^2$
$A\times C$	89.56	4	22.39	6.02	5.5%	$\sigma^2+3\sigma_{A\times C}^2$
$A\times D$	9.56	4	2.39	0.64	66.1%	$\sigma^2+3\sigma_{A\times D}^2$
E	14.89	4	3.722			σ^2
T	300.00	26				

$F(2,4;0.05)=6.94,\ F(2,4;0.01)=18.0$
$F(4,4;0.05)=6.39,\ F(4,4;0.01)=16.0$

主効果 A と B が有意となった．交互作用 $A\times B$ と $A\times C$ は有意ではないが，F_0 値が小さくなく，P 値も 20% 以下なのでプーリングしない．主効果 C は，有意でなく F_0 値も 2 以下であるが，交互作用 $A\times C$ が有意なのでプーリングしない．主効果 D, F と交互作用 $A\times D$ は F_0 値が小さいので誤差にプーリングして，分散分析表を作り直す．

プーリング後の分散分析の結果，主効果 A, B と交互作用 $A\times C$ が高度に有意，交互作用 $A\times B$ が有意となった．

表8.6 プーリング後の分散分析表

要因	平方和 S	自由度 ϕ	平均平方 V	F_0 値	P 値	$E(V)$
A	54.22	2	27.11	10.5**	0.2%	$\sigma^2+9\sigma_A^2$
B	68.67	2	34.33	13.3**	0.1%	$\sigma^2+9\sigma_B^2$
C	13.56	2	6.78	2.63	11.3%	$\sigma^2+9\sigma_C^2$
$A\times B$	43.11	4	10.78	4.19*	2.4%	$\sigma^2+3\sigma_{A\times B}^2$
$A\times C$	89.56	4	22.39	8.70**	0.2%	$\sigma^2+3\sigma_{A\times C}^2$
E	30.89	12	2.574			σ^2
T	300.00	26				

$F(2,12;0.05)=3.89,\ F(2,12;0.01)=6.93$
$F(4,12;0.05)=3.26,\ F(4,12;0.01)=5.41$

第8章 3水準系直交配列表実験

手順3 最適水準の決定と母平均の推定

推定に用いるデータの構造式は

$$x = \mu + a + b + c + (ab) + (ac) + \varepsilon \tag{8.2}$$

であるが，二つの交互作用 $A \times B$ と $A \times C$ において因子 A が重複しているので，A の水準を固定して，そのときの B, C の最適水準を求める．

$$\begin{aligned}
\hat{\mu}(ABC) &= \overline{\mu + a + b + c + (ab) + (ac)} \\
&= \overline{\mu + a + b + (ab)} + \overline{\mu + a + c + (ac)} - \widehat{\mu + a} \\
&= \frac{\text{水準} AB \text{の合計}}{3} + \frac{\text{水準} AC \text{の合計}}{3} - \frac{\text{水準} A \text{の合計}}{9}
\end{aligned} \tag{8.3}$$

(i) A_1 のとき，AB 二元表より B_2，AC 二元表より C_2 か C_3 が選ばれる．

$$\begin{aligned}
\hat{\mu}(A_1 B_2 C_2) &= \overline{\mu + a_1 + b_2 + (ab)_{12}} + \overline{\mu + a_1 + c_2 + (ac)_{12}} - \widehat{\mu + a_1} \\
&= \frac{66}{3} + \frac{53}{3} - \frac{157}{9} \\
&= 22.2
\end{aligned} \tag{8.4}$$

(ii) A_2 のとき，AB 二元表より B_2，AC 二元表より C_2 が選ばれる．

$$\begin{aligned}
\hat{\mu}(A_2 B_2 C_2) &= \overline{\mu + a_2 + b_2 + (ab)_{22}} + \overline{\mu + a_2 + c_2 + (ac)_{22}} - \widehat{\mu + a_2} \\
&= \frac{64}{3} + \frac{66}{3} - \frac{183}{9} \\
&= 23.0
\end{aligned} \tag{8.5}$$

(iii) A_3 のとき，AB 二元表より B_2，AC 二元表より C_1 が選ばれる．

$$\begin{aligned}
\hat{\mu}(A_3 B_2 C_1) &= \overline{\mu + a_3 + b_2 + (ab)_{32}} + \overline{\mu + a_3 + c_1 + (ac)_{31}} - \widehat{\mu + a_3} \\
&= \frac{55}{3} + \frac{64}{3} - \frac{155}{9} \\
&= 22.4
\end{aligned} \tag{8.6}$$

(i), (ii), (iii) を比較して，最も大きくなる $A_2 B_2 C_2$ が最適水準である．

$A_2 B_2 C_2$ における母平均の点推定値は 23.0 である．有効反復数 n_e は，伊奈の式から，

$$\frac{1}{n_e} = \frac{1}{3} + \frac{1}{3} - \frac{1}{9} = \frac{5}{9} \tag{8.7}$$

となるので，信頼率 95％での信頼区間は，次のようになる．

$$\begin{aligned}
\hat{\mu}(A_2 B_2 C_2) \pm t(\phi_E, \alpha) \sqrt{\frac{V_E}{n_e}} &= 23.0 \pm t(12, 0.05) \sqrt{\frac{5}{9} \times 2.574} \\
&= 23.0 \pm 2.179 \times 1.196 \\
&= 23.0 \pm 2.6 \\
&= 20.4, \ 25.6
\end{aligned} \tag{8.8}$$

手順 4　データの予測

最適水準と同じ条件で新たにデータをとるとき，得られるデータの値を予測する．点予測値は，母平均の点推定値と同じになる．

$$\hat{x}(A_2B_2C_2) = 23.0 \tag{8.9}$$

また，信頼率95％での予測区間は，次のようになる．

$$\begin{aligned}
\hat{x}(A_2B_2C_2) \pm t(\phi_E, \alpha)\sqrt{\left(1+\frac{1}{n_e}\right)V_E} &= 23.0 \pm t(12, 0.05)\sqrt{\left(1+\frac{5}{9}\right) \times 2.574} \\
&= 23.0 \pm 2.179 \times 2.001 \\
&= 23.0 \pm 4.4 \\
&= 18.6,\ 27.4
\end{aligned} \tag{8.10}$$

Excel 解析 6

3 水準系直交配列表実験

表 8.3 のデータを Excel で解析してみる．

表 8.3(再掲)　因子の割り付けとデータ

No.	[1] A	[2] B	[3] $A \times B$	[4] $A \times B$	[5] C	[6] $A \times C$	[7] $A \times C$	[8] D	[9] $A \times D$	[10] $A \times D$	[11] F	[12]	[13]	データ
1	1	1	1	1	1	1	1	1	1	1	1	1	1	14
2	1	1	1	1	2	2	2	2	2	2	2	2	2	15
3	1	1	1	1	3	3	3	3	3	3	3	3	3	16
4	1	2	2	2	1	1	1	2	2	2	3	3	3	23
5	1	2	2	2	2	2	2	3	3	3	1	1	1	21
6	1	2	2	2	3	3	3	1	1	1	2	2	2	22
7	1	3	3	3	1	1	1	3	3	3	2	2	2	14
8	1	3	3	3	2	2	2	1	1	1	3	3	3	17
9	1	3	3	3	3	3	3	2	2	2	1	1	1	15
10	2	1	2	3	1	2	3	1	2	3	1	2	3	21
11	2	1	2	3	2	3	1	2	3	1	2	3	1	22
12	2	1	2	3	3	1	2	3	1	2	3	1	2	20
13	2	2	3	1	1	2	3	2	3	1	3	1	2	20
14	2	2	3	1	2	3	1	3	1	2	1	2	3	24
15	2	2	3	1	3	1	2	1	2	3	2	3	1	20
16	2	3	1	2	1	2	3	3	1	2	2	3	1	18
17	2	3	1	2	2	3	1	1	2	3	3	1	2	20
18	2	3	1	2	3	1	2	2	3	1	1	2	3	18
19	3	1	3	2	1	3	2	1	3	2	1	3	2	21
20	3	1	3	2	2	1	3	2	1	3	2	1	3	14
21	3	1	3	2	3	2	1	3	2	1	3	2	1	15
22	3	2	1	3	1	3	2	2	1	3	3	2	1	23
23	3	2	1	3	2	1	3	3	2	1	1	3	2	16
24	3	2	1	3	3	2	1	1	3	2	2	1	3	16
25	3	3	2	1	1	3	2	3	2	1	2	1	3	20
26	3	3	2	1	2	1	3	1	3	2	3	2	1	11
27	3	3	2	1	3	2	1	2	1	3	1	3	2	19

手順1 データの整理

1) データを入力して整理する

  操作1 直交配列表を B3:N29 に入れ，1行目には列番号，2行目には割り付けた要因を入力する．データは O3:O29 に入力する．

各列において，水準ごとの合計を求め，平方和を計算する．

  操作2 データの合計 [O30]=SUM(O3:O29)
  操作3 修正項 [O31]=O30^2/27
  操作4 第[1]列における第1水準の合計
   [B30]=SUMIF(B3:B29,"=1", $O$3:$O$29)
  操作5 第[1]列における第2水準の合計
   [B31]=SUMIF(B3:B29,"=2", $O$3:$O$29)
  操作6 第[1]列における第3水準の合計
   [B32]=SUMIF(B3:B29,"=3", $O$3:$O$29)
  操作7 第[1]列における列平方和 [B33]=SUMSQ(B30:B32)/9-$O$31
  操作8 第[2]列から第[13]列は，[B30:B33] を [C30:N33] にコピーする．

また，交互作用を求めるための二元表を作成して，AB の水準組合せにおける合計を求める．

  操作9 水準 A_1B_1 の合計 [B37]=SUMIFS(O3:O29,B3:B29,"=1",C3:C29,"=1")
  操作10 水準 A_1B_2 の合計 [C37]=SUMIFS(O3:O29,B3:B29,"=1",C3:C29,"=2")
  操作11 水準 A_1B_3 の合計 [D37]=SUMIFS(O3:O29,B3:B29,"=1",C3:C29,"=3")
  操作12 水準 A_2B_1 の合計 [B38]=SUMIFS(O3:O29,B3:B29,"=2",C3:C29,"=1")
  操作13 水準 A_2B_2 の合計 [C38]=SUMIFS(O3:O29,B3:B29,"=2",C3:C29,"=2")
  操作14 水準 A_2B_3 の合計 [D38]=SUMIFS(O3:O29,B3:B29,"=2",C3:C29,"=3")
  操作15 水準 A_3B_1 の合計 [B39]=SUMIFS(O3:O29,B3:B29,"=3",C3:C29,"=1")
  操作16 水準 A_3B_2 の合計 [C39]=SUMIFS(O3:O29,B3:B29,"=3",C3:C29,"=2")
  操作17 水準 A_3B_3 の合計 [D39]=SUMIFS(O3:O29,B3:B29,"=3",C3:C29,"=3")

同様にして，AC 二元表と AD 二元表も計算する．（ **操作18** ）

注）Excel 2003 以前の場合

  Excel 2003 以前では，SUMIFS 関数が組み込まれていないため， **操作10** ～ **操作17** は，SUMPRODUCT を使用して次のように入力する．

  操作9 水準 A_1B_1 の合計
   [B37]=SUMPRODUCT((C3:C29=1)*(B3:B29=1),O3:O29)
  操作10 水準 A_1B_2 の合計
   [C37]=SUMPRODUCT((C3:C29=2)*(B3:B29=1), O3:O29)

操作11　水準 A_1B_3 の合計

[D37]=SUMPRODUCT((C3:C29=3)*(B3:B29=1), O3:O29)

操作12　水準 A_2B_1 の合計

[B38]=SUMPRODUCT((C3:C29=1)*(B3:B29=2), O3:O29)

操作13　水準 A_2B_2 の合計

[C38]=SUMPRODUCT((C3:C29=2)*(B3:B29=2), O3:O29)

操作14　水準 A_2B_3 の合計

[D38]=SUMPRODUCT((C3:C29=3)*(B3:B29=2), O3:O29)

操作15　水準 A_3B_1 の合計

[B39]=SUMPRODUCT((C3:C29=1)*(B3:B29=3), O3:O29)

操作16　水準 A_3B_2 の合計

[C39]=SUMPRODUCT((C3:C29=2)*(B3:B29=3), O3:O29)

操作17　水準 A_3B_3 の合計

[D39]=SUMPRODUCT((C3:C29=3)*(B3:B29=3), O3:O29)

	A	B	C	D	E	F	G	H	I	J	K	L	M	N	O
1	■データ表	[1]	[2]	[3]	[4]	[5]	[6]	[7]	[8]	[9]	[10]	[11]	[12]	[13]	
2	No.	A	B	AB	AB	C	AC	AC	D	AD	AD	F			
3	1	1	1	1	1	1	1	1	1	1	1	1	1	1	14
4	2	1	1	1	1	2	2	2	2	2	2	2	2	2	15
5	3	1	1	1	1	3	3	3	3	3	3	3	3	3	16
6	4	1	2	2	2	1	1	1	2	2	2	3	3	3	23
7	5	1	2	2	2	2	2	2	3	3	3	1	1	1	21
8	6	1	2	2	2	3	3	3	1	1	1	2	2	2	22
9	7	1	3	3	3	1	1	1	3	3	3	2	2	2	14
10	8	1	3	3	3	2	2	2	1	1	1	3	3	3	17
11	9	1	3	3	3	3	3	3	2	2	2	1	1	1	15
12	10	2	1	2	3	1	2	3	1	2	3	1	2	3	21
13	11	2	1	2	3	2	3	1	2	3	1	2	3	1	22
14	12	2	1	2	3	3	1	2	3	1	2	3	1	2	20
15	13	2	2	3	1	1	2	3	2	3	1	3	1	2	20
16	14	2	2	3	1	2	3	1	3	1	2	1	2	3	24
17	15	2	2	3	1	3	1	2	1	2	3	2	3	1	20
18	16	2	3	1	2	1	2	3	3	1	2	2	3	1	18
19	17	2	3	1	2	2	3	1	1	2	3	3	1	2	20
20	18	2	3	1	2	3	1	2	2	3	1	1	2	3	18
21	19	3	1	3	2	1	3	2	1	3	2	1	3	2	21
22	20	3	1	3	2	2	1	3	2	1	3	2	1	3	14
23	21	3	1	3	2	3	2	1	3	2	1	3	2	1	15
24	22	3	2	1	3	1	3	2	2	1	3	3	2	1	23
25	23	3	2	1	3	2	1	3	3	2	1	1	3	2	16
26	24	3	2	1	3	3	2	1	1	3	2	2	1	3	16
27	25	3	3	2	1	1	3	2	3	2	1	2	1	3	20
28	26	3	3	2	1	2	1	3	1	3	2	3	2	1	11
29	27	3	3	2	1	3	2	1	2	1	3	1	3	2	19
30	第1水準の和T1	157	158	156	159	174	150	167	162	171	164	169	160	159	495
31	第2水準の和T2	183	185	179	172	160	162	175	169	165	163	161	163	167	9075
32	第3水準の和T3	155	152	160	164	161	183	153	164	159	168	165	172	169	
33	平方和	54.222	68.667	33.556	9.5556	13.556	62	27.556	2.888888889	8	1.5556	3.5556	8.6667	6.2222	
34															
35		■AB二元表				■AC二元表				■AD二元表					
36		B1	B2	B3		C1	C2	C3		D1	D2	D3			
37	A1	45	66	46	A1	51	53	53	A1	53	53	51			
38	A2	63	64	56	A2	59	66	58	A2	61	60	62			
39	A3	50	55	50	A3	64	41	50	A3	48	56	51			

操作 1 ～ 操作 8

操作 9 ～ 操作17

操作18

図 8.4　データ表

2) データをグラフ化する

一つのグラフにまとめるには，データ配列を作り直す．

- **操作19** Q列には横軸に来る水準名を入れる．
- **操作20** 因子 A の各水準の平均 [R2]=B30/9, [R2] を [R3:R4] にコピーする．
- **操作21** 因子 B の各水準の平均 [S5]=C30/9, [S5] を [S6:S7] にコピーする．
- **操作22** 因子 C の各水準の平均 [T8]=F30/9, [T8] を [T9:T10] にコピーする．
- **操作23** 因子 D の各水準の平均 [U11]=I30/9, [U11] を [U12:U13] にコピーする．
- **操作24** 因子 F の各水準の平均 [V14]=L30/9, [V14] を [V15:V16] にコピーする．
- **操作25** AB の各水準組合せの平均 [W17]=B37/3, [W17] を [W17:Y19] にコピーする．
- **操作26** AC の各水準組合せの平均 [Z20]=F37/3, [Z20] を [Z20:AB22] にコピーする．
- **操作27** AD の各水準組合せの平均 [AC23]=J37/3, [AC23] を [AC23:AE25] にコピーする．
- **操作28** データ範囲 Q1:AE25 を指定する．
- **操作29** 「挿入」タブの「折れ線」から「マーカー付き折れ線」を選ぶと，折れ線グラフが表示される．

グラフ用データ表

	Q	R	S	T	U	V	W	X	Y	Z	AA	AB	AC	AD	AE
1		A	B	C	D	F	B_1	B_2	B_3	C_1	C_2	C_3	D_1	D_2	D_3
2	A_1	17.444													
3	A_2	20.333													
4	A_3	17.222													
5	B_1		17.556												
6	B_2		20.556												
7	B_3		16.889												
8	C_1			19.333											
9	C_2			17.778											
10	C_3			17.889											
11	D_1				18										
12	D_2				18.778										
13	D_3				18.222										
14	F_1					18.778									
15	F_2					17.889									
16	F_3					18.333									
17	A_1						15	22	15.333						
18	A_2						21	21.333	18.667						
19	A_3						16.667	18.333	16.667						
20	A_1									17	17.667	17.667			
21	A_2									19.667	22	19.333			
22	A_3									21.333	13.667	16.667			
23	A_1												17.667	17.667	17
24	A_2												20.333	20	20.667
25	A_3												16	18.667	17

図 8.5　グラフ化

第8章　3水準系直交配列表実験　　169

操作30 グラフを右クリックしてから「データ系列の書式設定(F)」をクリックして，グラフを整形する．必要なら「マーカーのオプション」や「マーカーの塗りつぶし」「線の色」「マーカーの色」を設定する．

操作31 縦軸をクリックしてから，右クリックして「軸の書式設定(F)」をクリックする．「軸のオプション」：「最小値」は「固定」を選んで「12」を入れる．「目盛間隔」は「固定」を選んで「2」を入れる．「閉じる」をクリックする．

補助線は必要なければ，クリックしたのち，削除キーで削除する．

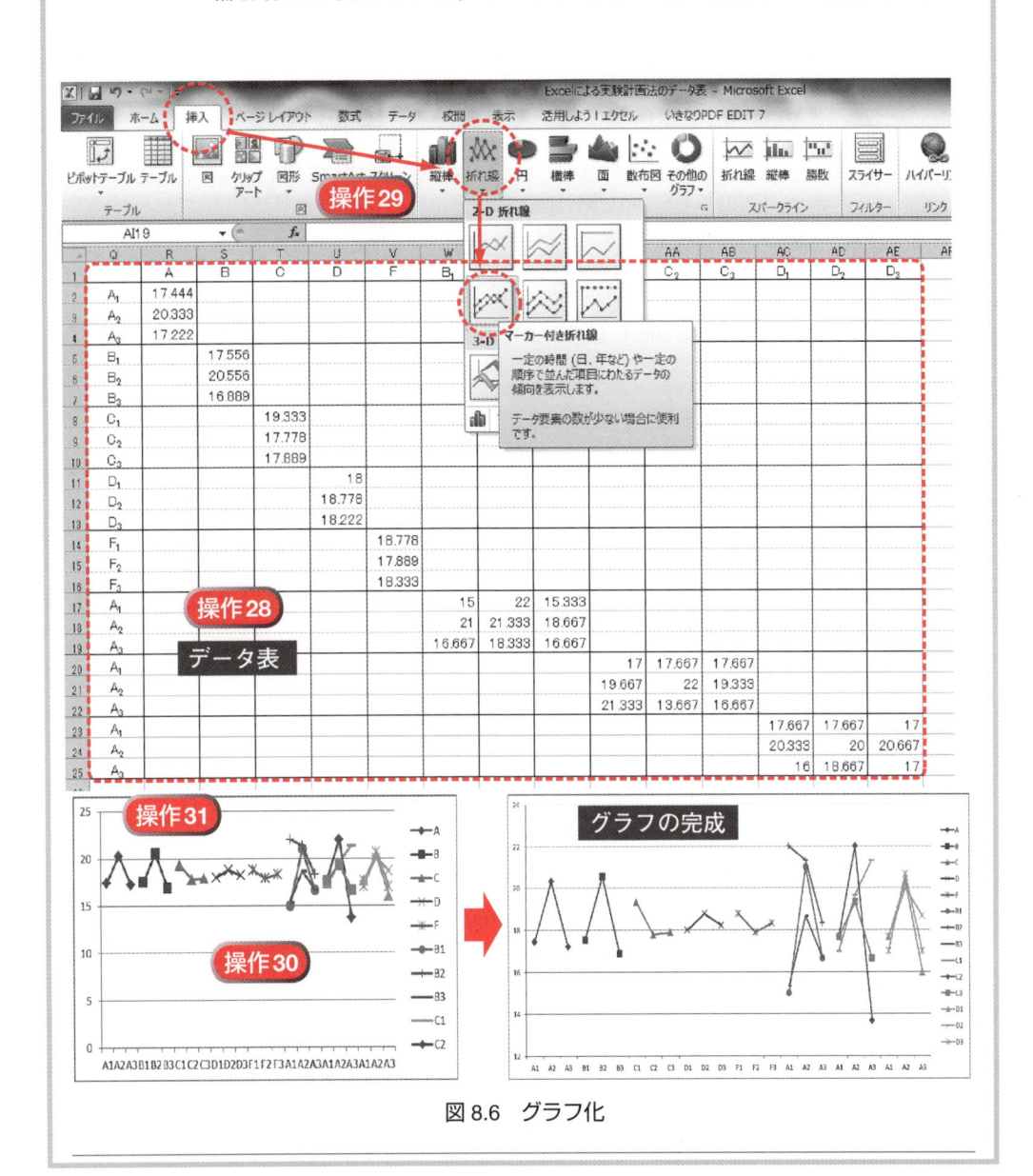

図 8.6　グラフ化

手順2 分散分析表の作成

1) 分散分析表にまとめる

操作32 平方和と自由度

S_A [B42]=B33　　　　　　ϕ_A [C42]=2

S_B [B43]=C33　　　　　　ϕ_B [C43]=2

S_C [B44]=F33　　　　　　ϕ_C [C44]=2

S_D [B45]=I33　　　　　　ϕ_D [C45]=2

S_F [B46]=L33　　　　　　ϕ_F [C46]=2

$S_{A\times B}$ [B47]=D33+E33　　$\phi_{A\times B}$ [C47]=4

$S_{A\times C}$ [B48]=G33+H33　　$\phi_{A\times C}$ [C48]=4

$S_{A\times D}$ [B49]=J33+K33　　$\phi_{A\times D}$ [C49]=4

S_T [B51]=SUM(B33:N33)　ϕ_T [C51]=26

S_E [B50]=B51−SUM(B42:B49)　ϕ_E [B50]を[C50]にコピーする．

操作33 平均平方 [D42]=B42/C42，[D42]を[D43:D50]にコピーする．

操作34 F_0値 [E42]=D42/$D$50，[E42]を[E43:E49]にコピーする．

操作35 P値 [F42]=FDIST（E42,C42,$C$50），[F42]を[F43:F49]にコピーする．

操作36 F境界値 [G42]=FINV（0.05,C42,$C$50），[G42]を[G43:G49]にコピーする．

注）Excel 2010では，F.INV.RT(0.05,C42,$C$50)を使用

分散分析表

	A	B	C	D	E	F	G	H
40	■分散分析表							
41	要因	平方和S	自由度φ	平均平方V	F_0値	P値	F境界値	
42	要因A	54.2222	2	27.1111	7.28	4.6%	6.94	
43	要因B	68.6667	2	34.3333	9.22	3.2%	6.94	
44	要因C	13.5556	2	6.77778	1.82	27.4%	6.94	
45	要因D	2.88889	2	1.44444	0.39	70.1%	6.94	pooling
46	要因F	3.55556	2	1.77778	0.48	65.2%	6.94	pooling
47	交互作用A×B	43.1111	4	10.7778	2.90	16.4%	6.39	
48	交互作用A×C	89.5556	4	22.3889	6.01	5.5%	6.39	
49	交互作用A×D	9.55556	4	2.38889	0.64	66.1%	6.39	pooling
50	誤差E	14.8889	4	3.72222				
51	合計T	300	26					

図8.7 分散分析表

2) プーリングを検討する

主効果 A, B が有意となった．主効果 D, F と交互作用 $A \times D$ は誤差にプーリングして，分散分析表を作り直す．

操作37 平方和と自由度

S_A 　［J42］=B42

S_B 　［J43］=B43

S_C 　［J44］=B44

$S_{A \times B}$ 　［J47］=B47

$S_{A \times C}$ 　［J48］=B48

S_T 　［J51］=B51

S_E 　［B50］を［J50］にコピーする．

自由度［J42:J51］を［K42:K51］にコピーする．

操作38 平均平方［L42］=J42/K42，［L42］を［L43:D50］にコピーする．

プーリングした［L45］［L46］［L49］のセルを空白にする．（以下 **操作39** ～ **操作41** まで同様）

操作39 F_0 値［M42］=L42/$L$50，［M42］を［M43:M48］にコピーする．

操作40 P 値［N42］=FDIST(M42,K42,$K$50)，［N42］を［N43:N48］にコピーする．

操作41 F 境界値［O42］=FINV(0.05,K42,$K$50)，［O42］を［O43:O48］にコピーする．

注）Excel 2010 では，F.INV.RT(0.05,K42,$K$50)を使用

分散分析表

■プーリング後の分散分析表

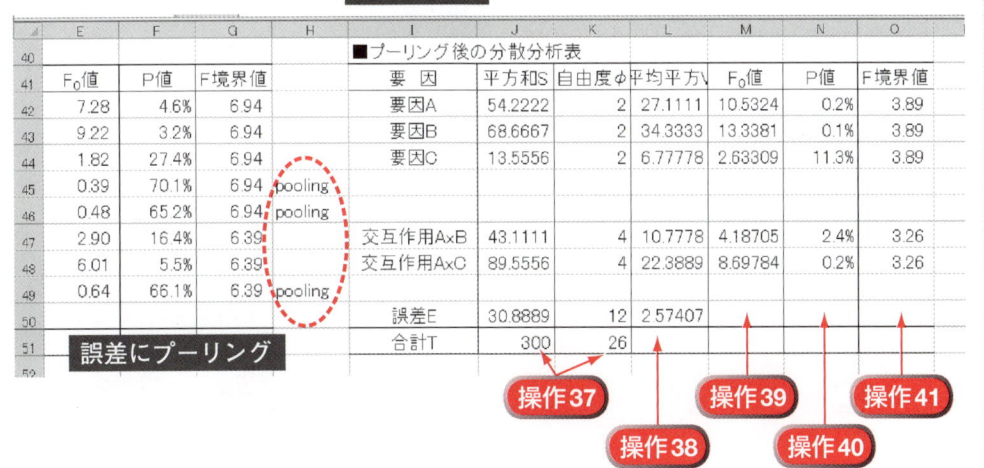

	F_0値	P値	F境界値		要因	平方和S	自由度φ	平均平方V	F_0値	P値	F境界値
42	7.28	4.6%	6.94		要因A	54.2222	2	27.1111	10.5324	0.2%	3.89
43	9.22	3.2%	6.94		要因B	68.6667	2	34.3333	13.3381	0.1%	3.89
44	1.82	27.4%	6.94		要因C	13.5556	2	6.77778	2.63309	11.3%	3.89
45	0.39	70.1%	6.94	pooling							
46	0.48	65.2%	6.94	pooling							
47	2.90	16.4%	6.39		交互作用A×B	43.1111	4	10.7778	4.18705	2.4%	3.26
48	6.01	5.5%	6.39		交互作用A×C	89.5556	4	22.3889	8.69784	0.2%	3.26
49	0.64	66.1%	6.39	pooling							
50					誤差E	30.8889	12	2.57407			
51	誤差にプーリング				合計T	300	26				

図 8.8 プーリング後の分散分析表

手順3　最適水準の決定と母平均の推定

1) 最適水準の決定

交互作用で因子 A が重複しているので，水準を固定する．

- 操作42　水準 A_1 のとき　[B55]=C37/3+G37/3−B30/9
- 操作43　水準 A_2 のとき　[B56]=C38/3+G38/3−B31/9
- 操作44　水準 A_3 のとき　[B57]=C39/3+F39/3−B32/9

この中で，水準 A_2 のときが最大となるので，最適水準は $A_2B_2C_2$ となる．

2) $A_2B_2C_2$ における母平均の点推定

- 操作45　点推定値　[E54]=B56

3) $A_2B_2C_2$ における母平均の信頼率95%での区間推定

- 操作46　有効反復数 $1/n_e$ 　[E55]=1/3+1/3−1/9
- 操作47　信頼区間の幅　[E56]=TINV(0.05,$K50)*SQRT($L50*E55)

    注）Excel 2010 では，T.INV.2T(0.05,$K50)*SQRT($L50*E55) を使用

- 操作48　信頼下限　[E57]=E54−E56
- 操作49　信頼上限　[E58]=E54+E56

手順4　データの予測

1) $A_2B_2C_2$ における母平均の点予測

- 操作50　点予測値　[H54]=E54

2) $A_2B_2C_2$ におけるデータの信頼率95%での区間予測

- 操作51　$1+1/n_e$　[H55]=1+E55
- 操作52　予測区間の幅，予測下限，予測上限　[E56:E58] を [H56:H58] にコピーする．

	A	B	C	D	E	F	G	H	I
52									
53	■最適値の決定				■$A_2B_2C_2$における推定		■$A_2B_2C_2$におけるデータの予測		
54				点推定値	23.0		点予測値	23.0	
55	A_1のとき	22.2222		有効反復数	0.556		1+1/ne	1.556	
56	A_2のとき	23		区間幅	2.61		予測幅	4.36	
57	A_3のとき	22.4444		信頼下限	20.4		予測下限	18.6	
58				信頼上限	25.6		予測上限	27.4	

図 8.9　推定と予測

第 9 章
多水準法と擬水準法

9.1 いろいろな水準数の因子による実験

　4 水準因子を取り上げる実験や，2 水準因子と 3 水準因子が混在する実験でも，2 水準系や 3 水準系の直交配列表を用いて計画することができる．2 水準因子のほかに 4 水準因子があるときには**多水準法**を，3 水準因子のほかに 2 水準因子があるときには**擬水準法**を，2 水準因子のほかに 3 水準因子があるときには多水準法と擬水準法を組み合わせて適用する．

　多水準法では，4 水準因子を 2 水準系直交配列表に割り付ける．二つの列の水準組合せには，(1, 1), (1, 2), (2, 1), (2, 2) の 4 通りがあるので，この 4 通りの組合せを四つの水準に割り当て，表 9.1 のような対応によって 4 水準因子を表す．

表 9.1　4 水準因子の作り方

2 水準の組合せ	4 水準因子
(1, 1)	第 1 水準
(1, 2)	第 2 水準
(2, 1)	第 3 水準
(2, 2)	第 4 水準

　擬水準法では，2 水準因子を 3 水準系直交配列表に割り付ける．二つの水準の一方を 3 番目の水準として重複させ，形式的に 3 水準因子を作る．2 水準因子 A の第 1 水準を重複させた場合，表 9.2 のような対応によって形式的な 3 水準因子 P を表す．

表 9.2　3 水準因子の使い方

形式的な 3 水準因子 P	元の 2 水準因子 A
P_1	A_1
P_2	A_2
P_3	A_1

　多水準法と擬水準法を組み合わせて，3 水準因子を 2 水準系直交配列表に割り付ける．まず，3 水準因子に擬水準法を適用して 4 水準因子を作り，これに多水準法を適用する．3 水準因子 A の第 1 水準を重複させた場合，表 9.3 のような対応を考えて，形式的な 4 水準因子 P を表す．

表9.3 多水準と擬水準の組合せ

形式的な4水準因子 P	2水準組合せ	元の3水準因子 A
P_1	(1, 1)	A_1
P_2	(1, 2)	A_2
P_3	(2, 1)	A_3
P_4	(2, 2)	A_1

9.2 多水準法による4水準因子の割り付け

四つの水準を二つの列の組合せで表すとき，この二つの列にはその交互作用が現れる列が存在する．たとえば，L_8で第[1]列と第[2]列で4水準因子を表したとすると，第[3]列にはこれらの列の交互作用が現れる．これらの三つの列の水準組合せは8通りではなく4通りであり，2水準系直交配列表に4水準因子を割り付けるとき，互いに主効果と交互作用の関係にある三つの列に4水準因子の主効果が現れる．三つの列の自由度の和は3であり，4水準因子の自由度3とも一致する．

4水準因子と2水準因子の交互作用は，4水準因子を割り付けた三つの列のそれぞれと2水準因子を割り付けた列との交互作用列に現れる．たとえば，第[1][2][3]列に割り付けられた因子Aと第[4]列に割り付けられた因子Bの交互作用は，第[5][6][7]列に現れる．この交互作用の自由度は$\phi_{A\times B}=\phi_A\times\phi_B=3\times1=3$である．

割り付けの例を示す．4水準因子Aと2水準因子B, C, D, Fを取り上げ，交互作用として$A\times B, B\times C, B\times D, B\times F$を考える．主効果の自由度は$3+1+1+1+1=7$，交互作用の自由度は$3+1+1+1=6$であるから，少なくとも13列が必要となる．そこで，$L_{16}(2^{15})$直交配列表への割り付けを考える．必要となる線点図では，主効果Aと交互作用$A\times B$には三つの列が必要となるが，用意された線点図にそのままあてはめられるものはない（図9.1）．Aを第[2][4][6]列，Bを第[1]列としたとき，第[1]列と第[6]列の交互作用となる第[7]列を移動させることで，必要な線点図とすることができる．このとき，因子Aを第[2][4][6]列，Bを第[1]列，Cを第[12]列，Dを第[15]列，Fを第[8]列に割り付け，交互作用は$A\times B$が第[3][5][7]列，$B\times C$が第[13]列，$B\times D$が第[14]列，$B\times F$が第[9]列に現れる．

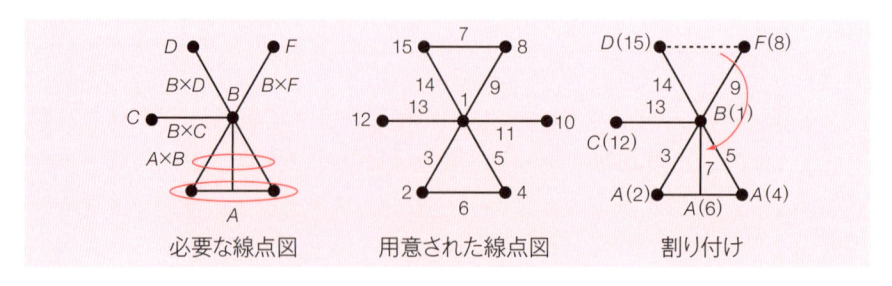

図9.1 4水準因子の割り付け

各要因の平方和と自由度は割り付けられた列の平方和と自由度である．4水準因子は割り付けられた三つの列の合計となる．

$$S_A = S_{[2]} + S_{[4]} + S_{[6]} \qquad \phi_A = 3 \tag{9.1}$$

$$S_B = S_{[1]} \qquad \phi_B = 1 \tag{9.2}$$

$$S_C = S_{[12]} \qquad \phi_C = 1 \tag{9.3}$$

$$S_D = S_{[15]} \qquad \phi_D = 1 \tag{9.4}$$

$$S_F = S_{[8]} \qquad \phi_F = 1 \tag{9.5}$$

$$S_{A \times B} = S_{[3]} + S_{[5]} + S_{[7]} \qquad \phi_{A \times B} = 3 \tag{9.6}$$

$$S_{B \times C} = S_{[13]} \qquad \phi_{B \times C} = 1 \tag{9.7}$$

$$S_{B \times D} = S_{[14]} \qquad \phi_{B \times D} = 1 \tag{9.8}$$

$$S_{B \times F} = S_{[9]} \qquad \phi_{B \times F} = 1 \tag{9.9}$$

$$S_E = S_{[10]} + S_{[11]} \qquad \phi_E = 2 \tag{9.10}$$

これらをまとめて分散分析表を作り，プーリングの有無の判断，最適水準の決定，母平均の推定やデータの予測を行う．4水準因子の各水準におけるデータ数が2水準因子と異なることに注意すれば，これまでの解析方法と同じである．

9.3 擬水準法による2水準因子の割り付け

2水準因子は，形式的に作られた擬水準を追加して3水準因子とするため，割り付ける因子はすべて3水準となる．したがって，3水準系直交配列表への割り付けと同じ方法で割り付けられる．

割り付けの例を示す．五つの因子（A, B, C, D, F）を取り上げ，交互作用として$A \times B, B \times C$を考える．ここで，因子B, C, D, Fは3水準にとるが，因子Aは2水準しかなく，水準A_1を重複させた擬水準を設定して3水準因子Pとする．このとき，五つの3水準因子P, B, C, D, Fと二つの交互作用$P \times B, B \times C$を割り付けることになる．主効果の自由度は6，交互作用の自由度は8より，合計の自由度は14となり，少なくとも7列が必要となるため，$L_{27}(3^{13})$直交配列表を用いる．必要となる線点図を求め，用意された線点図にあてはめる（図9.2）．

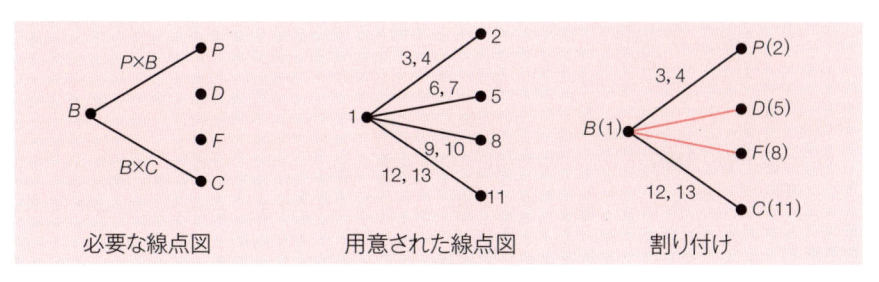

図9.2 2水準因子の割り付け

このとき，因子 P を第[2]列，B を第[1]列，C を第[11]列，D を第[5]列，F を第[8]列に割り付け，交互作用は $P \times B$ が第[3][4]列，$B \times C$ が第[12][13]列に現れる．因子 A の設定水準は，27 通りの実験において，水準 A_1 は 18 通り，水準 A_2 は 9 通りである．

3 水準因子の要因平方和は，列平方和で与えられるが，2 水準因子の要因平方和は，列平方和では計算できない．擬水準を設定した因子とこれにかかわる交互作用の要因平方和は定義式から計算する．

$$S_A = \sum_{i=1}^{2} \frac{(\text{水準 } A_i \text{ の和})^2}{\text{水準 } A_i \text{ のデータ数}} - \frac{(\text{合計})^2}{\text{総データ数}} \tag{9.11}$$

$$S_{AB} = \sum_{j=1}^{3}\sum_{i=1}^{2} \frac{(\text{水準 } A_iB_j \text{ の和})^2}{\text{水準 } A_iB_j \text{ のデータ数}} - \frac{(\text{合計})^2}{\text{総データ数}} \tag{9.12}$$

$$S_{A \times B} = S_{AB} - S_A - S_B \tag{9.13}$$

誤差平方和は，総平方和から要因平方和を引いて求める．擬水準因子 P の平方和 S_P の自由度は 2 だが，2 水準因子 A の平方和 S_A の自由度は 1 である．S_P の一部が S_A となり，残りは誤差を表している．つまり，誤差が割り付けられた列のほかにも，擬水準因子が割り付けられた列の一部にも誤差が現れる．2 水準因子に交互作用がある場合も，擬水準因子 P の交互作用との差は誤差となる．以上から，平方和は次のように計算される．

$$CT = \frac{T^2}{27} \tag{9.14}$$

$$S_T = (\text{データの 2 乗和}) - CT \qquad \phi_T = 26 \tag{9.15}$$

$$S_A = \frac{(T_{A_1})^2}{18} + \frac{(T_{A_2})^2}{9} - CT \qquad \phi_A = 1 \tag{9.16}$$

$$S_B = S_{[1]} \qquad \phi_B = 2 \tag{9.17}$$

$$S_C = S_{[11]} \qquad \phi_C = 2 \tag{9.18}$$

$$S_D = S_{[5]} \qquad \phi_D = 2 \tag{9.19}$$

$$S_F = S_{[8]} \qquad \phi_F = 2 \tag{9.20}$$

$$S_{AB} = \frac{(T_{A_1B_1})^2}{6} + \frac{(T_{A_1B_2})^2}{6} + \frac{(T_{A_1B_3})^2}{6} + \frac{(T_{A_2B_1})^2}{3} + \frac{(T_{A_2B_2})^2}{3} + \frac{(T_{A_2B_3})^2}{3} - CT \tag{9.21}$$

$$S_{A \times B} = S_{AB} - S_A - S_B \qquad \phi_{A \times B} = 2 \tag{9.22}$$

$$S_{B \times C} = S_{[12]} + S_{[13]} \qquad \phi_{B \times C} = 4 \tag{9.23}$$

$$S_E = S_T - (S_A + S_B + S_C + S_D + S_F + S_{A \times B} + S_{B \times C})$$

$$\phi_E = \phi_T - (\phi_A + \phi_B + \phi_C + \phi_D + \phi_F + \phi_{A \times B} + \phi_{B \times C}) \tag{9.24}$$

誤差平方和は，$S_E = S_{[6]} + S_{[7]} + S_{[9]} + S_{[10]} + (S_P - S_A) + (S_{P \times B} - S_{A \times B})$ から求めることもできる．

これらをまとめて分散分析表を作り，プーリングの有無の判断，最適水準の決定，母

平均の推定やデータの予測を行う．擬水準因子のデータ数が水準によって異なることに注意すれば，これまでの解析方法と同じである．

9.4 多水準法と擬水準法による3水準因子の割り付け

3水準因子に擬水準を追加して4水準因子とし，これに多水準法を用いて2水準系直交配列表に割り付ける方法である．ほとんどの因子は2水準だが，一部に3水準因子がある実験に用いられる．

たとえば，五つの因子 (A, B, C, D, F) を取り上げ，交互作用として $A \times B$, $B \times C$ を考える．このとき，因子 B, C, D, F は2水準にとるが，因子 A は3水準とする．因子 A では，水準 A_1 を重複させた擬水準を設定して4水準因子 P を作る．多水準法による4水準因子の例と同じ割り付けができるので，因子 P を第[2][4][6]列，B を第[1]列，C を第[12]列，D を第[15]列，F を第[8]列に割り付け，交互作用は $P \times B$ が第[3][5][7]列，$B \times C$ が第[13]列に現れる．因子 A の設定水準は，16通りの実験のうち，水準 A_1 は8通り，水準 A_2 は4通り，水準 A_3 は4通りである．

3水準因子には擬水準を設定しているため，それにかかわる要因平方和は定義式から計算する．

$$S_A = \sum_{i=1}^{3} \frac{(\text{水準 } A_i \text{ の和})^2}{\text{水準 } A_i \text{ のデータ数}} - \frac{(\text{合計})^2}{\text{総データ数}} \tag{9.25}$$

$$S_{AB} = \sum_{j=1}^{2}\sum_{i=1}^{3} \frac{(\text{水準 } A_i B_j \text{ の和})^2}{\text{水準 } A_i B_j \text{ のデータ数}} - \frac{(\text{合計})^2}{\text{総データ数}} \tag{9.26}$$

$$S_{A \times B} = S_{AB} - S_A - S_B \tag{9.27}$$

誤差平方和は，総平方和から要因平方和を引いて求める．擬水準を使っているため，誤差列以外にも誤差が現れることに注意する．

分散分析表を作り，プーリングの有無の判断，最適水準の決定，母平均の推定やデータの予測を行う．多水準・擬水準因子のデータ数は水準によって異なることに注意すれば，これまでの解析方法と同じである．

9.5 多水準法と擬水準法による直交配列表実験の解析例

五つの因子 (A, B, C, D, F) を取り上げ，交互作用として $A \times B$, $B \times C$, $B \times D$, $B \times F$ を考える．このとき，因子 B, C, D, F は2水準にとるが，因子 A は3水準あり，水準 A_1 を重複させた擬水準を設定して4水準因子 P を作る．各要因を $L_{16}(2^{15})$ 直交配列表に割り付けて16回の実験を行った．ここでは，多水準と擬水準を表9.4のように対応

表 9.4　3 水準因子の割り付け

形式的な 4 水準因子 P	第[2][4][6]列の組合せ	3 水準因子 A
P_1	(1, 1, 1)	A_1
P_2	(1, 2, 2)	A_2
P_3	(2, 1, 2)	A_3
P_4	(2, 2, 1)	A_1

手順1　データの整理

各列で第1水準と第2水準の合計を計算して，列平方和を求める（表9.5）．また交互作用を調べるために二元表にまとめる（表9.6）．水準 A_1 は擬水準を含んでいるので，データ数は2倍になっていることに注意する．

表 9.5　因子の割り付けとデータ

No.	[1] B	[2] P	[3] $P\times B$	[4] P	[5] $P\times B$	[6] P	[7] $P\times B$	[8] F	[9]	[10]	[11]	[12] C	[13] $B\times C$	[14]	[15] D	データ
1	1	1	1	1	1	1	1	1	1	1	1	1	1	1	1	17
2	1	1	1	1	1	1	1	2	2	2	2	2	2	2	2	14
3	1	1	1	2	2	2	2	1	1	1	1	2	2	2	2	20
4	1	1	1	2	2	2	2	2	2	2	2	1	1	1	1	22
5	1	2	2	1	1	2	2	1	1	2	2	1	1	2	2	18
6	1	2	2	1	1	2	2	2	2	1	1	2	2	1	1	12
7	1	2	2	2	2	1	1	1	1	2	2	2	2	1	1	16
8	1	2	2	2	2	1	1	2	2	1	1	1	1	2	2	14
9	2	1	2	1	2	1	2	1	2	1	2	1	2	1	2	19
10	2	1	2	1	2	1	2	2	1	2	1	2	1	2	1	14
11	2	1	2	2	1	2	1	1	2	1	2	2	1	2	1	17
12	2	1	2	2	1	2	1	2	1	2	1	1	2	1	2	18
13	2	2	1	1	2	2	1	1	2	2	1	1	2	2	1	20
14	2	2	1	1	2	2	1	2	1	1	2	2	1	1	2	15
15	2	2	1	2	1	1	2	1	2	2	1	2	1	1	2	19
16	2	2	1	2	1	1	2	2	1	1	2	1	2	2	1	17
第1水準	133	141	144	129	132	130	131	146	135	131	134	145	136	138	135	
第2水準	139	131	128	143	140	142	141	126	137	141	138	127	136	134	137	
$S_{[k]}$	2.25	6.25	16.00	12.25	4.00	9.00	6.25	25.00	0.25	6.25	1.00	20.25	0.00	1.00	0.25	

第9章 多水準法と擬水準法

表9.6 二元表

AB 二元表

	B_1	B_2	合計
A_1	61	69	130
A_2	42	35	77
A_3	30	35	65

BC 二元表

	C_1	C_2
B_1	71	62
B_2	74	65

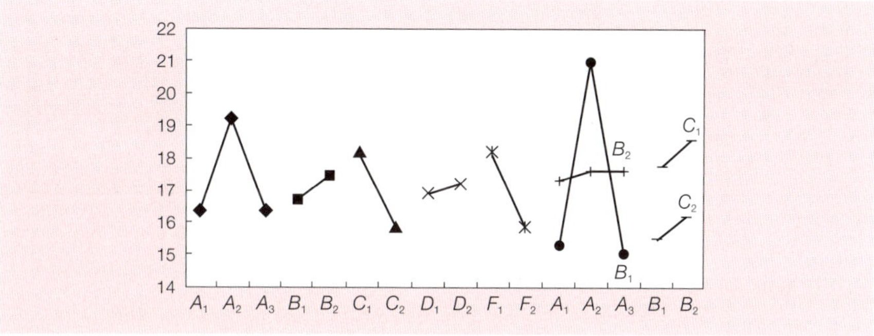

図9.3 グラフ化

グラフ化すると，主効果 A, C, F と交互作用 $A \times B$ の効果がありそうである（図9.3）．主効果 B, D と交互作用 $B \times C$ の効果は判然としない．

要因の割り付けられた列の列平方和が要因平方和となるが，因子 A には擬水準を設定しているため，それにかかわる要因平方和は定義式から求める．

$$CT = \frac{272^2}{16} = 4624.00 \tag{9.28}$$

$$S_T = (17^2 + 14^2 + \cdots + 17^2) - 4624.00 = 110.00 \tag{9.29}$$

$$S_A = \frac{130^2}{8} + \frac{77^2}{4} + \frac{65^2}{4} - 4624.00 = 27.00 \tag{9.30}$$

$$S_{AB} = \frac{61^2}{4} + \frac{69^2}{4} + \frac{42^2}{2} + \frac{35^2}{2} + \frac{30^2}{2} + \frac{35^2}{2} - 4624.00 = 53.50 \tag{9.31}$$

$$S_{A \times B} = 53.50 - 27.00 - 2.25 = 24.25 \tag{9.32}$$

S_B は $S_{[1]}$ から求められている．

誤差平方和は総平方和から要因平方和の合計を引いて求める．

手順2 **分散分析表の作成**

表9.7 分散分析表

要因	平方和 S	自由度 ϕ	平均平方 V	F_0 値	P 値	$E(V)$
A	27.00	2	13.50	8.10*	2.0%	(注1)
B	2.25	1	2.25	1.35	28.9%	$\sigma^2+8\sigma_B^2$
C	20.25	1	20.25	12.1*	1.3%	$\sigma^2+8\sigma_C^2$
D	0.25	1	0.25	0.15	71.2%	$\sigma^2+8\sigma_D^2$
F	25.00	1	25.00	15.0**	0.8%	$\sigma^2+8\sigma_F^2$
$A\times B$	24.25	2	12.13	7.28*	2.5%	(注2)
$B\times C$	0.00	1	0.00	0.00	100.0%	$\sigma^2+4\sigma_{B\times C}^2$
E	10.00	6	1.667			σ^2
T	110.00	15				

$F(2,6;0.05)=5.14$, $F(2,6;0.01)=10.9$
$F(1,6;0.05)=5.99$, $F(1,6;0.01)=13.7$

(注1) $E(V_A)=\sigma^2+(8a_1^2+4a_2^2+4a_3^2)/2$
(注2) $E(V_{A\times B})=\sigma^2+[4(ab)_{11}^2+4(ab)_{12}^2+2(ab)_{21}^2+2(ab)_{22}^2+2(ab)_{31}^2+2(ab)_{32}^2]/2$

主効果 F が高度に有意，主効果 A, C と交互作用 $A\times B$ が有意となった．主効果 B は有意ではないが，交互作用 $A\times B$ があるので残す．主効果 D と交互作用 $B\times C$ は有意でなく F_0 値も小さいのでプーリングして，分散分析表を作り直す．

表9.8 プーリング後の分散分析表

要因	平方和 S	自由度 ϕ	平均平方 V	F_0 値	P 値	$E(V)$
A	27.00	2	13.50	9.60**	0.7%	(注1)
B	2.25	1	2.25	1.60	24.2%	$\sigma^2+8\sigma_B^2$
C	20.25	1	20.25	14.4**	0.5%	$\sigma^2+8\sigma_C^2$
F	25.00	1	25.00	17.8**	0.3%	$\sigma^2+8\sigma_F^2$
$A\times B$	24.25	2	12.13	8.62*	1.0%	(注2)
E'	11.25	8	1.406			σ^2
T	110.00	15				

$F(2,8;0.05)=4.46$, $F(2,8;0.01)=8.65$
$F(1,8;0.05)=5.32$, $F(1,8;0.01)=11.3$

(注1) $E(V_A)=\sigma^2+(8a_1^2+4a_2^2+4a_3^2)/2$
(注2) $E(V_{A\times B})=\sigma^2+[4(ab)_{11}^2+4(ab)_{12}^2+2(ab)_{21}^2+2(ab)_{22}^2+2(ab)_{31}^2+2(ab)_{32}^2]/2$

プーリング後の分散分析の結果，主効果 A, C, F が高度に有意となり，交互作用 $A\times B$ が有意となった．

手順3 **最適水準の決定と母平均の推定**

推定に用いるデータの構造式は，

$$x=\mu+a+b+c+f+(ab)+\varepsilon \tag{9.33}$$

であるから，因子 AB が最大となるのは AB 二元表から水準 A_2B_1，因子 C と F は単独で水準 C_1 と F_1 が選ばれ，最適水準は $A_2B_1C_1F_1$ となる．

最適水準 $A_2B_1C_1F_1$ における母平均の点推定値は，A_2B_1 における平均と C_1 および F_1 における平均から求める．

$$\begin{aligned}
\hat{\mu}(A_2B_1C_1F_1) &= \overline{\mu + a_2 + b_1 + c_1 + f_1 + (ab)_{21}} \\
&= \overline{\mu + a_2 + b_1 + (ab)_{21}} + \widehat{\mu + c_1} + \widehat{\mu + f_1} - 2\hat{\mu} \\
&= \frac{42}{2} + \frac{145}{8} + \frac{146}{8} - 2 \times \frac{272}{16} \\
&= 23.38 \to 23.4
\end{aligned} \qquad (9.34)$$

有効反復数 n_e は，伊奈の式から，

$$\frac{1}{n_e} = \frac{1}{2} + \frac{1}{8} + \frac{1}{8} - 2 \times \frac{1}{16} = \frac{5}{8} \qquad (9.35)$$

となるので，信頼率 95％での信頼区間は次のようになる．

$$\begin{aligned}
\hat{\mu}(A_2B_1C_1F_1) \pm t(\phi_E, \alpha)\sqrt{\frac{V_E}{n_e}} &= 23.38 \pm t(8, 0.05)\sqrt{\frac{5}{8} \times 1.406} \\
&= 23.38 \pm 2.306 \times 0.937 \\
&= 23.38 \pm 2.16 \\
&= 21.2, \ 25.5
\end{aligned} \qquad (9.36)$$

手順 4　データの予測

最適水準と同じ条件で新たにデータをとるとき，得られる値を予測する．点予測値は，母平均の点推定値と同じになる．

$$\hat{x}(A_2B_1C_1F_1) = 23.38 \to 23.4$$

また，信頼率 95％の予測区間は，次のようになる．

$$\begin{aligned}
\hat{x}(A_2B_1C_1F_1) \pm t(\phi_E, \alpha)\sqrt{\left(1 + \frac{1}{n_e}\right)V_E} &= 23.38 \pm t(8, 0.05)\sqrt{\left(1 + \frac{5}{8}\right) \times 1.406} \\
&= 23.38 \pm 2.306 \times 1.512 \\
&= 23.38 \pm 3.49 \\
&= 19.9, \ 26.9
\end{aligned} \qquad (9.37)$$

Excel 解析 7

多水準法と擬水準法

表 9.5 のデータを Excel で解析してみる．

表 9.5(再掲)　因子の割り付けとデータ

No.	[1] B	[2] P	[3] $P \times B$	[4] P	[5] $P \times B$	[6] P	[7] $P \times B$	[8] F	[9]	[10]	[11]	[12] C	[13] $B \times C$	[14]	[15] D	データ
1	1	1	1	1	1	1	1	1	1	1	1	1	1	1	1	17
2	1	1	1	1	1	1	1	2	2	2	2	2	2	2	2	14
3	1	1	1	2	2	2	2	1	1	1	1	2	2	2	2	20
4	1	1	1	2	2	2	2	2	2	2	2	1	1	1	1	22
5	1	2	2	1	1	2	2	1	1	2	2	1	1	2	2	18
6	1	2	2	1	1	2	2	2	2	1	1	2	2	1	1	12
7	1	2	2	2	2	1	1	1	1	2	2	2	2	1	1	16
8	1	2	2	2	2	1	1	2	2	1	1	1	1	2	2	14
9	2	1	2	1	2	1	2	1	2	1	2	1	2	1	2	19
10	2	1	2	1	2	1	2	2	1	2	1	2	1	2	1	14
11	2	1	2	2	1	2	1	1	2	1	2	2	1	2	1	17
12	2	1	2	2	1	2	1	2	1	2	1	1	2	1	2	18
13	2	2	1	1	2	2	1	1	2	2	1	1	2	2	1	20
14	2	2	1	1	2	2	1	2	1	1	2	2	1	1	2	15
15	2	2	1	2	1	1	2	1	2	2	1	2	1	1	2	19
16	2	2	1	2	1	1	2	2	1	1	2	1	2	2	1	17
第1水準	133	141	144	129	132	130	131	146	135	131	134	145	136	138	135	
第2水準	139	131	128	143	140	142	141	126	137	141	138	127	136	134	137	
$S_{[k]}$	2.25	6.25	16.00	12.25	4.00	9.00	6.25	25.00	0.25	6.25	1.00	20.25	0.00	1.00	0.25	

手順1　データの整理

1) データを入力して列平方和を計算する

   操作1　直交配列表を B3:P18 に入れ，1 行目には列番号，2 行目には割り付けた要因を入力する．データは Q3:Q18 に入力する．

   各列において，水準ごとの合計，平方和を計算する．

   操作2　データの合計　[Q19]=SUM(Q3:Q18)

   操作3　第[1]列における第2水準の合計
   [B20]=SUMIF(B3:B18,"=2", $Q$3:$Q$18)

   操作4　第[1]列における第1水準の合計　[B19]=$Q19−B20

   操作5　第[1]列における列平方和　[B21]=(B19−B20)^2/16

   操作6　第[2]列から第[15]列は，[B19:B21] を [C19:P21] にコピーする．

また，3水準因子の主効果や交互作用を求めるための二元表を作成する．ABの各水準組合せにおける合計を求める．

操作7 水準A_1B_1の合計
[B24]=SUMIFS(Q3:Q18,C3:C18,"=1",E3:E18,"=1",B3:B18,"=1")
+SUMIFS(Q3:Q18,C3:C18,"=2",E3:E18,"=2",B3:B18,"=1")

操作8 水準A_1B_2の合計
[C24]=SUMIFS(Q3:Q18,C3:C18,"=1",E3:E18,"=1",B3:B18,"=2")
+SUMIFS(Q3:Q18,C3:C18,"=2",E3:E18,"=2",B3:B18,"=2")

操作9 水準A_2B_1の合計
[B25]=SUMIFS(Q3:Q18,C3:C18,"=1",E3:E18,"=2",B3:B18,"=1")

操作10 水準A_2B_2の合計
[C25]=SUMIFS(Q3:Q18,C3:C18,"=1",E3:E18,"=2",B3:B18,"=2")

操作11 水準A_3B_1の合計
[B26]=SUMIFS(Q3:Q18,C3:C18,"=2",E3:E18,"=1",B3:B18,"=1")

操作12 水準A_3B_2の合計
[C26]=SUMIFS(Q3:Q18,C3:C18,"=2",E3:E18,"=1",B3:B18,"=2")

操作13 水準A_1の合計 [D24]=SUM(B24:C24)

操作14 水準A_2, A_3の合計は，[D24]を[D25:D26]にコピーする

同様にして，BC二元表を作成する．(**操作15**)

注）Excel 2003 以前の場合

Excel 2003 以前では，SUMIFS 関数が組み込まれていないため，**操作7**〜**操作12**，**操作15**は，SUMPRODUCT を使用して次のように入力する．

操作7 水準A_1B_1の合計
[B24]=SUMPRODUCT((B3:B18=1)*(E3:E18=1)*(C3:C18=1),Q3:Q18)+SUMPRODUCT((B3:B18=1)*(E3:E18=2)*(C3:C18=2),Q3:Q18)

操作8 水準A_1B_2の合計
[C24]=SUMPRODUCT((B3:B18=2)*(E3:E18=1)*(C3:C18=1),Q3:Q18)+SUMPRODUCT((B3:B18=2)*(E3:E18=2)*(C3:C18=2),Q3:Q18)

操作9 水準A_2B_1の合計
[B25]=SUMPRODUCT((B3:B18=1)*(E3:E18=2)*(C3:C18=1),Q3:Q18)

操作10 水準A_2B_2の合計

[C25]=SUMPRODUCT((B3:B18=2)*(E3:E18=2)*(C3:C18=1),Q3:Q18)

操作11　水準 A_3B_1 の合計
[B26]=SUMPRODUCT((B3:B18=1)*(E3:E18=1)*(C3:C18=2),Q3:Q18)

操作12　水準 A_3B_2 の合計
[C26]=SUMPRODUCT((B3:B18=2)*(E3:E18=1)*(C3:C18=2),Q3:Q18)

操作15　[G24] =SUMPRODUCT((B3:B18=1)*(M3:M18=1),Q3:Q18)

（以下，[G25]，[H24:H25] は水準を変更する）

	A	B	C	D	E	F	G	H	I	J	K	L	M	N	O	P	Q
1	■データ表	[1]	[2]	[3]	[4]	[5]	[6]	[7]	[8]	[9]	[10]	[11]	[12]	[13]	[14]	[15]	
2	No.	B	P	PxB	P	PxB	P	PxB	F				C		BxC	D	データ
3	1	1	1	1	1	1	1	1	1	1	1	1	1	1	1	1	17
4	2	1	1	1	1	1	1	1	2	2	2	2	2	2	2	2	14
5	3	1	1	1	2	2	2	2	1	1	1	1	2	2	2	2	20
6	4	1	1	1	2	2	2	2	2	2	2	2	1	1	1	1	22
7	5	1	2	2	1	1	2	2	1	1	2	2	1	1	2	2	18
8	6	1	2	2	1	1	2	2	2	2	1	1	2	2	1	1	12
9	7	1	2	2	2	2	1	1	1	1	2	2	2	2	1	1	16
10	8	1	2	2	2	2	1	1	2	2	1	1	1	1	2	2	14
11	9	2	1	2	1	2	1	2	1	2	1	2	1	2	1	2	19
12	10	2	1	2	1	2	1	2	2	1	2	1	2	1	2	1	14
13	11	2	1	2	2	1	2	1	1	2	1	2	2	1	2	1	17
14	12	2	1	2	2	1	2	1	2	1	2	1	1	2	1	2	18
15	13	2	2	1	1	2	2	1	1	2	2	1	1	2	2	1	20
16	14	2	2	1	1	2	2	1	2	1	1	2	2	1	1	2	15
17	15	2	2	1	2	1	1	2	1	2	2	1	2	1	1	2	19
18	16	2	2	1	2	1	1	2	2	1	1	2	1	2	2	1	17
19	第1水準の和 T_1	133	141	144	129	132	130	131	146	135	131	134	145	136	138	135	272
20	第2水準の和 T_2	139	131	128	143	140	142	141	126	137	141	138	127	136	134	137	
21	平方和S	2.25	6.25	16	12.25	4	9	6.25	25	0.25	6.25	1	20.25	0	1	0.25	
22	■AB二元表					■BC二元表											
23		B1	B2	合計			C1	C2									
24	A1	61	69	130		B1	71	62									
25	A2	42	35	77		B2	74	65									
26	A3	30	35	65													

操作 1 ～ **操作15**

図 9.4　データ表

2）　データをグラフ化する

一つのグラフにまとめるには，データ配列を作り直す．

操作16　S 列には横軸にくる水準名を入れる．

操作17　因子 A の各水準の平均　[T2]=D24/8，[T3]=D25/4，[T4]=D26/4

操作18　因子 B の各水準の平均　[U5]=B19/8，[U6]=B20/8

操作19　因子 C の各水準の平均　[V7]=M19/8，[V8]=M20/8

操作20　因子 D の各水準の平均　[W9]=P19/8，[W10]=P20/8

操作21　因子 F の各水準の平均　[X11]=I19/8，[X12]=I20/8

操作22　AB の各水準組合せの平均　[Y13]=B24/4，[Z13]=C24/4，
[Y14]=B25/2，[Y14] を [Y14:Z15] にコピーする．

操作23　BC の各水準組合せの平均 [AA16]=G24/4, [AA16] を [AA16:AB17]

グラフ用データ表

操作16 ～ 操作23

	S	T	U	V	W	X	Y	Z	AA	AB
1		A	B	C	D	F	B_1	B_2	C_1	C_2
2	A_1	16.25								
3	A_2	19.25								
4	A_3	16.25								
5	B_1		16.625							
6	B_2		17.375							
7	C_1			18.125						
8	C_2			15.875						
9	D_1				16.875					
10	D_2				17.125					
11	F_1					18.25				
12	F_2					15.75				
13	A_1						15.25	17.25		
14	A_2						21	17.5		
15	A_3						15	17.5		
16	B_1								17.75	15.5
17	B_2								18.5	16.25

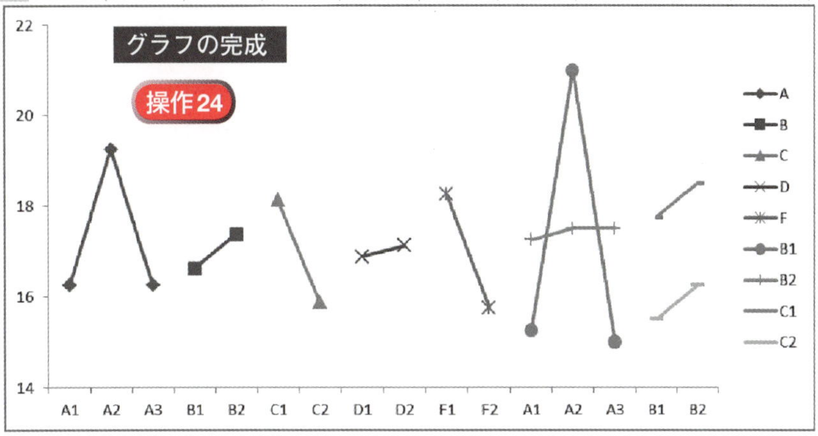

図 9.5　グラフ化するデータ表とグラフ化

にコピーする．

操作24 データ範囲 S1:AB17 を指定して，**「挿入」**タブの**「折れ線」**から**「マーカー付き折れ線」**を選ぶと，折れ線グラフが表示される．**「軸の書式設定(F)」**においてグラフを整形する．

3)　多水準・擬水準因子の平方和を計算する

操作25 修正項 CT [B28]=Q19^2/16

操作26 総平方和 S_T [B29]=SUMSQ(Q3:Q18)−B28

操作27 要因平方和 S_A [B30]=D24^2/8+D25^2/4+D26^2/4−B28

操作28 要因平方和 S_{AB}

[B31]=SUMSQ(B24:C24)/4+SUMSQ(B25:C26)/2−B28

	A	B	C	D	E
27	■平方和の計算				
28	修正項CT	4624			
29	総平方和S_T	110			
30	因子A平方和S_A	27			
31	平方和S_{AB}	53.5			

操作25 〜 操作28

図9.6 平方和の計算

手順2 分散分析表の作成

1) 分散分析表にまとめる

操作29 平方和と自由度を入力する.

S_A [B35]=B30 ϕ_A [C35]=2
S_B [B36]=B21 ϕ_B [C36]=1
S_C [B37]=M21 ϕ_C [C37]=1
S_D [B38]=P21 ϕ_D [C38]=1
S_F [B39]=I21 ϕ_F [C39]=1
$S_{A\times B}$ [B40]=B31−B30−B21 $\phi_{A\times B}$ [C40]=2
$S_{B\times C}$ [B41]=N21 $\phi_{A\times C}$ [C41]=1
S_T [B43]=B29 ϕ_T [C43]=15
S_E [B42]=B43−SUM(B35:B41) ϕ_E [B42]を[C42]にコピーする.

分散分析表

	A	B	C	D	E	F	G	H
33	■分散分析表							
34	要因	平方和S	自由度ϕ	平均平方V	F_0値	P値	F境界値	
35	因子A	27.00	2	13.50	8.10	2.0%	5.14	
36	因子B	2.25	1	2.25	1.35	28.9%	5.99	
37	因子C	20.25	1	20.25	12.15	1.3%	5.99	
38	因子D	0.25	1	0.25	0.15	71.2%	5.99	pooling
39	因子F	25.00	1	25.00	15.00	0.8%	5.99	
40	交互作用A×B	24.25	2	12.13	7.28	2.5%	5.14	
41	交互作用B×C	0.00	1	0.00	0.00	100.0%	5.99	pooling
42	誤差E	10.00	6	1.67				
43	合計T	110.00	15					

操作29　操作30　操作31　操作32　操作33

図9.7 分散分析表

- **操作30** 平均平方 ［D35］=B35/C35，［D35］を［D36:D42］にコピーする．
- **操作31** F_0 値 ［E35］=D35/$D$42，［E35］を［E36:E41］にコピーする．
- **操作32** P 値 ［F35］=FDIST(E35,C35,$C$42)，［F35］を［F36:F41］にコピーする．
- **操作33** F 境界値 ［G35］=FINV(0.05,C35,$C$42)，［G35］を［G36:G41］にコピーする．

　　　注）Excel 2010 では，F.INV.RT(0.05,C35,$C$42) を使用

2) プーリングを検討する

　主効果 D と交互作用 $B×C$ を誤差にプーリングして，分散分析表を作り直す．

- **操作34** 平方和と自由度の入力

　　　　S_A　［J35］=B35

　　　　S_B　［J36］=B36

　　　　S_C　［J37］=B37

　　　　S_F　［J39］=B39

　　　　$S_{A×B}$　［J40］=B40

　　　　S_T　［J43］=B43

　　　　S_E　［B42］を［J42］にコピーする

　　　　自由度 ［J35:J43］を［K35:K43］にコピーする

- **操作35** 平均平方 ［L35］=J35/K35，［L35］を［L36:D42］にコピーする．

　　　プーリングした［L38］［L41］のセルを空白にする．（以下 **操作36**〜**操作38** まで同様）

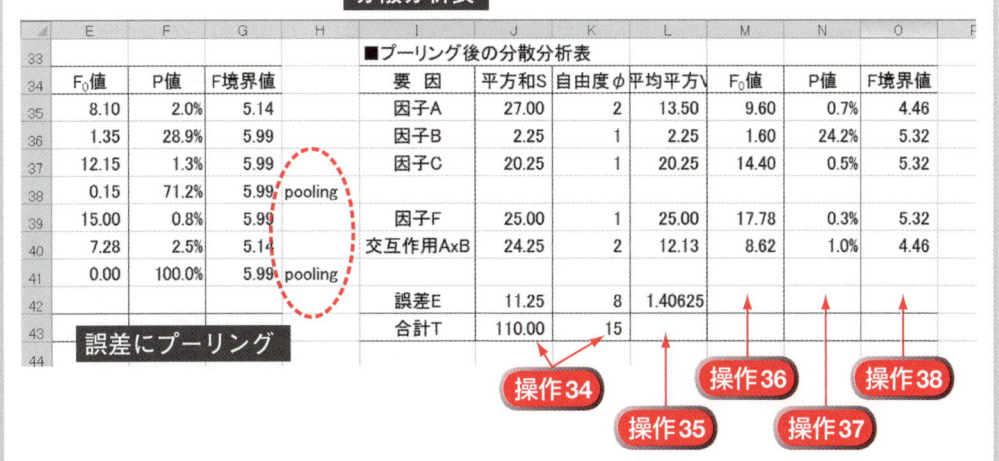

図 9.8　プーリング後の分散分析表

操作36 F_0 値 [M35]=L35/$L$43，[M35] を [M36:M40] にコピーする．

操作37 P 値 [N35]=FDIST(M35,K35,$K$42)，[N35] を [N36:N40] にコピーする．

操作38 F 境界値 [O35]=FINV(0.05,K35,$K$42)，[O35] を [O36:O40] にコピーする．

注）Excel 2010 では，F.INV.RT(0.05,K35,$K$42) を使用

手順3　最適水準の決定と母平均の推定

1) 最適水準の決定

　AB が最大となるのは B24:C26 の中から水準 A_2B_1，C が最大となるのは M19:M20 の中から水準 C_1，F が最大となるのは I19:I20 の中から水準 F_1 である．したがって，最適水準は $A_2B_1C_1F_1$ である．

2) $A_2B_1C_1F_1$ における母平均の点推定

操作39 点推定値 [C46]=B25/2+M19/8+I19/8−2*Q19/16

3) $A_2B_1C_1F_1$ における母平均の信頼率 95%での区間推定

操作40 有効反復数 $1/n_e$ [C47]=1/2+1/8+1/8−2*1/16

操作41 信頼区間の幅 [C48]=TINV(0.05,$K$42)*SQRT($L$42*C47)

注）Excel 2010 では，T.INV.2T(0.05,$K$42)*SQRT($L$42*C47) を使用

操作42 信頼下限 [C49]=C46−C48

操作43 信頼上限 [C50]=C46+C48

手順4　データの予測

1) $A_2B_1C_1F_1$ におけるデータの点予測

操作44 点予測値 [F46]=C46

2) $A_2B_1C_1F_1$ におけるデータの信頼率 95%での区間予測

操作45 $1+1/n_e$ [F47]=1+C47

操作46 予測区間の幅，予測下限，予測上限 [C48:C50] を [F48:F50] にコピーする．

第 9 章　多水準法と擬水準法

	A	B	C	D	E	F	G	H
44								
45		■$A_2B_1C_1F_1$における推定			■$A_2B_1C_1F_1$におけるデータの予測			
46		点推定値	23.375		点予測値	23.375		
47		1/ne	0.625		1+1/ne	1.625		
48		区間幅	2.16188		区間幅	3.48592		
49		信頼下限	21.2131		予測下限	19.8891		
50		信頼上限	25.5369		予測上限	26.8609		
51								

操作39 〜 操作43　　操作44 〜 操作46

図 9.9　推定と予測

コラム5 ● 正しいかどうかより好ましいかどうか

この世の中，正しいかどうかより好ましいかどうかで動いている．

   たとえば洋服選び．
   ブランドかどうか，
   TPOに合うかどうかの正しさより，
   その人が好きかどうかがもっとも優先する．

技術の世界も同じである．
科学で明らかになった正しい知識のうち，
人間にとって好ましいものを選んで使って，
世の中に役立つよう工夫するのが技術である．

   実験計画法という手法でわかることは何か？
   狭い意味でいえば，
   選んだ因子が特性に正しく影響を及ぼすかどうかということだけである．

だから，私たちはもう一歩踏みこんで考える必要がある．
つまり，それが私たちにとって好ましいかどうか，
お客様にとって好ましいかどうかである．

第10章 乱塊法と分割法

10.1 実験の効率化

　多くの実験をするときでも，実験の順序は完全ライダマイズが原則である．そしてすべての実験が均一の条件で実施されなければならない．しかし，実験回数が多くなると，何回かに分けたり何人かで手分けしたりすることがある．さらに，いくつかの段階に分けて実験したり，実験を繰り返すのが難しいときに測定だけを繰り返したりするなど，実際にあるさまざまな状況に応じた実験計画法が必要になる．

　たくさんの回数で実験をするとき，実験日や実験者，実験環境などの違いによる系統誤差が生じる可能性があるため，局所管理の原則により，実験の場が均一になるように適切なブロックに分ける．実験全体をいくつかのブロック（塊）に分けて，塊の中で実験順序をランダムに決めるのが**乱塊法**である．ブロックに違いによる影響を排除して因子の要因効果を見つけるとともに，ブロック間のばらつきの大きさも調べることができる．

　複数の因子を取り上げた実験では，水準組合せをランダムな順序に変えて実験するとき，その都度，各因子の水準を変更しなければならない．しかし，因子の中には水準変更が容易でないものもあり，焼結炉の温度などは実験のたびに上げたり下げたりするのは時間もコストもかかる．このような場合，同じ設定温度の実験をまとめて実施すると効率がよくなる．また，中間製品を作ってから最終製品に仕上げるような場合でも，まとめて中間製品を作っておくと実験の効率が上がる．このように実験をいくつかの段階に分けて実施するのが分割法である．多元配置実験になると実験回数も多くなるので，**分割法**が有効になる．たくさんの因子を取り上げる直交配列表実験でも分割法が適用できる．実験を繰り返すのではなく，単に測定のみを繰り返すことがあるが，これも分割法による実験と見なすことができる．

10.2 乱塊法

　ブロックに分けるのに使われる因子を**ブロック因子**という．ブロック因子には，実験日，作業者，ロットなどが用いられる．乱塊法では，実験の全体を各ブロックに均等に分けて，その中で実験順序をランダムに決める．たとえば，4水準因子 A に対して繰り

返し 3 回の一元配置実験をするとき，12 回の実験順序をランダムに決めた例が表 10.1 の左の表である．1 日 4 回の実験を，この順序に従って 3 日に分けて実施すると右の表になる．これでは実験日によって実施している実験の水準が変わっているので，水準による違いと実験日による違いを区別することができず，実験日による系統誤差を排除できない．

表 10.1 完全ランダマイズ

水準	順序
A_1	⑨ ⑩ ⑪
A_2	① ⑧ ⑫
A_3	③ ④ ⑤
A_4	② ⑥ ⑦

1 日目	2 日目	3 日目
A_2	A_3	A_1
A_4	A_4	A_1
A_3	A_4	A_1
A_3	A_2	A_2

これに対して，実験日をブロック因子として，各実験日にすべての水準を 1 回ずつ実験するようにし，その中で実験順序をランダムに決めたのが表 10.2 である．各ブロックでは同じ実験をしているので，実験日による違いがあれば，系統誤差として検出することができる．

表 10.2 乱塊法

水準	1 日目	2 日目	3 日目
A_1	④	④	②
A_2	①	③	①
A_3	③	①	④
A_4	②	②	③

1 日目	2 日目	3 日目
A_2	A_3	A_2
A_4	A_4	A_1
A_3	A_2	A_4
A_1	A_1	A_3

乱塊法は因子の要因効果を調べるための実験であるが，ブロック因子を導入することで，ブロックの違いによる効果も同時に知ることができる．

制御することが難しい因子があるとき，これをブロック因子として導入することがある．たとえば，タイヤの摩耗性を評価するために走行テストをする場合，いろいろな走行路や状況を想定した中で，全体として最も摩耗性に優れたタイヤを見つけたい．このように，原料ロット，使用者，使用環境などのブロック因子の違いによらない最適水準を決めたいときにも乱塊法が使われる．

10.2.1 乱塊法の解析

因子 A を 4 水準に設定して繰り返し 3 回の実験を考える．12 回の実験を 1 日でするのが難しいため，3 日に分けて実験することにした．各水準を 1 回ずつ計 4 回の実験をランダムな順に 1 日で実施する．

データ形式は二元配置実験と同じであり，分散分析表は二元配置実験と同じように求められるが，ばらつきのとらえ方が異なるため，最適水準における母平均の推定法は異

表 10.3 データ表

	R_1(1日目)	R_2(2日目)	R_3(3日目)
A_1	29	34	30
A_2	31	36	37
A_3	31	34	33
A_4	28	29	32

なる．

ブロック因子を R とするとき，水準 R_j における A_i 水準のデータは

$$x_{ij} = \mu + r_j + a_i + \varepsilon_{ij}$$
$$\sum_i a_i = 0, \quad r_j \sim N(0, \sigma_R^2), \quad \varepsilon_{ij} \sim N(0, \sigma^2), \quad i = 1, ..., a, \quad j = 1, ..., r \quad (10.1)$$

となり，主効果 A のほかにブロック因子の効果 R が取り上げられる．R は変量因子だから，A との交互作用は考えない．ここで，母数因子である A には水準効果の和が 0 であるという制約があるが，変量因子である R には再現性はないため，その変動は誤差と同じように正規分布に従うと仮定する．つまり水準 R_j における変動は確率的にしかとらえることができないので，その大きさを σ_R^2 として表す．データ x_{ij} の分散は，誤差分散 σ_E^2 とブロック間変動が合わさって，$V(x_{ij}) = \sigma_R^2 + \sigma_E^2$ となっているため，これらを分離することで誤差分散を的確に推定し，要因の主効果を正しく検出できるようにしている．

分散分析表にまとめ，ブロック間変動が有意でなく F_0 値も小さければ，ブロックの影響はないものとして誤差へプーリングする．この場合は一元配置実験と同様の解析がなされる．

ブロック因子の効果が見られたとき，平均平方の期待値は $E(V_E) = \sigma^2$，$E(V_R) = \sigma^2 + a\sigma_R^2$ となるから，ブロック間変動の大きさ σ_R^2 の推定値は

$$\hat{\sigma}_R^2 = \frac{V_R - V_E}{a} \quad (10.2)$$

となる．

最適水準は母数因子である A についてのみ考え，各水準の平均値を比較して最大となる水準 A_i を最適水準とする．このときの点推定値は

$$\hat{\mu}(A_i) = \frac{T_{i\cdot}}{r} = \bar{x}_{i\cdot} \quad (10.3)$$

である．

ブロック因子を無視できないとき，水準 A_i には r 個のデータがあるので，そこでの平均の分散は，

$$V(\bar{x}_i) = \frac{\sigma_R^2 + \sigma^2}{r} \quad (10.4)$$

となり，その推定値は

$$\hat{V}(\bar{x}_i) = \frac{\hat{\sigma}_R^2 + \hat{\sigma}^2}{r} = \frac{1}{r} \times \frac{V_R - V_E}{a} + \frac{V_E}{r} = \frac{V_R}{ar} + \frac{a-1}{ar} V_E \quad (10.5)$$

と表せる．一般には，総データ数 N と有効反復数 n_e を用いて

$$\hat{V}(\bar{x}_i) = \frac{V_R}{N} + \frac{V_E}{n_e} \quad \text{ただし，} \quad \frac{1}{n_e} = \frac{a-1}{ar} = \frac{\phi_A}{N} \quad (10.6)$$

となる．有効反復数は田口の式から求められ，分子は点推定に用いた要因の自由度の和である．ここで，ブロック因子 R は含まない．

信頼率 $100(1-\alpha)$％の信頼区間は

$$\bar{x}_i \pm t(\phi^*, \alpha) \sqrt{\frac{V_R}{N} + \frac{V_E}{n_e}} \quad (10.7)$$

である．自由度 ϕ^* はサタースウェイトの等価自由度で，次の式で求められる．

$$\frac{\left(\frac{V_R}{N} + \frac{V_E}{n_e}\right)^2}{\phi^*} = \frac{\left(\frac{V_R}{N}\right)^2}{\phi_R} + \frac{\left(\frac{V_E}{n_e}\right)^2}{\phi_r} \quad (10.8)$$

このようにして求めた等価自由度は整数になるとは限らないので，t 分布点を求めるときは前後の整数値における t 分布点を線形補間して求める．たとえば，$\phi^* = 7.4$ のときの 5％点は

$$\begin{aligned}
t(7.4, 0.05) &= 0.6 \times t(7, 0.05) + 0.4 \times t(8, 0.05) \\
&= 0.6 \times 2.365 + 0.4 \times 2.306 \\
&= 2.341
\end{aligned} \quad (10.9)$$

10.2.2　母平均の差の推定とブロック因子の有効性

ある水準における母平均の推定値には，誤差によるばらつきだけでなく，ブロック因子によるばらつきも含まれている．乱塊法で知りたいのは，どんなブロックが実現するかわからないときの因子の要因効果である．つまり，ある水準における母平均の値そのものが必要なのではなく，どの水準で最大となるのか，そして，他の水準とどの程度の差があるかが重要である．このとき，V_R と V_E を正しく分解できていることが必要となる．

ブロック因子を考えずに繰り返しのあるデータの一元配置実験として解析することは，乱塊法におけるブロック因子を誤差にプーリングすることと同じである．ブロック効果があるのに無視すると，ブロック間変動も誤差変動と見なされて誤差分散が大きくなり，要因効果が検出されにくくなる．

乱塊法では母平均の差をとるとブロック因子の影響がなくなる．水準 A_i と水準 A_j に

おける平均は

$$\hat{\mu}_i = \bar{x}_i = \mu + \bar{r} + a_i + \bar{\varepsilon}_i = \bar{r} + \widehat{\mu + a_i} \tag{10.10}$$

$$\hat{\mu}_j = \bar{x}_j = \mu + \bar{r} + a_j + \bar{\varepsilon}_j = \bar{r} + \widehat{\mu + a_j} \tag{10.11}$$

となり，その差

$$\hat{\mu}_i - \hat{\mu}_j = \bar{x}_i - \bar{x}_j = (a_i - a_j) + (\bar{\varepsilon}_i - \bar{\varepsilon}_j) = \widehat{\mu + a_i} - \widehat{\mu + a_j} \tag{10.12}$$

では，ブロック効果が相殺され，誤差によるばらつきだけになる．このとき，

$$V(\bar{x}_i - \bar{x}_j) = \frac{\sigma^2}{r} + \frac{\sigma^2}{r} = \frac{2}{r}\sigma^2 \tag{10.13}$$

から，その推定値は $\hat{V}(\bar{x}_i - \bar{x}_j) = \dfrac{2}{r}V_E$ となり，信頼率 $100(1-\alpha)$ ％の信頼区間は

$$(\bar{x}_i - \bar{x}_j) \pm t(\phi_E, \alpha)\sqrt{\frac{2V_E}{r}} \tag{10.14}$$

となる．自由度には誤差自由度 ϕ_E を使う．

10.3　乱塊法による解析例

表 10.3 のデータを解析してみる．

手順1　データの整理

まず，データを整理して各水準の合計を計算する．

表 10.4　データ表

	R_1	R_2	R_3	合計
A_1	29	34	30	93
A_2	31	36	37	104
A_3	31	34	33	98
A_4	28	29	32	89
合計	119	133	132	384

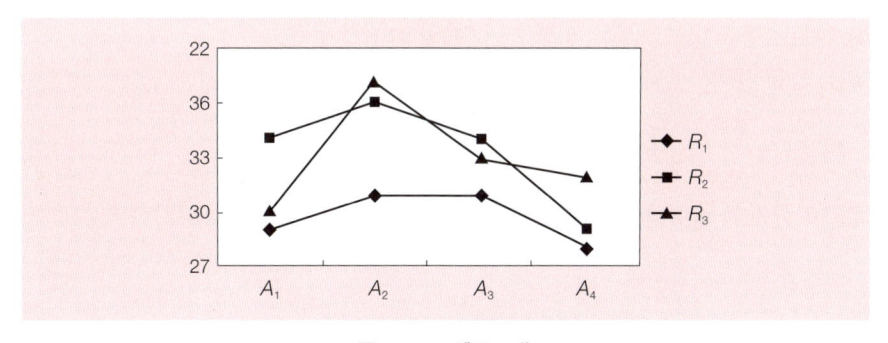

図 10.1　グラフ化

データをグラフ化すると，水準 A_2 のときに最も高くなりそうだが，実験日による違いもありそうである．

次に，二元配置実験と同じ要領で平方和と自由度を計算する．

$$CT = \frac{384^2}{12} = 12288 \tag{10.15}$$

$$S_T = (29^2 + 34^2 + \cdots + 32^2) - 12288 = 90.0 \qquad \phi_T = 12 - 1 = 11 \tag{10.16}$$

$$S_A = \frac{93^2}{3} + \frac{104^2}{3} + \frac{98^2}{3} + \frac{89^2}{3} - 12288 = 42.0 \qquad \phi_A = 4 - 1 = 3 \tag{10.17}$$

$$S_R = \frac{119^2}{4} + \frac{133^2}{4} + \frac{132^2}{4} - 12288 = 30.5 \qquad \phi_R = 3 - 1 = 2 \tag{10.18}$$

$$S_E = 90.0 - 42.0 - 30.5 = 17.5 \qquad \phi_E = 11 - 3 - 2 = 6 \tag{10.19}$$

手順2 **分散分析表の作成**

表10.5 分散分析表

要因	平方和 S	自由度 ϕ	平均平方 V	F_0 値	P 値	$E(V)$
A	42.0	3	14.00	4.80*	4.9%	$\sigma^2 + 3\sigma_A^2$
R	30.5	2	15.25	5.23*	4.8%	$\sigma^2 + 4\sigma_R^2$
E	17.5	6	2.917			σ^2
T	90.0	11				

$F(3,6;0.05) = 4.76, \quad F(3,6;0.01) = 9.78$
$F(2,6;0.05) = 5.14, \quad F(2,6;0.01) = 10.9$

主効果 A とブロック因子 R はともに有意となった．実験日によって特性が変化している．このとき，ブロック間変動の大きさの推定値は

$$\hat{\sigma}_R^2 = \frac{V_R - V_E}{4} = \frac{15.25 - 2.917}{4} = 3.08 \tag{10.20}$$

である．

手順3 **最適水準の決定と母平均の推定**

因子 A の各水準を比較して，水準 A_2 が最適水準となる．

A_2 における母平均の点推定は，A_2 における平均から求める．

$$\hat{\mu}(A_2) = \frac{104}{3} = 34.67 \to 34.7 \tag{10.21}$$

点推定量の分散にはブロック間変動も考える．有効反復数は，田口の式から，

$$\frac{1}{n_e} = \frac{\phi_A}{N} = \frac{3}{12} = \frac{1}{4} \tag{10.22}$$

となるので，

$$\hat{V}(\bar{x}_i) = \frac{V_R}{N} + \frac{V_E}{n_e} = \frac{15.25}{12} + \frac{2.917}{4} = 2.000 \tag{10.23}$$

となる．サタースウェイトの等価自由度は

$$\frac{\left(\dfrac{15.25}{12} + \dfrac{2.917}{4}\right)^2}{\phi^*} = \frac{\left(\dfrac{15.25}{12}\right)^2}{2} + \frac{\left(\dfrac{2.917}{4}\right)^2}{6} \tag{10.24}$$

から，$\phi^* = 4.46$ となり，t 分布の 5% 点は，

$$\begin{aligned}
t(4.46, 0.05) &= 0.54 \times t(4, 0.05) + 0.46 \times t(5, 0.05) \\
&= 0.54 \times 2.776 + 0.46 \times 2.571 \\
&= 2.682
\end{aligned} \tag{10.25}$$

となる．したがって，A_2 における母平均の信頼率 95% の信頼区間は，次のようになる．

$$\begin{aligned}
\bar{x}_2 \pm t(\phi^*, \alpha)\sqrt{\frac{V_R}{N} + \frac{V_E}{n_e}} &= 34.67 \pm t(4.46, 0.05)\sqrt{\frac{15.25}{12} + \frac{2.917}{4}} \\
&= 34.67 \pm 2.682 \times 1.414 \\
&= 34.67 \pm 3.79 \\
&= 30.9,\ 38.5
\end{aligned} \tag{10.26}$$

手順4　母平均の差の推定

最適水準 A_2 と水準 A_1 における母平均の差を推定する．点推定値は，各水準における平均の差である．

$$\widehat{\mu(A_2) - \mu(A_1)} = \frac{104}{3} - \frac{93}{3} = 3.67 \rightarrow 3.7 \tag{10.27}$$

差をとるとブロック間変動は相殺されるので，誤差分散だけを考えればよく，信頼率 95% の信頼区間は，次のようになる．

$$\begin{aligned}
(\bar{x}_2 - \bar{x}_1) \pm t(\phi_E, \alpha)\sqrt{\hat{V}(\bar{x}_2 - \bar{x}_1)} &= \left(\frac{104}{3} - \frac{93}{3}\right) \pm t(6, 0.05)\sqrt{\frac{2}{3} \times 2.917} \\
&= 3.67 \pm 2.447 \times 1.394 \\
&= 3.67 \pm 3.41 \\
&= 0.3,\ 7.1
\end{aligned} \tag{10.28}$$

もし，ブロック効果を無視して解析すると，表 10.6 の分散分析表が得られ，主効果 A の要因効果は認められない．

表10.6 ブロック効果を無視した分散分析表

要因	平方和 S	自由度 ϕ	平均平方 V	F_0 値	P 値	$E(V)$
A	42.0	3	14.00	2.33	15.0%	$\sigma^2 + 3\sigma_A^2$
E	48.0	8	6.00			σ^2
T	90.0	11				

$F(3,8;0.05) = 4.07, \quad F(3,8;0.01) = 7.59$

水準 A_2 における母平均および水準 A_1 との差を区間推定すると，

$$\begin{aligned}
\bar{x}_2 \pm t(\phi_E,\alpha)\sqrt{\frac{V_E}{r}} &= 34.67 \pm t(8,0.05)\sqrt{\frac{6.00}{3}} \\
&= 34.67 \pm 2.306 \times 1.414 \\
&= 34.67 \pm 3.26 \\
&= 31.4,\ 37.9
\end{aligned} \tag{10.29}$$

$$\begin{aligned}
(\bar{x}_2 - \bar{x}_1) \pm t(\phi_E,\alpha)\sqrt{\hat{V}(\bar{x}_2 - \bar{x}_1)} &= \left(\frac{104}{3} - \frac{93}{3}\right) \pm t(8,0.05)\sqrt{\frac{2}{3} \times 6.00} \\
&= 3.67 \pm 2.306 \times 2.000 \\
&= 3.67 \pm 4.61 \\
&= -0.9,\ 8.3
\end{aligned} \tag{10.30}$$

となる．誤差にブロック間変動を含んでいるため，誤差分散が大きくなり，水準間に有意差を検出できていない．

Excel 解析 8

乱　塊　法

表 10.3 のデータを Excel で解析してみる．表 10.3 では，因子 A を 4 水準に設定して繰り返し 3 回の実験を考える．12 回の実験を 1 日でするのが難しいため，3 日に分けて実験することにした．各水準を 1 回ずつ計 4 回の実験をランダムな順に 1 日で実施する．

表 10.3(再掲)　データ表

	R_1(1 日目)	R_2(2 日目)	R_3(3 日目)
A_1	29	34	30
A_2	31	36	37
A_3	31	34	33
A_4	28	29	32

手順 1　データの整理

1)　データを入力して整理する

操作 1　セル B2:D5 にデータを入力して，データ表を作成する．A, R 各水準の合計と総計を計算しておく．

	A	B	C	D	E	F
1	■データ表	R1	R2	R3	合計	
2	A1	29	34	30	93	
3	A2	31	36	37	104	操作 1
4	A3	31	34	33	98	
5	A4	28	29	32	89	
6	合計	119	133	132	384	

図 10.2　データ表

2)　データをグラフ化する

操作 2　データ範囲 A1:D5 を指定して，「挿入」タブの「折れ線」から「マーカー付き折れ線」を選ぶと，折れ線グラフが表示される．「軸の書式設定(F)」においてグラフを整形する．

グラフ用データ表					
	A	B	C	D	E
1	■データ表	R_1	R_2	R_3	合計
2	A_1	29	34	30	93
3	A_2	31	36	37	104
4	A_3	31	34	33	98
5	A_4	28	29	32	89
6	合計	119	133	132	384
7	■平方和の計算				
8	修正項CT	12288			
9	総平方和S_T	90			
10	要因A平方和S_A	42			
11	ブロック間平方和S_R	30.5			

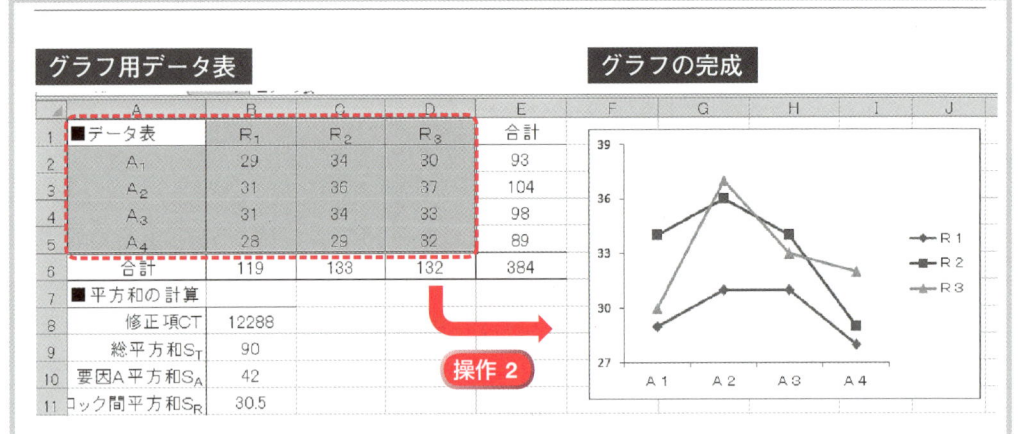

図10.3 グラフ化

3) 平方和を計算する

- 操作3　修正項 CT　[B8]=E6^2/12
- 操作4　総平方和 S_T　[B9]=SUMSQ(B2:D5)−B8
- 操作5　要因平方和 S_A　[B10]=SUMSQ(E2:E5)/3−B8
- 操作6　要因平方和 S_R　[B11]=SUMSQ(B6:D6)/4−B8
- 操作7　誤差平方和 S_E　[B12]=B9−(B10+B11)

	A	B	C	D	E
1	■データ表	R_1	R_2	R_3	合計
2	A_1	29	34	30	93
3	A_2	31	36	37	104
4	A_3	31	34	33	98
5	A_4	28	29	32	89
6	合計	119	133	132	384
7	■平方和の計算				
8	修正項CT	12288			
9	総平方和S_T	90			
10	要因A平方和S_A	42			
11	ブロック間平方和S_R	30.5			
12	誤差平方和S_E	17.5			

図10.4 平方和の計算

手順2　分散分析表の作成

- 操作8　平方和と自由度
  - S_A　[B15]=B10　　ϕ_A　[C15]=3
  - S_R　[B16]=B11　　ϕ_R　[C16]=2
  - S_T　[B18]=B9　　ϕ_T　[C18]=11

S_E　[B17]=B12　　　　　ϕ_E　[C17]=C18−(C15+C16)

操作9　平均平方　[D15]=B15/C15，[D15] を [D16:D17] にコピーする．

操作10　F_0 値　[E15]=D15/$D$17，[E15] を [E16] にコピーする．

操作11　P 値　[F15]=FDIST(E15,C15,$C$17)，[F15] を [F16] にコピーする．

操作12　F 境界値　[G15]=FINV(0.05,C15,$C$17)，[G15] を [G16] にコピーする．

注）Excel 2010 では，F.INV.RT(0.05,C15,$C$17) を使用

	A	B	C	D	E	F	G
7	■平方和の計算						
8	修正項CT	12288					
9	総平方和S_T	90					
10	要因A平方和S_A	42					
11	ブロック間平方和S_R	30.5					
12	誤差平方和S_E	17.5					
13	■分散分析表						分散分析表
14	要因	平方和S	自由度φ	平均平方V	F_0値	P値	F境界値
15	要因A	42.0	3	14.00	4.80	4.9%	4.76
16	ブロック因子R	30.5	2	15.25	5.23	4.8%	5.14
17	誤差E	17.5	6	2.92			
18	全体T	90.0	11				

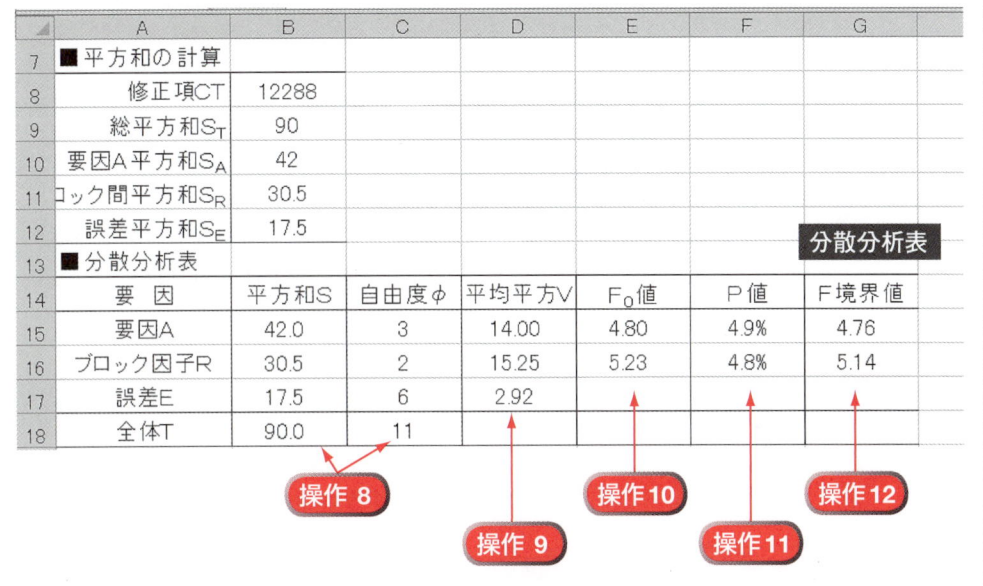

図 10.5　分散分析表

手順3　最適水準の決定と母平均の推定

1) 最適水準の決定

A が最大となるのは E2:E5 の中で最大となる水準 A_2 である．因子 R はブロック因子だから考えない．最適水準は A_2 である．

2) ブロック間変動の推定

操作13　ブロック間変動の大きさ　[C20]=(D16-D17)/4

3) A_2 における母平均の点推定

操作14　点推定値　[C21]=E3/3

4) A_2 における母平均の信頼率 95％での区間推定

操作15　等価自由度

V_R/N　[E22]=D16/12

V_E/n_e　[E23]=D17/4

ϕ^* [C22]=(E22+E23)^2/(E22^2/C16+E23^2/C17)

操作16 t 分布点 [C24]=(5-C22)∗TINV(0.05,4)+(C22-4)∗TINV(0.05,5)

注）Excel 2010 では，
(5-C22)∗T.INV.2T(0.05,4)+(C22-4)∗T.INV.2T(0.05,5) を使用

操作17 信頼区間の幅 [C25]=C24∗SQRT(E22+E23)

操作18 信頼下限 [C26]=C21−C25

操作19 信頼上限 [C27]=C21+C25

手順4 母平均の差の推定

1) 最適水準 A_2 と水準 A_1 における母平均の差の点推定

   操作20 母平均の差 [H21]=E3/3−E2/3

2) A_2 と A_1 における母平均の差の区間推定

   操作21 信頼区間の幅 [H25]=TINV(0.05,C17)∗SQRT(2∗D17/3)

   注）Excel 2010 では，T.INV.2T(0.05,C17)∗SQRT(2∗D17/3) を使用

   操作22 信頼下限 [H26]=H21−H25

   操作23 信頼上限 [H27]=H21+H25

	A	B	C	D	E	F	G	H
13	■分散分析表							
14	要因	平方和S	自由度φ	平均平方V	F_0値	P値	F境界値	
15	要因A	42.0	3	14.00	4.80	4.9%	4.76	
16	ブロック因子R	30.5	2	15.25	5.23	4.8%	5.14	
17	誤差E	17.5	6	2.92				
18	全体T	90.0	11					
19			■A_2における母平均の推定					
20		ブロック間変動	3.08				■A_2とA_1の差	
21		点推定	34.67				点推定値	3.67
22		等価自由度	4.46	VR/N	1.2708333			
23				VE/ne	0.7291667			
24		t分布点	2.68					
25		区間幅	3.79				区間幅	3.41
26		信頼下限	30.88				信頼下限	0.25
27		信頼上限	38.46				信頼上限	7.08

操作13 〜 操作19　　　　操作20 〜 操作23

図 10.6　推定

10.4 分割法

　実験や製造工程において，いくつかの段階を踏むことがある．たとえば，まず原材料を混ぜて反応させ，次に添加剤を入れて加熱し，最後に成形するような場合である．このとき，たくさんの因子を完全ランダマイズする実験では，原材料を混ぜて反応させ添加剤を入れて加熱し成形するという一連の作業を設定されたそれぞれの水準において実験しなければならない．同じ原材料を使う実験でも，まとめてしてはいけない．最初の原材料を混ぜるところから最後の成形までをしなければならない．

　同じ作業があればまとめて実施する方が効率がよい．同じ原材料のものがあればまとめて作り，それをいくつかに分けてそれぞれに異なる添加剤を入れて加熱し，さらにいくつかに分けてそれぞれに異なる成形条件で成形すると，原材料の調合や加熱をその都度しなくてもよい．また，水準変更をすることが容易でない因子があれば，その因子の水準を設定したら残りの因子の水準について一通り実験した方が効率よくできる．このようにいくつかの段階に分けて実験を実施する方法が分割法である．

　因子 A（3水準）と因子 B（4水準）を取り上げた繰り返し2回の二元配置実験において，因子 A は水準変更が難しいため，2段階に分けて，次のような手順に従って実験を行うことを考える．

①　まず，因子 A（3水準）の実験順序をランダムに決める．例えば，$A_3 \to A_1 \to A_2$
②　水準 A_3 について，因子 B（4水準）の実験順序をランダムに決め，4回の実験を行う．次に，A_1 水準，A_2 水準の順に実験する．
③　①と②をもう一度反復して，各水準組合せで2回実験する．

最初に水準を設定する因子を1次因子，次に設定する因子を2次因子という．さらに分割するときには3次因子も出てくる．

10.5 分割実験の解析

10.5.1 分割実験におけるデータの構造

　実験を段階的に分けるたびに，誤差が出てくる．1次因子の水準設定で生じる誤差が1次誤差，2次因子の水準設定で生じる誤差が2次誤差となる．たとえば，1次因子 A を水準 A_3 に設定したときに生じた誤差は，そのあとの2次因子 B の四つのすべての水準に対して同じように影響を及ぼしており，これに B の水準設定をしたときに生じた2次誤差が加わる．つまり，2種類の誤差が存在することになる．

　各要因にはどの段階のものかを示す次数が与えられる．主効果の次数は因子の次数

である．つまり1次因子の主効果は1次要因である．交互作用の次数は，それを構成する因子の次数の高い方の次数になる．たとえば，1次因子と2次因子の交互作用は2次要因となる．そして，1次要因は1次誤差で，2次要因は2次誤差で要因効果を調べる．反復は0次要因とする．

分散分析はデータの構造式に基づいて行われる．取り上げる要因を次数ごとに分けて，誤差構造がわかるように表現する．以下に，因子 A（3水準），因子 B（4水準），[因子 C（2水準）] に対して，反復を2回するときのいろいろな分割実験の構造を，データの構造式と図で示す．四角で囲った単位の中でランダムに実験順序を決めることを表している．

(1) 繰り返しのある二元配置実験

$$x_{ijk} = \mu + a_i + b_j + (ab)_{ij} + \varepsilon_{ijk} \tag{10.31}$$

完全ライダマイズだから，24回の実験が一つの四角で囲われる．

図 10.7 繰り返しのある二元配置実験

(2) 繰り返しのない二元配置実験の反復（乱塊法）

$$x_{ijk} = \mu + r_k + a_i + b_j + (ab)_{ij} + \varepsilon_{ijk} \tag{10.32}$$

各水準組合せで1回ずつの12回の実験を2回反復する．それぞれの反復において実験順序がライダマイズされる．

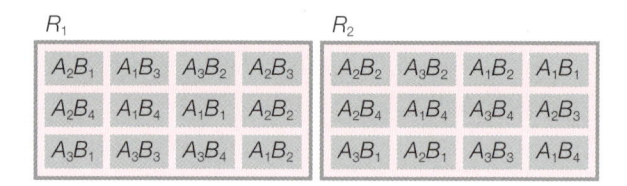

図 10.8 繰り返しのない二元配置実験の反復（乱塊法）

(3) A を1次因子，B を2次因子とした反復のある分割実験

$$x_{ijk} = \mu + \underbrace{r_k}_{0 次} + \underbrace{a_i + \varepsilon_{(1)ik}}_{1 次} + \underbrace{b_j + (ab)_{ij} + \varepsilon_{(2)ijk}}_{2 次} \tag{10.33}$$

まず A の三つの四角をランダムに順序を決め，次にその四角の中で B の四つの順序をランダムに決める．これを2回反復する．

第 10 章　乱塊法と分割法

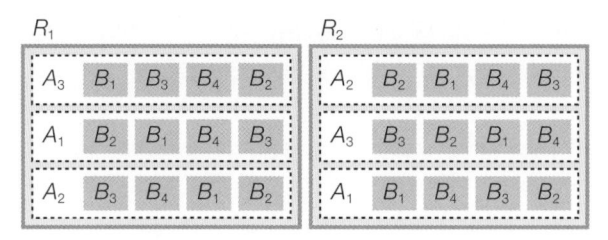

図 10.9　A を 1 次因子，B を 2 次因子とした反復のある分割実験

(4)　A を 1 次因子，B を 2 次因子とした反復のない分割実験

$$x_{ij} = \mu + \underbrace{a_i + \varepsilon_{(1)i}}_{1 \text{次}}{}^{\text{交絡}} + \underbrace{b_j + (ab)_{ij} + \varepsilon_{(2)ij}}_{2 \text{次}}{}^{\text{交絡}} \tag{10.34}$$

反復がないため，1 次誤差と 1 次因子の主効果，および 2 次誤差と交互作用が交絡する．

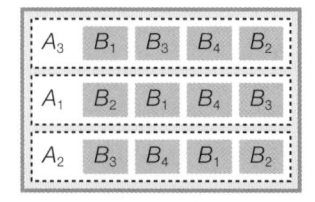

図 10.10　A を 1 次因子，B を 2 次因子とした反復のない分割実験

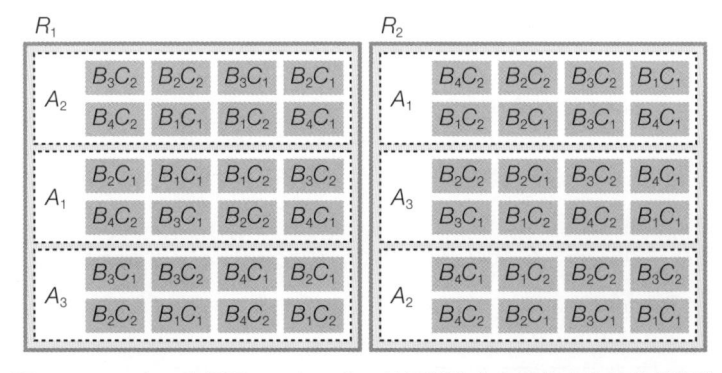

(5)　A を 1 次因子，B と C を 2 次因子とした反復のある分割実験

$$x_{ijkl} = \mu + \underbrace{r_l}_{0 \text{次}} + \underbrace{a_i + \varepsilon_{(1)il}}_{1 \text{次}} + \underbrace{b_j + c_k + (ab)_{ij} + (ac)_{ik} + (bc)_{jk} + (abc)_{ijk} + \varepsilon_{(2)ijkl}}_{2 \text{次}} \tag{10.35}$$

まず A の三つの四角をランダムに順序を決め，次にその四角の中で BC の 8 通りの水準組合せをランダムに決める．これを 2 回反復する．

図 10.11　A を 1 次因子，B と C を 2 次因子とした反復のある分割実験

(6)　A と B を 1 次因子，C を 2 次因子とした反復のある分割実験

$$x_{ijkl} = \mu + \underbrace{r_l}_{0 \text{次}} + \underbrace{a_i + b_j + (ab)_{ij} + \varepsilon_{(1)ijl}}_{1 \text{次}} + \underbrace{c_k + (ac)_{ik} + (bc)_{jk} + (abc)_{ijk} + \varepsilon_{(2)ijkl}}_{2 \text{次}} \tag{10.36}$$

まず AB の水準組合せを示す 12 個の四角をランダムに順序を決め，次にその四角の中で C の二つをランダムに決める．これを 2 回反復する．

R_1

A_2B_1	C_2	C_1	A_2B_3	C_2	C_1
A_2B_4	C_1	C_2	A_1B_4	C_2	C_1
A_3B_1	C_1	C_2	A_3B_3	C_1	C_2
A_1B_3	C_2	C_1	A_1B_2	C_1	C_2
A_2B_2	C_2	C_1	A_1B_1	C_1	C_2
A_3B_2	C_1	C_2	A_3B_4	C_2	C_1

R_2

A_1B_4	C_2	C_1	A_2B_3	C_2	C_1
A_2B_4	C_1	C_2	A_3B_2	C_2	C_1
A_1B_1	C_1	C_2	A_3B_4	C_1	C_2
A_2B_2	C_2	C_1	A_1B_3	C_1	C_2
A_1B_2	C_2	C_1	A_3B_1	C_1	C_2
A_2B_1	C_1	C_2	A_3B_3	C_2	C_1

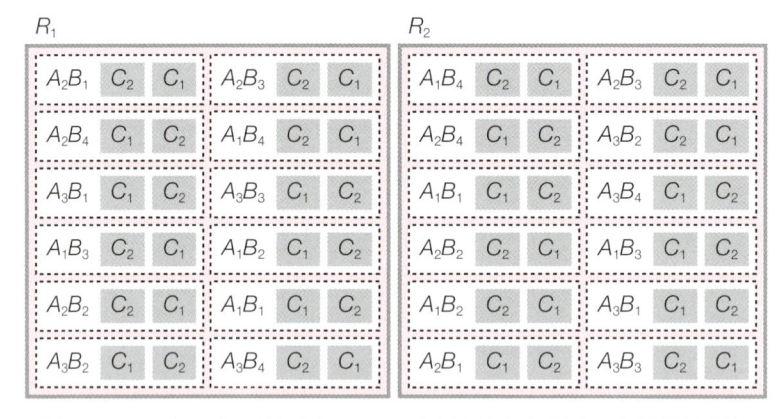

図10.12　A と B を 1 次因子，C を 2 次因子とした反復のある分割実験

(7) A と B を 1 次因子，C を 2 次因子とした反復のない分割実験

$$x_{ijk} = \mu + \underbrace{a_i + b_j + (ab)_{ij} + \varepsilon_{(1)ij}}_{1 \text{次}} + \underbrace{c_k + (ac)_{ik} + (bc)_{jk} + (abc)_{ijk} + \varepsilon_{(2)ijk}}_{2 \text{次}} \quad (10.37)$$

（交絡，交絡）

反復をしていないため，AB の組合せでは 1 回しか実験しないので，交互作用は検出できない．

A_2B_1	C_2	C_1	A_2B_3	C_2	C_1
A_2B_4	C_1	C_2	A_1B_4	C_2	C_1
A_3B_1	C_1	C_2	A_3B_3	C_1	C_2
A_1B_3	C_2	C_1	A_1B_2	C_1	C_2
A_2B_2	C_2	C_1	A_1B_1	C_1	C_2
A_3B_2	C_1	C_2	A_3B_4	C_2	C_1

図10.13　A と B を 1 次因子，C を 2 次因子とした反復のない分割実験

(8) A と B を 1 次因子，C を 2 次因子とした反復のない分割実験で，1 次因子に繰り返しを行う実験

$$x_{ijkl} = \mu + \underbrace{a_i + b_j + (ab)_{ij} + \varepsilon_{(1)ijl}}_{1 \text{次}} + \underbrace{c_k + (ac)_{ik} + (bc)_{jk} + (abc)_{ijk} + \varepsilon_{(2)ijkl}}_{2 \text{次}} \quad (10.38)$$

繰り返しをしているため，誤差と要因は交絡していないが，繰り返しによる違いを検出することはできない．

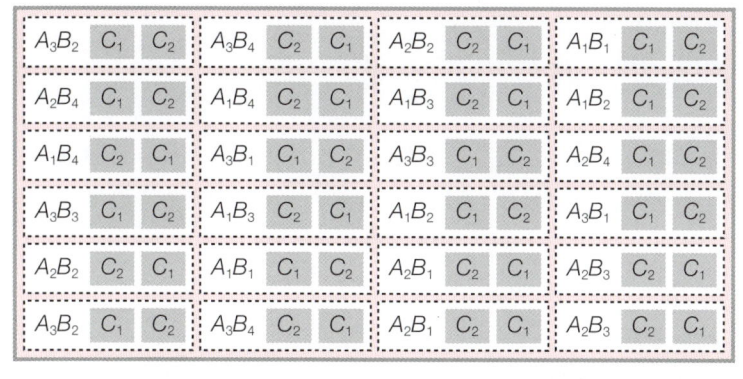

図 10.14 A と B を 1 次因子，C を 2 次因子とした反復のない分割実験で，1 次因子に繰り返しを行う実験

(9) A を 1 次因子，B を 2 次因子，C を 3 次因子とした反復のある分割実験

$$x_{ijkl} = \mu + \underbrace{r_l}_{0次} + \underbrace{a_i + \varepsilon_{(1)il}}_{1次} + \underbrace{b_j + (ab)_{ij} + \varepsilon_{(2)ijl}}_{2次}$$
$$+ \underbrace{c_k + (ac)_{ik} + (bc)_{jk} + (abc)_{ijk} + \varepsilon_{(3)ijkl}}_{3次} \tag{10.39}$$

まず A の三つの四角をランダムに順序を決め，次にその四角の中で B の 4 通りの水準をランダムに決める．さらにその四角の中で C の 2 通りの水準をランダムに決める．これを 2 回反復する．

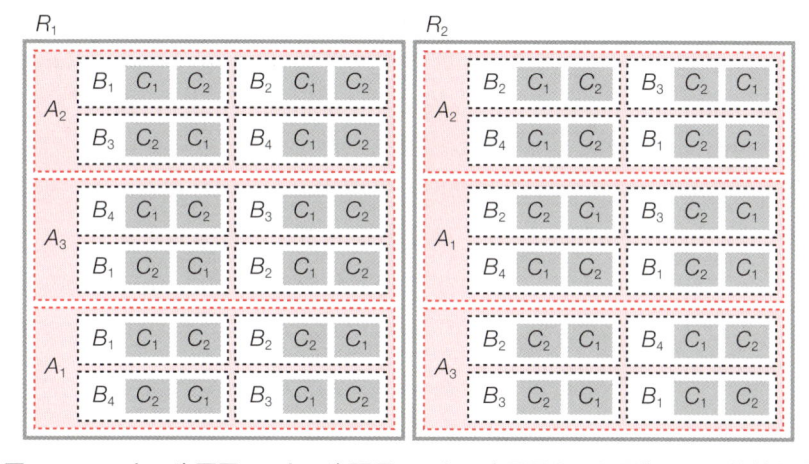

図 10.15 A を 1 次因子，B を 2 次因子，C を 3 次因子とした反復のある分割実験

10.5.2 誤差平方和の計算

要因平方和はこれまでと同じ方法で求めるが，各要因が何次要因であるかを考える．A を 1 次因子，B を 2 次因子とした反復 R のある分割実験(3)で起こりうる七つの要因とその次数を挙げると

　　0 次要因：R

1次要因：$A, A \times R$

　　2次要因：$B, A \times B, B \times R, A \times B \times R$

となる．

　1次要因の中では $A \times R$ は考えないので，これが1次誤差 $E_{(1)}$ と見なされる．また，2次要因の中では $B \times R$ と $A \times B \times R$ は考えないので，これらが2次誤差 $E_{(2)}$ と見なされるが，総平方和から要因平方和の合計を引くことで

$$S_{E(2)} = S_T - (S_R + S_A + S_{E(1)} + S_B + S_{A \times B}) \tag{10.40}$$

から求めることもできる．

　分割実験(9)では，次の15の要因がある．このうち反復 R にかかわる交互作用は誤差と見なされ，それぞれ1次誤差，2次誤差，3次誤差となる．

　　0次要因：R

　　1次要因：$A, A \times R$

　　2次要因：$B, A \times B, B \times R, A \times B \times R$

　　3次要因：$C, A \times C, B \times C, A \times B \times C, C \times R, A \times C \times R, B \times C \times R,$
　　　　　　$A \times B \times C \times R$

10.5.3　分散分析表

　次数の低いものから順に要因を並べて分散分析表にまとめる．誤差は分割した段階に応じて現れる．反復 R と1次要因は1次誤差で検定し，1次誤差と2次要因は2次誤差で検定する．また，プーリングを行う場合には，反復 R と1次要因は1次誤差へ，1次誤差と2次要因は2次誤差へプーリングする．

　平均平方の期待値において，1次要因には1次誤差が共通に現れるが，2次要因には1次誤差は現れない．1次要因の水準を固定してから2次要因の水準を変更して実験しているため，2次要因の平方和には1次要因の変動が含まれないからである．

　以上をまとめた分散分析表は表10.7のようになる．

　それぞれの誤差分散の推定値は $E(V)$ から求められる．

表10.7　分散分析表

要因	平方和 S	自由度 ϕ	平均平方 V	F_0 値	P 値	$E(V)$
R	S_R	ϕ_R	V_R	$V_R/V_{E(1)}$	P_R	$\sigma_{(2)}^2 + b\sigma_{(1)}^2 + ab\sigma_R^2$
A	S_A	ϕ_A	V_A	$V_A/V_{E(1)}$	P_A	$\sigma_{(2)}^2 + b\sigma_{(1)}^2 + br\sigma_A^2$
$E_{(1)}$	$S_{E(1)}$	$\phi_{E(1)}$	$V_{E(1)}$	$V_{E(1)}/V_{E(2)}$	$P_{E(1)}$	$\sigma_{(2)}^2 + b\sigma_{(1)}^2$
B	S_B	ϕ_B	V_B	$V_B/V_{E(2)}$	P_B	$\sigma_{(2)}^2 + ar\sigma_B^2$
$A \times B$	$S_{A \times B}$	$\phi_{A \times B}$	$V_{A \times B}$	$V_{A \times B}/V_{E(2)}$	$P_{A \times B}$	$\sigma_{(2)}^2 + r\sigma_{A \times B}^2$
$E_{(2)}$	$S_{E(2)}$	$\phi_{E(2)}$	$V_{E(2)}$			$\sigma_{(2)}^2$
T	S_T	ϕ_T				

$$E(V_R) = \sigma_{(2)}^2 + b\sigma_{(1)}^2 + ab\sigma_R^2 \tag{10.41}$$

$$E[V_{E(1)}] = \sigma_{(2)}^2 + b\sigma_{(1)}^2 \tag{10.42}$$

$$E[V_{E(2)}] = \sigma_{(2)}^2 \tag{10.43}$$

より，反復，1次誤差，2次誤差のばらつきは次のようになる．

$$\hat{\sigma}_R^2 = \frac{V_R - V_{E(1)}}{ab} \tag{10.44}$$

$$\hat{\sigma}_{(1)}^2 = \frac{V_{E(1)} - V_{E(2)}}{b} \tag{10.45}$$

$$\hat{\sigma}_{(2)}^2 = V_{E(2)} \tag{10.46}$$

10.5.4 最適水準の決定と母平均の推定

最適水準の決め方とそのときの母平均の点推定の求め方は，二元配置や多元配置の方法とまったく同じであり，反復 R については乱塊法と同じに扱う．

一般に，母平均の信頼区間は，

$$点推定値 \pm t(自由度, \alpha)\sqrt{\hat{V}(点推定量)} \tag{10.47}$$

となるので，点推定量の分散とその自由度を適切に求めればよい．

A を1次因子，B を2次因子とした反復 R のある分割実験(3)では，A_iB_j 水準におけるデータの分散は

$$V(x_{ijk}) = V[\mu + r_k + a_i + \varepsilon_{(1)ik} + b_j + (ab)_{ij} + \varepsilon_{(2)ijk}] = \sigma_R^2 + \sigma_{(1)}^2 + \sigma_{(2)}^2 \tag{10.48}$$

だから，A_iB_j 水準における平均の分散は，

$$V(\bar{x}_{ij}) = \frac{\sigma_R^2 + \sigma_{(1)}^2 + \sigma_{(2)}^2}{r} \tag{10.49}$$

となり，この推定値は

$$\hat{V}(\bar{x}_{ij}) = \frac{\hat{\sigma}_R^2 + \hat{\sigma}_{(1)}^2 + \hat{\sigma}_{(2)}^2}{r} = \frac{1}{r} \times \frac{V_R - V_{E(1)}}{ab} + \frac{1}{r} \times \frac{V_{E(1)} - V_{E(2)}}{b} + \frac{V_{E(2)}}{r} \tag{10.50}$$

で与えられる．一般には，総データ数 N，有効反復数 $n_{e(1)}, n_{e(2)}$ を用いて

$$\hat{V}(\bar{x}_{ij}) = \frac{V_R}{N} + \frac{V_{E(1)}}{n_{e(1)}} + \frac{V_{E(2)}}{n_{e(2)}} \tag{10.51}$$

と表される．ここで，i 次誤差の有効反復数 $n_{e(i)}$ は

$$\frac{1}{n_{e(i)}} = \frac{点推定に用いた i 次要因の自由度の和}{N} \tag{10.52}$$

となる．反復 R は0次要因なので含まれない．

反復 R の効果がなかったり，誤差にプーリングされたりしたとき，A_iB_j 水準におけるデータの分散は

$$V(x_{ijk}) = V[\mu + a_i + \varepsilon'_{(1)ik} + b_j + (ab)_{ij} + \varepsilon_{(2)ijk}] = \sigma_{(1)}^2 + \sigma_{(2)}^2 \tag{10.53}$$

だから，$A_i B_j$ 水準における平均の分散は，

$$V(\bar{x}_{ij}) = \frac{\sigma_{(1)}^2 + \sigma_{(2)}^2}{r} \tag{10.54}$$

となり，この推定値は

$$\hat{V}(\bar{x}_{ij}) = \frac{\hat{\sigma}_{(1)}^2 + \hat{\sigma}_{(2)}^2}{r} = \frac{1}{r} \times \frac{V_{E'(1)} - V_{E(2)}}{b} + \frac{V_{E(2)}}{r} \tag{10.55}$$

で与えられる．一般には

$$\hat{V}(\bar{x}_{ij}) = \frac{V_{E'(1)}}{N} + \frac{V_{E'(1)}}{n_{e(1)}} + \frac{V_{E(2)}}{n_{e(2)}} \tag{10.56}$$

と表される．

10.5.5　データの予測

一般に，データの予測区間は，

$$\text{点推定値} \pm t(\text{自由度}, \alpha)\sqrt{\hat{V}(\text{点推定量}) + \hat{V}(x)} \tag{10.57}$$

となり，点推定量の分散 $\hat{V}(\bar{x}_{ij})$ に個々のデータのもつ分散 $\hat{V}(x)$ が加わる．たとえば，反復 R が存在するときは

$$\begin{aligned}\hat{V}(\bar{x}_{ij}) + \hat{V}(x) &= \frac{\hat{\sigma}_R^2 + \hat{\sigma}_{(1)}^2 + \hat{\sigma}_{(2)}^2}{r} + (\hat{\sigma}_R^2 + \hat{\sigma}_{(1)}^2 + \hat{\sigma}_{(2)}^2) \\ &= \frac{r+1}{abr}[V_R + (a-1)V_{E(1)} + a(b-1)V_{E(2)}]\end{aligned} \tag{10.58}$$

となる．

たとえば，反復 R を 2 回，1 次因子 A を 3 水準，2 次因子 B を 4 水準とするとき，誤差分散の推定値は

$$\hat{\sigma}_R^2 = \frac{V_R - V_{E(1)}}{12}, \quad \hat{\sigma}_{(1)}^2 = \frac{V_{E(1)} - V_{E(2)}}{4}, \quad \hat{\sigma}_{(2)}^2 = V_{E(2)} \tag{10.59}$$

となり，個々のデータの分散の推定値は

$$\begin{aligned}\hat{V}(x) = \hat{\sigma}_R^2 + \hat{\sigma}_{(1)}^2 + \hat{\sigma}_{(2)}^2 &= \frac{V_R - V_{E(1)}}{12} + \frac{V_{E(1)} - V_{E(2)}}{4} + V_{E(2)} \\ &= \frac{1}{12}V_R + \frac{1}{6}V_{E(1)} + \frac{3}{4}V_{E(2)}\end{aligned} \tag{10.60}$$

および，点推定量の分散の推定値は

$$\hat{V}(\bar{x}_{ij}) = \frac{\hat{\sigma}_R{}^2 + \hat{\sigma}_{(1)}{}^2 + \hat{\sigma}_{(2)}{}^2}{2} = \frac{V_R - V_{E(1)}}{24} + \frac{V_{E(1)} - V_{E(2)}}{8} + \frac{V_{E(2)}}{2}$$
$$= \frac{1}{24}V_R + \frac{1}{12}V_{E(1)} + \frac{3}{8}V_{E(2)} \tag{10.61}$$

となる．したがって，

$$\hat{V}(\bar{x}_{ij}) + \hat{V}(x) = \frac{1}{8}V_R + \frac{1}{4}V_{E(1)} + \frac{9}{8}V_{E(2)} \tag{10.62}$$

が得られる．

10.5.6 母平均の差の推定

二つの水準組合せ間における母平均の差を推定する．点推定値は，それぞれの水準での母平均の点推定値の差となる．区間推定では，単位ごとに差をとってから有効反復数を求め，区間幅を計算する．たとえば，1次因子が A，2次因子が B で交互作用 $A \times B$ があるとき，各因子の効果の推定値は

$$\hat{a} = \bar{x}_A - \bar{x}, \quad \hat{b} = \bar{x}_B - \bar{x}, \quad \widehat{(ab)} = \bar{x}_{AB} - \bar{x}_A - \bar{x}_B + \bar{x} \tag{10.63}$$

で表される．これを用いてデータの構造式を単位ごとに表すと

$$\hat{\mu}(A_i B_j) = \hat{\mu} + \underbrace{\hat{a}_i}_{1\text{次}} + \underbrace{\hat{b}_j + \widehat{(ab)}_{ij}}_{2\text{次}}$$
$$= \bar{x} + \underbrace{(\bar{x}_{A_i} - \bar{x})}_{1\text{次}} + \underbrace{(\bar{x}_{B_j} - \bar{x}) + (\bar{x}_{A_i B_j} - \bar{x}_{A_i} - \bar{x}_{B_j} + \bar{x})}_{2\text{次}}$$
$$= \bar{x} + \underbrace{(\bar{x}_{A_i} - \bar{x})}_{1\text{次}} + \underbrace{(\bar{x}_{A_i B_j} - \bar{x}_{A_i})}_{2\text{次}} \tag{10.64}$$

となる．1次単位の誤差は1次誤差，2次単位の誤差は2次誤差となることから，点推定量の差の分散は

$$\hat{V} = \frac{V_{E(1)}}{n_{d(1)}} + \frac{V_{E(2)}}{n_{d(2)}} \tag{10.65}$$

と表され，各単位における有効反復数 $n_{d(1)}, n_{d(2)}$ を求める．これらは各水準組合せにおけるデータの構造式から求められるが，水準間の差をとるとき，同じ平均は消えるので，有効反復数には含めない．たとえば，反復 R を2回，1次因子 A を3水準，2次因子 B を4水準とするとき，水準 $A_2 B_3$ と水準 $A_2 B_4$ における母平均の差を考えるとき，1次単位および2次単位の平均は，因子 A の水準が同じであるから相殺されて，次のようになる．

$$1\text{次単位：} (\bar{x}_{A_2} - \bar{x}) - (\bar{x}_{A_2} - \bar{x}) = 0 \tag{10.66}$$
$$2\text{次単位：} (\bar{x}_{A_2 B_3} - \bar{x}_{A_2}) - (\bar{x}_{A_2 B_4} - \bar{x}_{A_2}) = \bar{x}_{A_2 B_3} - \bar{x}_{A_2 B_4} \tag{10.67}$$

各水準組合せでは2回実験をしているため，$\bar{x}_{A_2 B_3}, \bar{x}_{A_2 B_4}$ それぞれの有効反復数は2と

なるので，各単位の有効反復数は

$$\frac{1}{n_{d(1)}} = 0, \quad \frac{1}{n_{d(2)}} = 2 \times \frac{1}{2} = 1 \tag{10.68}$$

となる．同様に考えると，水準 A_2B_3 と水準 A_1B_4 における母平均の差では，各単位の平均は，

$$1\text{次単位}: (\bar{x}_{A_2} - \bar{x}) - (\bar{x}_{A_1} - \bar{x}) = \bar{x}_{A_2} - \bar{x}_{A_1} \tag{10.69}$$

$$2\text{次単位}: (\bar{x}_{A_2B_3} - \bar{x}_{A_2}) - (\bar{x}_{A_1B_4} - \bar{x}_{A_1}) \tag{10.70}$$

となり，有効反復数は

$$\frac{1}{n_{d(1)}} = 2 \times \frac{1}{8} = \frac{1}{4}, \quad \frac{1}{n_{d(2)}} = 2 \times \left(\frac{1}{2} - \frac{1}{8}\right) = \frac{3}{4} \tag{10.71}$$

となる．サタースウェイトの等価自由度は，

$$\frac{\left(\dfrac{V_{E(1)}}{n_{d(1)}} + \dfrac{V_{E(2)}}{n_{d(2)}}\right)^2}{\phi^*} = \frac{\left(\dfrac{V_{E(1)}}{n_{d(1)}}\right)^2}{\phi_{E(1)}} + \frac{\left(\dfrac{V_{E(2)}}{n_{d(2)}}\right)^2}{\phi_{E(2)}} \tag{10.72}$$

から求め，そのときの t 分布の5%点は線形補間で求める．

10.6 分割法の解析例

ある成形部品の強度を高めるために，原料組成 A（3水準），添加剤の種類 B（2水準），成形条件 C（2水準）を取り上げて実験を行うことになった．まず原料組成 A による素材を生成し（第1段階），これを四つに分けて添加物 B を入れて成形 C を行い（第2段階），強度を測定する．因子 A を1次因子，因子 B, C を2次因子とした反復 R（2回）の分割実験(5)となる．

$$x_{ijkl} = \mu + \underbrace{r_l}_{0次} + \underbrace{a_i + \varepsilon_{(1)il}}_{1次} + \underbrace{b_j + c_k + (ab)_{ij} + (ac)_{ik} + (bc)_{jk} + (abc)_{ijk}}_{2次} + \varepsilon_{(2)ijkl} \tag{10.73}$$

このときに得られたデータを表10.8に示す．

表10.8 データ表

	R_1				R_2			
	C_1		C_2		C_1		C_2	
	B_1	B_2	B_1	B_2	B_1	B_2	B_1	B_2
A_1	13	15	19	22	16	16	20	24
A_2	26	30	21	23	28	30	24	26
A_3	19	24	18	23	18	19	20	22

手順1 データの整理

データの構造式にある添え字に注目し，1次誤差には il の添え字があるので，AR 二

元表が必要になる．このほかに，AB 二元表，AC 二元表，BC 二元表，ABC 三元表を用意して，それぞれの水準組合せにおける合計を求める．

表 10.9　二元表と三元表

	R_1	R_2	合計
A_1	69	76	145
A_2	100	108	208
A_3	84	79	163
合計	253	263	516

	B_1	B_2
A_1	68	77
A_2	99	109
A_3	75	88
合計	242	274

	C_1	C_2
A_1	60	85
A_2	114	94
A_3	80	83
合計	254	262

	C_1	C_2
B_1	120	122
B_2	134	140

	C_1		C_2	
	B_1	B_2	B_1	B_2
A_1	29	31	39	46
A_2	54	60	45	49
A_3	37	43	38	45

次に，各平方和を計算する．

$$CT = \frac{516^2}{24} = 11094 \tag{10.74}$$

$$S_T = (13^2 + 15^2 + \cdots + 22^2) - 11094 = 474.00 \tag{10.75}$$

$$S_R = \frac{253^2}{12} + \frac{263^2}{12} - 11094 = 4.17 \tag{10.76}$$

$$S_A = \frac{145^2}{8} + \frac{208^2}{8} + \frac{163^2}{8} - 11094 = 263.25 \tag{10.77}$$

$$S_B = \frac{242^2}{12} + \frac{274^2}{12} - 11094 = 42.67 \tag{10.78}$$

$$S_C = \frac{254^2}{12} + \frac{262^2}{12} - 11094 = 2.67 \tag{10.79}$$

$$S_{AR} = \frac{69^2}{4} + \frac{76^2}{4} + \frac{100^2}{4} + \frac{108^2}{4} + \frac{84^2}{4} + \frac{79^2}{4} - 11094 = 280.50 \tag{10.80}$$

$$S_{AB} = \frac{68^2}{4} + \frac{77^2}{4} + \frac{99^2}{4} + \frac{109^2}{4} + \frac{75^2}{4} + \frac{88^2}{4} - 11094 = 307.00 \tag{10.81}$$

$$S_{AC} = \frac{60^2}{4} + \frac{85^2}{4} + \frac{114^2}{4} + \frac{94^2}{4} + \frac{80^2}{4} + \frac{83^2}{4} - 11094 = 392.50 \tag{10.82}$$

$$S_{BC} = \frac{120^2}{6} + \frac{122^2}{6} + \frac{134^2}{6} + \frac{140^2}{6} - 11094 = 46.00 \tag{10.83}$$

$$S_{ABC} = \frac{29^2}{2} + \frac{31^2}{2} + \cdots + \frac{45^2}{2} - 11094 = 440.00 \tag{10.84}$$

$$S_{E(1)} = S_{AR} - S_R - S_A = 280.50 - 4.17 - 263.25 = 13.08 \tag{10.85}$$

$$S_{A\times B} = S_{AB} - S_A - S_B = 307.00 - 263.25 - 42.67 = 1.08 \tag{10.86}$$

$$S_{A\times C} = S_{AC} - S_A - S_C = 392.50 - 263.25 - 2.67 = 126.58 \tag{10.87}$$

$$S_{B\times C} = S_{BC} - S_B - S_C = 46.00 - 42.67 - 2.67 = 0.67 \tag{10.88}$$

$$S_{A\times B\times C} = S_{ABC} - S_A - S_B - S_C - S_{A\times B} - S_{A\times C} - S_{B\times C} = 3.08 \tag{10.89}$$

$$S_{E(2)} = S_T - (S_R + S_A + S_{E(1)} + S_B + S_C + S_{A\times B} + S_{A\times C} + S_{B\times C} + S_{A\times B\times C}) = 16.75 \tag{10.90}$$

自由度は,

$$\phi_T = 24 - 1 = 23 \tag{10.91}$$

$$\phi_R = 2 - 1 = 1 \tag{10.92}$$

$$\phi_A = 3 - 1 = 2 \tag{10.93}$$

$$\phi_B = 2 - 1 = 1 \tag{10.94}$$

$$\phi_C = 2 - 1 = 1 \tag{10.95}$$

$$\phi_{E(1)} = \phi_{A\times R} = 2 \times 1 = 2 \tag{10.96}$$

$$\phi_{A\times B} = 2 \times 1 = 2 \tag{10.97}$$

$$\phi_{A\times C} = 2 \times 1 = 2 \tag{10.98}$$

$$\phi_{B\times C} = 1 \times 1 = 1 \tag{10.99}$$

$$\phi_{A\times B\times C} = 2 \times 1 \times 1 = 2 \tag{10.100}$$

となる.$\phi_{E(2)}$ は総自由度から他の要因の自由度を引いて求められる.

表10.10 分散分析表

要因	平方和 S	自由度 ϕ	平均平方 V	F_0 値	P 値	$E(V)$
R	4.17	1	4.17	0.64	50.9%	$\sigma_{(2)}^2 + 4\sigma_{(1)}^2 + 12\sigma_R^2$
A	263.25	2	131.63	20.1*	4.7%	$\sigma_{(2)}^2 + 4\sigma_{(1)}^2 + 8\sigma_A^2$
$E_{(1)}$	13.08	2	6.54	3.51	7.4%	$\sigma_{(2)}^2 + 4\sigma_{(1)}^2$
B	42.67	1	42.67	22.9**	0.1%	$\sigma_{(2)}^2 + 12\sigma_B^2$
C	2.67	1	2.67	1.43	26.2%	$\sigma_{(2)}^2 + 12\sigma_C^2$
$A\times B$	1.08	2	0.54	0.29	75.4%	$\sigma_{(2)}^2 + 4\sigma_{A\times B}^2$
$A\times C$	126.58	2	63.3	34.0**	0.0%	$\sigma_{(2)}^2 + 4\sigma_{A\times C}^2$
$B\times C$	0.67	1	0.67	0.36	56.4%	$\sigma_{(2)}^2 + 6\sigma_{B\times C}^2$
$A\times B\times C$	3.08	2	1.54	0.83	46.8%	$\sigma_{(2)}^2 + 2\sigma_{A\times B\times C}^2$
$E_{(2)}$	16.75	9	1.86			$\sigma_{(2)}^2$
T	474.00	23				

$F(1,2;0.05) = 18.5$, $F(1,2;0.01) = 98.5$
$F(2,2;0.05) = 19.0$, $F(2,2;0.01) = 99.0$
$F(1,9;0.05) = 5.12$, $F(1,9;0.01) = 10.6$
$F(2,9;0.05) = 4.26$, $F(2,9;0.01) = 8.02$

手順2　分散分析表の作成

主効果 B と交互作用 $A \times C$ が高度に有意，主効果 A が有意となった．主効果 C は有意ではないが，交互作用 $A \times C$ があるので残す．また，1次誤差 $E_{(1)}$ は有意ではないが，F_0 値が小さくないので残す．反復 R は1次誤差に，交互作用 $A \times B$，$B \times C$，$A \times B \times C$ は2次誤差にプーリングして，分散分析表を作り直す．

表 10.11　プーリング後の分散分析表

要因	平方和 S	自由度 ϕ	平均平方 V	F_0 値	P 値	$E(V)$
A	263.25	2	131.63	22.9*	1.5%	$\sigma_{(2)}^2 + 4\sigma_{(1)}^2 + 8\sigma_A^2$
$E_{(1)}$	17.25	3	5.75	3.73*	3.7%	$\sigma_{(2)}^2 + 4\sigma_{(1)}^2$
B	42.67	1	42.67	27.7**	0.0%	$\sigma_{(2)}^2 + 12\sigma_B^2$
C	2.67	1	2.67	1.73	21.0%	$\sigma_{(2)}^2 + 12\sigma_C^2$
$A \times C$	126.58	2	63.29	41.1**	0.0%	$\sigma_{(2)}^2 + 4\sigma_{A \times C}^2$
$E_{(2)}$	21.58	14	1.542			$\sigma_{(2)}^2$
T	474.00	23				

$F(2,3;0.05) = 9.55$,　$F(2,3;0.01) = 30.8$
$F(1,14;0.05) = 4.60$,　$F(1,14;0.01) = 8.86$
$F(2,14;0.05) = 3.74$,　$F(2,14;0.01) = 6.51$

分散分析の結果，主効果 B と交互作用 $A \times C$ が高度に有意，主効果 A と1次誤差 $E_{(1)}$ が有意となった．誤差分散の推定値を $E(V)$ に基づいて計算する．

$$\hat{\sigma}_{(1)}^2 = \frac{V_{E(1)} - V_{E(2)}}{4} = \frac{5.75 - 1.542}{4} = 1.052 \tag{10.101}$$

$$\hat{\sigma}_{(2)}^2 = V_{E(2)} = 1.542 \tag{10.102}$$

手順3　最適水準の決定と母平均の推定

推定に用いるデータの構造式は

$$x_{ijkl} = \mu + \underbrace{a_i + \varepsilon_{(1)ijl}}_{1 次} + \underbrace{b_j + c_k + (ac)_{ik} + \varepsilon_{(2)ijkl}}_{2 次} \tag{10.103}$$

であるから，因子 AC が最大となるのは AC 二元表から水準 A_2C_1，因子 B は単独で水準 B_2 が選ばれ，最適水準は $A_2B_2C_1$ となる．

最適水準 $A_2B_2C_1$ における母平均の点推定は，A_2C_1 における平均と B_2 における平均から求める．

$$\begin{aligned}
\hat{\mu}(A_2B_2C_1) &= \widehat{\mu + a_2 + b_2 + c_1 + (ac)_{21}} \\
&= \widehat{\mu + a_2 + c_1 + (ac)_{21}} + \widehat{\mu + b_2} - \hat{\mu} \\
&= \frac{114}{4} + \frac{274}{12} - \frac{516}{24} \\
&= 29.83
\end{aligned} \tag{10.104}$$

各次数における有効反復数は

$$\frac{1}{n_{e(1)}} = \frac{2}{24} = \frac{1}{12}, \quad \frac{1}{n_{e(2)}} = \frac{1+1+2}{24} = \frac{1}{6} \tag{10.105}$$

となるので，点推定量の分散は

$$\begin{aligned}
\hat{V}(\bar{x}_{221}) &= \frac{V_{E(1)}}{N} + \frac{V_{E(1)}}{n_{e(1)}} + \frac{V_{E(2)}}{n_{e(2)}} \\
&= \left(\frac{1}{24} + \frac{1}{12}\right) V_{E(1)} + \frac{V_{E(2)}}{6} \\
&= \frac{5.75}{8} + \frac{1.542}{6} \\
&= 0.976
\end{aligned} \tag{10.106}$$

となる．サタースウェイトの等価自由度は，

$$\frac{\left(\dfrac{5.75}{8} + \dfrac{1.542}{6}\right)^2}{\phi^*} = \frac{\left(\dfrac{5.75}{8}\right)^2}{3} + \frac{\left(\dfrac{1.542}{6}\right)^2}{14} \tag{10.107}$$

から，$\phi^* = 5.38$ となり，5%点は

$$\begin{aligned}
t(5.38, 0.05) &= 0.62 \times t(5, 0.05) + 0.38 \times t(6, 0.05) \\
&= 0.62 \times 2.571 + 0.38 \times 2.447 \\
&= 2.523
\end{aligned} \tag{10.108}$$

となる．したがって，最適水準における母平均の信頼率 95% での信頼区間は，次のようになる．

$$\begin{aligned}
\hat{\mu}_{221} \pm t(\phi^*, \alpha)\sqrt{\hat{V}(\bar{x}_{221})} &= 29.83 \pm t(5.38, 0.05)\sqrt{0.976} \\
&= 29.83 \pm 2.523 \times 0.988 \\
&= 29.83 \pm 2.49 \\
&= 27.3,\ 32.3
\end{aligned} \tag{10.109}$$

手順4　データの予測

最適水準と同じ条件で新たにデータをとるとき，得られる値を予測する．点予測値は，母平均の点推定値と同じになる．

$$\hat{x}(A_2 B_2 C_1) = 29.83 \tag{10.110}$$

区間予測では，点推定量の分散にデータの分散 $\sigma_{(1)}^2 + \sigma_{(2)}^2$ が加わるから，

$$\hat{V} = \hat{V}(\bar{x}_{221}) + (\hat{\sigma}_{(1)}{}^2 + \hat{\sigma}_{(2)}{}^2)$$

$$= \frac{V_{E(1)}}{8} + \frac{V_{E(2)}}{6} + \frac{V_{E(1)} - V_{E(2)}}{4} + V_{E(2)}$$

$$= \frac{3}{8} V_{E(1)} + \frac{11}{12} V_{E(2)}$$

$$= \frac{3}{8} \times 5.75 + \frac{11}{12} \times 1.542$$

$$= 3.570 \tag{10.111}$$

である．サタースウェイトの等価自由度は，

$$\frac{\left(\dfrac{3}{8} \times 5.75 + \dfrac{11}{12} \times 1.542\right)^2}{\phi^*} = \frac{\left(\dfrac{3}{8} \times 5.75\right)^2}{3} + \frac{\left(\dfrac{11}{12} \times 1.542\right)^2}{14} \tag{10.112}$$

から，$\phi^* = 7.53$ となり，t 分布の 5% 点は

$$t(7.53, 0.05) = 0.47 \times t(7, 0.05) + 0.53 \times t(8, 0.05)$$

$$= 0.47 \times 2.365 + 0.53 \times 2.306$$

$$= 2.334 \tag{10.113}$$

となる．したがって，最適水準におけるデータの予測区間は次のようになる．

$$\hat{x}_{221} \pm t(\phi^*, \alpha)\sqrt{\hat{V}} = 29.83 \pm t(7.53, 0.05)\sqrt{3.570}$$

$$= 29.83 \pm 2.334 \times 1.889$$

$$= 29.83 \pm 4.41$$

$$= 25.4,\ 34.2 \tag{10.114}$$

手順5 母平均の差の推定

最適水準と $A_1B_1C_1$ における母平均の差を推定する．$A_1B_1C_1$ における母平均の点推定は

$$\hat{\mu}(A_1B_1C_1) = \widehat{\mu + a_1 + c_1 + (ac)_{11}} + \widehat{\mu + b_1} - \hat{\mu}$$

$$= \frac{60}{4} + \frac{242}{12} - \frac{516}{24}$$

$$= 13.67 \tag{10.115}$$

となるから，母平均の差の点推定値は次のようになる．

$$\widehat{\mu(A_2B_2C_1) - \mu(A_1B_1C_1)} = 29.83 - 13.67 = 16.17 \tag{10.116}$$

区間推定では，単位ごとに差をとって考える．データの構造式から

$$
\begin{aligned}
\hat{\mu}(A_iB_jC_k) &= \hat{\mu} + \underbrace{\hat{a}_i}_{1\text{次}} + \underbrace{\hat{b}_j + \hat{c}_k + \widehat{(ac)}_{ik}}_{2\text{次}} \\
&= \bar{x} + \underbrace{(\bar{x}_{A_i} - \bar{x})}_{1\text{次}} + \underbrace{(\bar{x}_{B_j} - \bar{x}) + (\bar{x}_{C_k} - \bar{x}) + (\bar{x}_{A_iC_k} - \bar{x}_{A_i} - \bar{x}_{C_k} + \bar{x})}_{2\text{次}} \\
&= \bar{x} + \underbrace{(\bar{x}_{A_i} - \bar{x})}_{1\text{次}} + \underbrace{(\bar{x}_{B_j} + \bar{x}_{A_iC_k} - \bar{x}_{A_i} - \bar{x})}_{2\text{次}}
\end{aligned}
\tag{10.117}
$$

より，$\hat{\mu}(A_2B_2C_1)$ と $\hat{\mu}(A_1B_1C_1)$ で共通の平均を消すと，

$$
\hat{\mu}(A_2B_2C_1) - \hat{\mu}(A_1B_1C_1) = \underbrace{\bar{x}_{A_2} - \bar{x}_{A_1}}_{1\text{次}} + \underbrace{(\bar{x}_{B_2} + \bar{x}_{A_2C_1} - \bar{x}_{A_2}) - (\bar{x}_{B_1} + \bar{x}_{A_1C_1} - \bar{x}_{A_1})}_{2\text{次}}
\tag{10.118}
$$

となるので，各単位の有効反復数は

$$
\frac{1}{n_{d(1)}} = 2 \times \frac{1}{8} = \frac{1}{4}, \quad \frac{1}{n_{d(2)}} = 2 \times \left(\frac{1}{12} + \frac{1}{4} - \frac{1}{8}\right) = \frac{5}{12}
\tag{10.119}
$$

となり，点推定量の差の分散は

$$
\begin{aligned}
\hat{V}(\bar{x}_{221} - \bar{x}_{111}) &= \frac{V_{E(1)}}{n_{d(1)}} + \frac{V_{E(2)}}{n_{d(2)}} \\
&= \frac{5.75}{4} + \frac{5}{12} \times 1.542 \\
&= 2.080
\end{aligned}
\tag{10.120}
$$

となる．サタースウェイトの等価自由度は，

$$
\frac{\left(\frac{5.75}{4} + \frac{5}{12} \times 1.542\right)^2}{\phi^*} = \frac{\left(\frac{5.75}{4}\right)^2}{3} + \frac{\left(\frac{5}{12} \times 1.542\right)^2}{14}
\tag{10.121}
$$

から，$\phi^* = 6.02$ となり，5%点は

$$
\begin{aligned}
t(6.02, 0.05) &= 0.98 \times t(6, 0.05) + 0.02 \times t(7, 0.05) \\
&= 0.98 \times 2.447 + 0.02 \times 2.365 \\
&= 2.445
\end{aligned}
\tag{10.122}
$$

となる．したがって，最適水準と $A_1B_1C_1$ との母平均の差の信頼区間は次のようになる．

$$
\begin{aligned}
\hat{\mu}_{221} - \hat{\mu}_{111} \pm t(\phi^*, \alpha)\sqrt{\hat{V}(\bar{x}_{221} - \bar{x}_{111})} &= 16.17 \pm t(6.02, 0.05)\sqrt{2.080} \\
&= 16.17 \pm 2.445 \times 1.442 \\
&= 16.17 \pm 3.53 \\
&= 12.6,\ 19.7
\end{aligned}
\tag{10.123}
$$

Excel 解析 9

分 割 法

　表 10.8 のデータを Excel で解析してみる．表 10.8 は，ある成形部品の強度を高めるために，原料組成 A（3 水準），添加剤の種類 B（2 水準），成形条件 C（2 水準）を取り上げて実験を行うことになった．まず原料組成 A による素材を生成し（第 1 段階），これを四つに分けて添加物 B を入れて成形 C を行い（第 2 段階），強度を測定する．因子 A を 1 次因子，因子 B, C を 2 次因子とした反復 R（2 回）の分割実験(5)となる．このときに得られたデータを表 10.8 に再掲する．

表 10.8(再掲)　データ表

	R_1				R_2			
	C_1		C_2		C_1		C_2	
	B_1	B_2	B_1	B_2	B_1	B_2	B_1	B_2
A_1	13	15	19	22	16	16	20	24
A_2	26	30	21	23	28	30	24	26
A_3	19	24	18	23	18	19	20	22

手順 1　データの整理

1) データを入力して整理する

　操作 1　列方向に 1 次因子，行方向に 2 次因子として，データを B4:I6 に入力する．

　操作 2　J 列には因子 A，行 7 には因子 B の各水準の合計を求める．

	A	B	C	D	E	F	G	H	I	J
1	■データ表									
2			R_1				R_2			
3		C_1		C_2		C_1		C_2		合計
		B_1	B_2	B_1	B_2	B_1	B_2	B_1	B_2	
4	A_1	13	15	19	22	16	16	20	24	145
5	A_2	26	30	21	23	28	30	24	26	208
6	A_3	19	24	18	23	18	19	20	22	163
7	合計	58	69	58	68	62	65	64	72	516

　　　　　　　　　　　　　　　　　　　　操作 1 ～ **操作 2**

図 10.16　データ表の作成

　また，交互作用を求めるために AR, AB, AC, BC の二元表および ABC 三元表を作成し，各水準組合せにおける合計を求める．因子 R, B, C の各水準の合計も二元表で求めておく．以下にいくつか入力例を示す．

　操作 3　水準 $A_1 R_1$ の合計　[B11]=SUM(B4:E4)

　操作 4　水準 $A_1 B_1$ の合計　[E11]=B4+D4+F4+H4

操作5　水準 A_1C_1 の合計［H11］=B4+C4+F4+G4

操作6　水準 B_1C_1 の合計［B17］=SUM(B4:B6)+SUM(F4:F6)

操作7　水準 $A_1B_1C_1$ の合計［F18］=B4+F4

	A	B	C	D	E	F	G	H	I
9	■AR二元表			■AB二元表			■AC二元表		
10		R_1	R_2		B_1	B_2		C_1	C_2
11	A_1	69	76	A_1	68	77	A_1	60	85
12	A_2	100	108	A_2	99	109	A_2	114	94
13	A_3	84	79	A_3	75	88	A_3	80	83
14	合計	253	263	合計	242	274	合計	254	262
15	■BC二元表				■ABC三元表				
16		C_1	C_2			C_1		C_2	
17	B1	120	122			B_1	B_2	B_1	B_2
18	B2	134	140		A_1	29	31	39	46
19					A_2	54	60	45	49
20	操作3 ～ 操作7				A_3	37	43	38	45

図 10.17　二元表と三元表の作成

2）データをグラフ化する

主効果と2因子交互作用のグラフを作成する．一つのグラフにまとめるために，データ配列を作り直す．

操作8　L列には横軸にくる水準名を入れる．

操作9　因子 R の各水準の平均［M2］=B14/12，［M3］=C14/12

操作10　因子 A の各水準の平均［N4］=J4/8，［N4］を［N5:N6］にコピーする．

操作11　因子 B の各水準の平均［O7］=E14/12，［O8］=F14/12

操作12　因子 C の各水準の平均［P9］=H14/12，［P10］=I14/12

操作13　AB の各水準組合せの平均［Q11］=E11/4，［Q11］を［Q11:R13］にコピーする．

操作14　AC の各水準組合せの平均［S14］=H11/4，［S11］を［S14:T16］に

グラフ用データ表　操作8 ～ 操作15

	L	M	N	O	P	Q	R	S	T	U	V
1		R	A	B	C	B_1	B_2	C_1	C_2	C_1	C_2
2	R_1	21.08333									
3	R_2	21.91667									
4	A_1		18.125								
5	A_2		26								
6	A_3		20.375								
7	B_1			20.16667							
8	B_2			22.83333							
9	C_1				21.16667						
10	C_2				21.83333						
11	A_1					17	19.25				
12	A_2					24.75	27.25				
13	A_3					18.75	22				
14	A_1							15	21.25		
15	A_2							28.5	23.5		
16	A_3							20	20.75		
17	B_1									20	20.33333
18	B_2									22.33333	23.33333

図 10.18　グラフ化のためのデータ表作成

コピーする．

操作15　BC の各水準組合せの平均［U17］=B17/6，［U17］を［U17:V18］にコピーする．

操作16　データ範囲 L1:V18 を指定して，「挿入」タブの「折れ線」から「マーカー付き折れ線」を選ぶと，折れ線グラフが表示される．「軸の書式設定(F)」においてグラフを整形する．

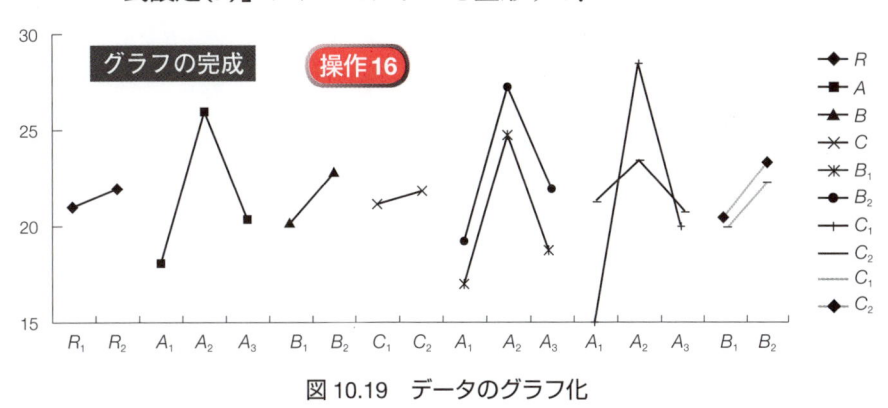

図 10.19　データのグラフ化

3) 平方和を計算する．

操作17　修正項 CT ［B23］=J7^2/24

操作18　総平方和 S_T ［B24］=SUMSQ(B4:I6)−B23

操作19　要因平方和 S_R ［B25］=SUMSQ(B14:C14)/12−B23

操作20　要因平方和 S_A ［B26］=SUMSQ(J4:J6)/8−B23

操作21　要因平方和 S_B ［B27］=SUMSQ(E14:F14)/12−B23

操作22　要因平方和 S_C ［B28］=SUMSQ(H14:I14)/12−B23

操作23　要因平方和 S_{AR} ［B29］=SUMSQ(B11:C13)/4−B23

操作24　要因平方和 S_{AB} ［B30］=SUMSQ(E11:F13)/4−B23

操作25　要因平方和 S_{AC} ［B31］=SUMSQ(H11:I13)/4−B23

操作26　要因平方和 S_{BC} ［B32］=SUMSQ(B17:C18)/6−B23

操作27　要因平方和 S_{ABC} ［B33］=SUMSQ(F18:I20)/2−B23

	A	B	C
22	■平方和の計算		
23	修正項CT	11094	
24	総平方和S_T	474	
25	ブロック間平方和S_R	4.166667	
26	因子A平方和S_A	263.25	
27	因子B平方和S_B	42.66667	
28	因子C平方和S_C	2.666667	
29	AR平方和S_{AR}	280.5	
30	AB平方和S_{AB}	307	
31	AC平方和S_{AC}	392.5	
32	BC平方和S_{BC}	46	
33	ABC平方和S_{ABC}	440	

操作17 〜 操作27

図10.20 平方和の計算

手順2 分散分析表の作成

1) 分散分析表にまとめる

操作28 平方和と自由度

S_R [B36]=B25 　　　　　ϕ_R [C36]=1

S_A [B37]=B26 　　　　　ϕ_A [C37]=2

$S_{E(1)}$ [B38]=B29–B36–B37 　　$\phi_{E(1)}$ [C38]=C37*C36

S_B [B39]=B27 　　　　　ϕ_B [C39]=1

S_C [B40]=B28 　　　　　ϕ_C [C40]=1

$S_{A\times B}$ [B41]=B30–B37–B39 　$\phi_{A\times B}$ [C41]=C37*C39

$S_{A\times C}$ [B42]=B31–B37–B40 　$\phi_{A\times C}$ [C42]=C37*C40

$S_{B\times C}$ [B43]=B32–B39–B40 　$\phi_{B\times C}$ [C43]=C39*C40

$S_{A\times B\times C}$ [B44]=B33–B37–SUM(B39:B43) 　$\phi_{A\times B\times C}$ [C44]=C37*C39*C40

S_T [B46]=B24 　　　　　ϕ_T [C46]=23

$S_{E(2)}$ [B45]=B46–SUM(B36:B44) 　$\phi_{E(2)}$ [C45]B45をコピーする

操作29 平均平方 [D36]=B36/C36，[D36]を[D37:D45]にコピーする．

操作30 F_0値 [E36]=D36/$D$38，[E36]を[E37]にコピーする．
[E38]=D38/$D$45，[E38]を[E39:E44]にコピーする．

操作31 P値 [F36]=FDIST(E36,C36,$C$38)，[F36]を[F37]にコピーする．
[F38]=FDIST(E38,C38,$C$45)，[F38]を[F39:F44]にコピーする．

操作32 F境界値 [G36]=FINV(0.05,C36,$C$38)，[G36]を[G37]にコピーする．

注）Excel 2010では，F.INV.RT(0.05,C36,$C$38)を使用

[G38]=FINV(0.05,C38,$C$45)，[G38]を[G39:G44]にコピーする．

注）Excel 2010では，F.INV.RT(0.05,C38,$C$45)を使用

第 10 章　乱塊法と分割法

分散分析表

	A	B	C	D	E	F	G	H
34	■分散分析表							
35	要因	平方和S	自由度φ	平均平方V	F_0値	P値	F境界値	
36	ブロック間因子R	4.17	1	4.17	0.64	50.9%	18.5	pooling
37	因子A	263.25	2	131.63	20.1	4.7%	19.0	
38	誤差E(1)	13.08	2	6.54	3.51	7.4%	4.26	
39	因子B	42.67	1	42.67	22.9	0.1%	5.12	
40	因子C	2.67	1	2.67	1.43	26.2%	5.12	
41	交互作用A×B	1.08	2	0.54	0.29	75.4%	4.26	pooling
42	交互作用A×C	126.58	2	63.29	34.0	0.0%	4.26	
43	交互作用B×C	0.67	1	0.67	0.36	56.4%	5.12	pooling
44	交互作用A×B×C	3.08	2	1.54	0.83	46.8%	4.26	pooling
45	誤差E(2)	16.75	9	1.86				
46	合計T	474.00	23					

操作28、操作29、操作30、操作31、操作32

図 10.21　分散分析表

2) プーリングを検討する

　反復 R を 1 次誤差に，交互作用 $A \times B$, $B \times C$, $A \times B \times C$ を 2 次誤差にプーリングして，分散分析表を作り直す．

操作33　平方和と自由度

S_A　　[J37]=B37

$S_{E(1)}$　[J38]=B38+B36

S_B　　[J39]=B39

S_C　　[J40]=B40

$S_{A \times C}$　[J42]=B42

$S_{E(2)}$　[J45]=B45+B41+B43+B44

S_T　　[J46]=B46

自由度　[J37:J46] を [K37:K46] にコピーする．

操作34　平均平方 [L37]=J37/K37, [L37] を [L38:L45] にコピーする．
プーリングしたセルは適宜，空白にする．（以下，**操作35** 〜 **操作37** は同様）

操作35　F_0 値 [M37]=L37/$L$38, [M38]=L38/$L$45, [M38] を [M39:M42] にコピーする．

操作36　P 値 [N37]=FDIST(M37,K37,$K$38), [N38]=FDIST(M38,K38,$K$45), [N38] を [N39:N42] にコピーする．

操作37　F 境界値 [O37]=FINV(0.05,K37,$K$38),

[O38]=FINV(0.05,K38,$K$45)，[O38] を [O39:O42] にコピーする．
注）Excel 2010 では，F.INV.RT(0.05,K37,$K$38)，
　　　[O38]=F.INV.RT(0.05,K38,$K$45)，[O38] を使用

分散分析表

	E	F	G	H	I	J	K	L	M	N	O
34					■プーリング後の分散分析表						
35	F_0値	P値	F境界値		要因	平方和S	自由度φ	平均平方V	F_0値	P値	F境界値
36	0.64	50.9%	18.5	pooling							
37	20.1	4.7%	19.0		因子A	263.25	2	131.63	22.8913	1.5%	9.55
38	3.51	7.4%	4.26		誤差E(1)	17.25	3	5.75	3.72973	3.7%	3.34
39	22.9	0.1%	5.12		因子B	42.67	1	42.67	27.67568	0.0%	4.60
40	1.43	26.2%	5.12		因子C	2.67	1	2.667	1.72973	21.0%	4.60
41	0.29	75.4%	4.26	pooling							
42	34.0	0.0%	4.26		交互作用A×C	126.58	2	63.29	41.05405	0.0%	3.74
43	0.36	56.4%	5.12	pooling							
44	0.83	46.8%	4.26	pooling							
45					誤差E(2)	21.58	14	1.54			
46	誤差にプーリング				合計T	474.00	23				

図 10.22 プーリング後の分散分析表

手順3　最適水準の決定と母平均の推定

1）最適水準の決定

　AC が最大となるのは H11:I13 の中から水準 A_2C_1，B が最大となるのは E14:F14 の中から水準 B_2 である．したがって，最適水準は $A_2B_2C_1$ である．

2）$A_2B_2C_1$ における母平均の点推定

操作38　点推定値　[D49]=H12/4+F14/12−J7/24

3）$A_2B_2C_1$ における母平均の信頼率 95% での区間推定

操作39　1次誤差の係数　[D50]=1/24+K37/24

操作40　2次誤差の係数　[D51]=SUM(K39:K42)/24

操作41　点推定量の分散　[D52]=$L$38*D50+$L$45*D51

操作42　等価自由度
　　　[D53]=D52^2/((D50*$L$38)^2/$K$38+(D51*$L$45)^2/$K$45)

操作43　t 分布点　[D54]=(INT(D53)+1-D53)*TINV(0.05,D53)+(D53-INT(D53))*TINV(0.05,D53+1)
　　　注）Excel 2010 では，(INT(D53)+1-D53)*T.INV.2T(0.05,D53)+
　　　　　(D53-INT(D53))*T.INV.2T(0.05,D53+1) を使用

操作44　区間幅　[D55]=D54*SQRT(D52)

操作45　信頼下限　[D56]=D49-D55

操作46 信頼上限［D57］=D49+D55

手順4　データの予測

1) $A_2B_2C_1$ におけるデータの点予測

   操作47 点予測［H49］=D49

2) $A_2B_2C_1$ におけるデータの信頼率95％での区間予測

   操作48 1次誤差の係数［H50］=D50+1/4

   操作49 2次誤差の係数［H51］=D51−1/4+1

   操作50～**操作55**　［D52:D57］を［H52:H57］にコピーする．

手順5　母平均の差の推定

1) $A_2B_2C_1$ と $A_1B_1C_1$ における母平均の差の点推定

   操作56 点予測［M49］=D49−(H11/4+E14/12−J7/24)

2) $A_2B_2C_1$ と $A_1B_1C_1$ における母平均の差の信頼率95％での区間予測

   操作57 1次誤差の係数［M50］=2/8

   操作58 2次誤差の係数［M51］=2*(1/12+1/4−1/8)

   操作59～**操作64**　［D52:D57］を［M52:M57］にコピーする．

	B	C	D	E	F	G	H	I	J	K	L	M	N
47	■A2B2C1における母平均の点推定				■A2B2C1におけるデータの予測					■$A_2B_2C_1$と$A_1B_1C_1$の差の推定			
48		A2B2C1											
49		点推定値	29.83333			点予測値	29.83333				母平均の差の点推定値	16.16667	
50		1次誤差に係る係数	0.125			1次誤差に係る係数	0.375				1次誤差に係る係数	0.25	
51		2次誤差に係る係数	0.166667			2次誤差に係る係数	0.916667				2次誤差に係る係数	0.416667	
52		点推定量の分散	0.975694			点推定量の分散	3.569444				点推定量の分散	2.079861	
53		等価自由度	5.380962			等価自由度	7.528074				等価自由度	6.022511	
54		t分布点	2.523468			t分布点	2.333669				t分布点	2.445059	
55		区間幅	2.492613			区間幅	4.408994				区間幅	3.526197	
56		信頼下限	27.34072			信頼下限	25.42434				信頼下限	12.64047	
57		信頼上限	32.32595			信頼上限	34.24233				信頼上限	19.69286	
58													

　　操作38～**操作46**　　　　**操作47**～**操作55**　　　　**操作56**～**操作64**

図 10.23　推定と予測

10.7 直交配列表実験の分割

たくさんの因子を取り上げた実験では，直交配列表を用いると実験回数を抑えることができたが，その場合でも水準変更が困難な因子があると完全ランダマイズで実験することは簡単ではない．そこで直交配列表により分割実験を考える．

直交配列表は各列の水準番号によってブロックに分けられる（表10.12）．第[1]列で水準番号1と2では，No.1～4とNo.5～8の二つに分けられ，第[2]列の水準番号を使うと四つに分けられる．さらに，第[4]列を使うと八つに分けることができる．第[3]列は第[2]列と同じ分け方，第[5]列から第[7]列は第[4]列と同じ分け方になっている．このようにして分けられた列を群という．第[1]列が1群，第[2]列と第[3]列が2群，第[4]列から第[7]列が3群である．

表10.12 直交配列表の分割

No.	[1]	[2]	[3]	[4]	[5]	[6]	[7]
1	1	1	1	1	1	1	1
2	1	1	1	2	2	2	2
3	1	2	2	1	1	2	2
4	1	2	2	2	2	1	1
5	2	1	2	1	2	1	2
6	2	1	2	2	1	2	1
7	2	2	1	1	2	2	1
8	2	2	1	2	1	1	2
成分	a	b	ab	c	ac	bc	abc

10.7.1 要因の割り付け

低次の因子から1群，2群，3群に順に割り付ける．1次因子が1群と2群に割り付けられたときには，2次因子は3群以降に割り付ける．1次誤差は1次因子が割り付けられた群で空いている列に現れ，2次誤差は2次因子が割り付けられた群で空いている列に現れる．1群には1列しかなく，1次因子を1群のみに割り付けると1次誤差をとれなくなるため，1次因子は一つしかなくても，少なくとも1群と2群に割り付ける．

交互作用の現れる群には注意が必要である．同じ群にある二つの列の交互作用は，より低次の群の列に現れる．たとえば，3群の列同士の交互作用は1群か2群に現れる．一方，異なる群にある二つの列の交互作用は，高次の群の列に現れる．たとえば，2群の列と3群の列の交互作用は3群に現れる．因子を割り付けるときには，これらの交互作用がどの群に現れるかに注目して，各次の単位に確保すべき群の数を決める必要がある．

10.7.2 交互作用がない場合

四つの因子 A, B, C, D の主効果を調べるとき，A を1次因子，B, C, D を2次因子として $L_8(2^7)$ 直交配列表による実験を計画した．割り付けと実験順序を示す．まず，1次因子の A を第[1]列に割り付けると，1次誤差を確保するため，2群までが1次単位となる．1次誤差は第[2]列と第[3]列になる．2次因子は3群以降に割り付けるので，ここでは第[4]列に B，第[5]列に C，第[6]列に D を割り付け，残った第[7]列を2次誤差とした．実験順序を決めるには，1次単位は四つのブロックに分割されているため，第1段階ではこの四つをランダマイズし，第2段階では各ブロック内でランダマイズする．

表 10.13 実験の順序

No.	[1] A	[2]	[3]	[4] B	[5] C	[6] D	[7]	実験順序	
								1次	2次
1	1	1	1	1	1	1	1	2	4
2	1	1	1	2	2	2	2		3
3	1	2	2	1	1	2	2	3	5
4	1	2	2	2	2	1	1		6
5	2	1	2	1	2	1	2	1	1
6	2	1	2	2	1	2	1		2
7	2	2	1	1	2	2	1	4	8
8	2	2	1	2	1	1	2		7
成分	a	b	a b	a c	a c	b c	a b c		
群	1群	2群 || 3群						
単位	1次単位			2次単位						

10.7.3 反復や交互作用がある場合

五つの2水準因子 A, B, C, D, F を取り上げ，五つの交互作用 $A \times B$，$A \times C$，$A \times D$，$B \times C$，$D \times F$ を考慮した実験において，A, B を1次因子，C, D, F を2次因子とした $L_{16}(2^{15})$ 直交配列表による分割実験を行う．ただし，1日に8回しか実験できないため，反復 R を入れて2日間で行うことにする．

1次単位には，反復を含めて，$R, A, B, A \times B, D \times F$ の五つの要因があるから，これに1次誤差を加えて5列以上が必要になる．そこで1次単位には1群から3群までの列を，2次単位には4群を用いる．このとき，1次誤差は第[3][5]列に，2次誤差は第[13][15]列になる．

表 10.14 因子の割り付けとデータ

No.	[1] R	[2] A	[3]	[4] B	[5]	[6] A×B	[7] D×F	[8] C	[9] D	[10] A×C	[11] A×D	[12] B×C	[13]	[14] F	[15]	実験順序 1次	実験順序 2次	データ
1	1	1	1	1	1	1	1	1	1	1	1	1	1	1	1	6	12	13.5
2	1	1	1	1	1	1	1	2	2	2	2	2	2	2	2	6	11	16.2
3	1	1	1	2	2	2	2	1	1	1	1	2	2	2	2	7	13	31.2
4	1	1	1	2	2	2	2	2	2	2	2	1	1	1	1	7	14	21.9
5	1	2	2	1	1	2	2	1	1	2	2	1	1	2	2	8	15	20.5
6	1	2	2	1	1	2	2	2	2	1	1	2	2	1	1	8	16	12.1
7	1	2	2	2	2	1	1	1	1	2	2	2	2	1	1	5	10	20.7
8	1	2	2	2	2	1	1	2	2	1	1	1	1	2	2	5	9	14.4
9	2	1	2	1	2	1	2	1	2	1	2	1	2	1	2	1	1	20.6
10	2	1	2	1	2	1	2	2	1	2	1	2	1	2	1	1	2	21.9
11	2	1	2	2	1	2	1	1	2	1	2	2	1	2	1	3	6	28.7
12	2	1	2	2	1	2	1	2	1	2	1	1	2	1	2	3	5	25.2
13	2	2	1	1	2	2	1	1	2	2	1	1	2	2	1	4	7	22.4
14	2	2	1	1	2	2	1	2	1	1	2	2	1	1	2	4	8	12.1
15	2	2	1	2	1	1	2	1	2	2	1	2	1	1	2	2	3	19.1
16	2	2	1	2	1	1	2	2	1	1	2	1	2	2	1	2	4	15.0
成分	a	b	ab	c	ac	bc	abc	d	ad	bd	abd	cd	acd	bcd	$abcd$			
群	1群	2群		3群				4群										
単位	1次単位							2次単位										

このときに行った実験の水準組合せとその実験順序は図 10.24 のようになる.

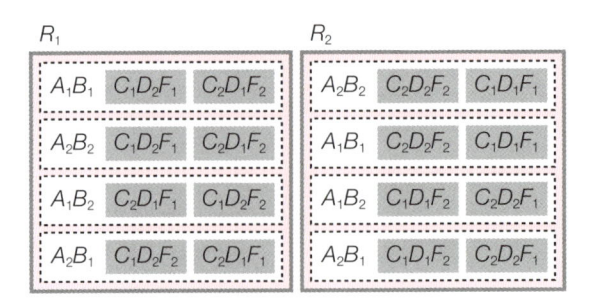

図 10.24 実験と水準組合せ

10.8 直交配列表実験における分割法の解析例

表 10.14 のデータを解析してみる．

手順1　データの整理

各列で第 1 水準と第 2 水準の合計を計算して，列平方和を求める．また交互作用を調べるために五つの二元表を作る．

表 10.15　データ表

No.	[1] R	[2] A	[3]	[4] B	[5]	[6] $A \times B$	[7] $D \times F$	[8] C	[9] D	[10] $A \times C$	[11] $A \times D$	[12] $B \times C$	[13]	[14] F	[15]
第1水準の和	150.5	179.2	151.4	139.3	150.3	141.4	153.2	176.7	160.1	147.6	159.8	153.5	152.1	145.2	156.2
第2水準の和	165.0	136.3	164.1	176.2	165.2	174.1	162.3	138.8	155.4	167.9	155.7	162.0	163.4	170.3	159.3
$S_{[k]}$	13.141	115.026	10.081	85.101	13.876	66.831	5.176	89.776	1.381	25.756	1.051	4.516	7.981	39.376	0.601

	B_1	B_2
A_1	72.2	107.0
A_2	67.1	69.2

	C_1	C_2
A_1	94.0	85.2
A_2	82.7	53.6

	D_1	D_2
A_1	91.8	87.4
A_2	68.3	68.0

	C_1	C_2
B_1	77.0	62.3
B_2	99.7	76.5

	F_1	F_2
D_1	71.5	88.6
D_2	73.7	81.7

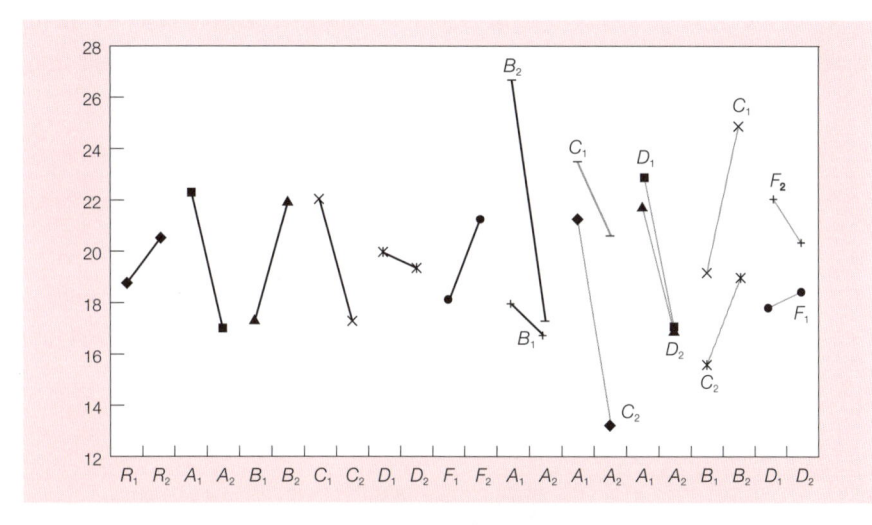

図 10.25　グラフ化

データをグラフ化すると，主効果 A, B, C, F と交互作用 $A \times B, A \times C$ は効果がありそうだが，反復 R，主効果 D および交互作用 $A \times D, B \times C, D \times F$ の効果は判然としない．

手順2 分散分析表の作成

表10.16 分散分析表

要因	平方和 S	自由度 ϕ	平均平方 V	F_0 値	P 値	$E(V)$
R	13.14	1	13.14	1.10	40.5%	$\sigma_{(2)}^2+2\sigma_{(1)}^2+8\sigma_R^2$
A	115.03	1	115.03	9.60	9.0%	$\sigma_{(2)}^2+2\sigma_{(1)}^2+8\sigma_A^2$
B	85.10	1	85.10	7.10	11.7%	$\sigma_{(2)}^2+2\sigma_{(1)}^2+8\sigma_B^2$
$A\times B$	66.83	1	66.83	5.58	14.2%	$\sigma_{(2)}^2+2\sigma_{(1)}^2+4\sigma_{A\times B}^2$
$D\times F$	5.18	1	5.18	0.43	57.8%	$\sigma_{(2)}^2+2\sigma_{(1)}^2+4\sigma_{D\times F}^2$
$E_{(1)}$	23.96	2	11.98	2.79	26.4%	$\sigma_{(2)}^2+2\sigma_{(1)}^2$
C	89.78	1	89.78	20.9*	4.5%	$\sigma_{(2)}^2+8\sigma_C^2$
D	1.38	1	1.38	0.32	62.8%	$\sigma_{(2)}^2+8\sigma_{A\times C}^2$
F	39.38	1	39.38	9.18	9.4%	$\sigma_{(2)}^2+8\sigma_{B\times C}^2$
$A\times C$	25.76	1	25.76	6.00	13.4%	$\sigma_{(2)}^2+4\sigma_{A\times C}^2$
$A\times D$	1.05	1	1.05	0.24	67.0%	$\sigma_{(2)}^2+4\sigma_{A\times D}^2$
$B\times C$	4.52	1	4.52	1.05	41.3%	$\sigma_{(2)}^2+4\sigma_{B\times C}^2$
$E_{(2)}$	8.58	2	4.29			$\sigma_{(2)}^2$
T	479.66	15				

$F(1,2;0.05)=18.5,\ F(1,2;0.01)=98.5$
$F(2,2;0.05)=19.0,\ F(2,2;0.01)=99.0$

主効果 C のみが有意となった．F_0 値の小さい反復 R と交互作用 $D\times F$ は1次誤差に，主効果 D と交互作用 $A\times D$，$B\times C$ は2次誤差にプーリングして，分散分析表を作り直す．

表10.17 プーリング後の分散分析表

要因	平方和 S	自由度 ϕ	平均平方 V	F_0 値	P 値	$E(V)$
A	115.03	1	115.03	10.9*	3.0%	$\sigma_{(2)}^2+2\sigma_{(1)}^2+8\sigma_A^2$
B	85.10	1	85.10	8.05*	4.7%	$\sigma_{(2)}^2+2\sigma_{(1)}^2+8\sigma_B^2$
$A\times B$	66.83	1	66.83	6.32	6.6%	$\sigma_{(2)}^2+2\sigma_{(1)}^2+4\sigma_{A\times B}^2$
$E'_{(1)}$	42.27	4	10.57	3.40	10.6%	$\sigma_{(2)}^2+2\sigma_{(1)}^2$
C	89.78	1	89.78	28.9**	0.3%	$\sigma_{(2)}^2+8\sigma_C^2$
F	39.38	1	39.38	12.7*	1.6%	$\sigma_{(2)}^2+8\sigma_{B\times C}^2$
$A\times C$	25.76	1	25.76	8.29*	3.5%	$\sigma_{(2)}^2+4\sigma_{A\times C}^2$
$E'_{(2)}$	15.53	5	3.11			$\sigma_{(2)}^2$
T	479.66	15				

$F(1,4;0.05)=7.71,\ F(1,4;0.01)=21.2$
$F(4,5;0.05)=5.19,\ F(4,5;0.01)=11.4$
$F(1,5;0.05)=6.61,\ F(1,5;0.01)=16.3$

主効果 C が高度に有意，主効果 A, B, F と交互作用 $A\times C$ が有意となった．誤差分散の推定値を $E(V)$ に基づいて計算する．

$$\hat{\sigma}_{(1)}{}^2 = \frac{V_{E(1)} - V_{E(2)}}{2} = \frac{10.57 - 3.11}{2} = 3.73$$

$$\hat{\sigma}_{(2)}{}^2 = V_{E(2)} = 3.11 \tag{10.124}$$

手順3　最適水準の決定と母平均の推定

推定に用いるデータの構造式は

$$x_{ijkl} = \mu + \underbrace{a_i + b_j + (ab)_{ij} + \varepsilon_{(1)ij}}_{1次} + \underbrace{c_k + f_l + (ac)_{ik} + \varepsilon_{(2)ijkl}}_{2次} \tag{10.125}$$

であるが，二つの交互作用において因子 A が重複しているので，A の水準を固定して，そのときの B, C の最適水準を求める．

(i) A_1 のとき，AB 二元表より B_2，AC 二元表より C_1 が選ばれる．

$$\hat{\mu}(A_1 B_2 C_1) = \widehat{\mu + a_1 + b_2 + (ab)_{12}} + \widehat{\mu + a_1 + c_1 + (ac)_{11}} - \widehat{\mu + a_1}$$

$$= \frac{107.0}{4} + \frac{94.0}{4} - \frac{179.2}{8} = 27.85 \tag{10.126}$$

(ii) A_2 のとき，AB 二元表より B_2，AC 二元表より C_1 が選ばれる．

$$\hat{\mu}(A_2 B_2 C_1) = \widehat{\mu + a_2 + b_2 + (ab)_{22}} + \widehat{\mu + a_2 + c_1 + (ac)_{21}} - \widehat{\mu + a_2}$$

$$= \frac{69.2}{4} + \frac{82.7}{4} - \frac{136.3}{8} = 20.94 \tag{10.127}$$

(i), (ii) を比較して，平均が大きくなる $A_1 B_2 C_1$ が選ばれる．因子 F については単独に F_2 が選ばれる．したがって，$A_1 B_2 C_1 F_2$ が最適水準である．

$A_1 B_2 C_1 F_2$ における母平均の点推定値は，次のように求められる．

$$\hat{\mu}(A_1 B_2 C_1 F_2) = \widehat{\mu + a_1 + b_2 + c_1 + f_2 + (ab)_{12} + (ac)_{11}}$$

$$= \widehat{\mu + a_1 + b_2 + (ab)_{12}} + \widehat{\mu + a_1 + c_1 + (ac)_{11}} - \widehat{\mu + a_1} + \widehat{\mu + f_2} - \hat{\mu}$$

$$= \frac{107.0}{4} + \frac{94.0}{4} - \frac{179.2}{8} + \frac{170.3}{8} - \frac{315.5}{16} = 29.42 \tag{10.128}$$

区間推定では，反復のないときの分割法による方法を適用する．各次数における有効反復数は

$$\frac{1}{n_{e(1)}} = \frac{1+1+1}{16} = \frac{3}{16}, \quad \frac{1}{n_{e(2)}} = \frac{1+1+1}{16} = \frac{3}{16} \tag{10.129}$$

となるので，点推定量の分散は

$$\hat{V}(\bar{x}) = \frac{V_{E(1)}}{N} + \frac{V_{E(1)}}{n_{e(1)}} + \frac{V_{E(2)}}{n_{e(2)}}$$

$$= \frac{V_{E(1)}}{4} + \frac{V_{E(2)}}{8}$$

$$= \frac{10.57}{4} + \frac{3}{16} \times 3.11$$

$$= 3.226 \tag{10.130}$$

となる．サタースウェイトの等価自由度は，

$$\frac{\left(\frac{10.57}{4} + \frac{3}{16} \times 3.11\right)^2}{\phi^*} = \frac{\left(\frac{10.57}{4}\right)^2}{4} + \frac{\left(\frac{3}{16} \times 3.11\right)^2}{5} \tag{10.131}$$

から，$\phi^* = 5.74$ となり，t 分布の 5% 点は

$$t(5.74, 0.05) = 0.74 \times t(6, 0.05) + 0.26 \times t(5, 0.05)$$
$$= 0.74 \times 2.447 + 0.26 \times 2.571 = 2.479 \tag{10.132}$$

となる．したがって，最適水準における母平均の信頼区間は，次のようになる．

$$\hat{\mu} \pm t(\phi^*, \alpha)\sqrt{\hat{V}(\bar{x})} = 29.42 \pm t(5.74, 0.05)\sqrt{3.226}$$
$$= 29.42 \pm 2.479 \times 1.796$$
$$= 29.42 \pm 4.45$$
$$= 24.97,\ 33.87 \tag{10.133}$$

手順4　データの予測

最適水準と同じ条件で新たにデータをとるとき，得られる値を予測する．点予測値は，母平均の点推定値と同じになる．

$$\hat{x}(A_1 B_2 C_1 F_2) = 29.42 \tag{10.134}$$

区間予測では，点推定量の分散にデータの分散 $\sigma_{(1)}^2 + \sigma_{(2)}^2$ が加わるから，

$$\hat{V} = \hat{V}(\bar{x}) + (\hat{\sigma}_{(1)}^2 + \hat{\sigma}_{(2)}^2)$$
$$= \frac{V_{E(1)}}{4} + \frac{3}{16} V_{E(2)} + \frac{V_{E(1)} - V_{E(2)}}{2} + V_{E(2)}$$
$$= \frac{3}{4} V_{E(1)} + \frac{11}{16} V_{E(2)}$$
$$= \frac{3}{4} \times 10.57 + \frac{11}{16} \times 3.11$$
$$= 10.07 \tag{10.135}$$

である．サタースウェイトの等価自由度は，

$$\frac{\left(\dfrac{3}{4}\times 10.57+\dfrac{11}{16}\times 3.11\right)^2}{\phi^*}=\frac{\left(\dfrac{3}{4}\times 10.57\right)^2}{4}+\frac{\left(\dfrac{11}{16}\times 3.11\right)^2}{5} \tag{10.136}$$

から，$\phi^*=6.10$ となり，t 分布の 5% 点は

$$\begin{aligned}
t(6.10, 0.05) &= 0.10\times t(7, 0.05) + 0.90\times t(6, 0.05)\\
&= 0.10\times 2.365 + 0.90\times 2.447\\
&= 2.439
\end{aligned} \tag{10.137}$$

となる．したがって，最適水準におけるデータの予測区間は次のようになる．

$$\begin{aligned}
\hat{\mu}\pm t(\phi^*,\alpha)\sqrt{\hat{V}} &= 29.42\pm t(6.10, 0.05)\sqrt{10.07}\\
&= 29.42\pm 2.439\times 3.173\\
&= 29.42\pm 7.74\\
&= 21.68,\ 37.16
\end{aligned} \tag{10.138}$$

手順5　母平均の差の推定

最適水準と $A_1B_1C_1F_1$ における母平均の差を推定する．$A_1B_1C_1F_1$ における母平均の点推定は

$$\begin{aligned}
\hat{\mu}(A_1B_1C_1F_1) &= \widehat{\mu+a_1+b_1+(ab)_{11}} + \widehat{\mu+a_1+c_1+(ac)_{11}} - \widehat{\mu+a_1} + \widehat{\mu+f_1} - \hat{\mu}\\
&= \frac{72.2}{4} + \frac{94.0}{4} - \frac{179.2}{8} + \frac{145.2}{8} - \frac{315.5}{16} = 17.58
\end{aligned} \tag{10.139}$$

となるから，母平均の差の点推定値は次のようになる．

$$\widehat{\mu(A_1B_2C_1F_2)-\mu(A_1B_1C_1F_1)} = 29.42 - 17.58 = 11.84 \tag{10.140}$$

区間推定では，単位ごとに差をとって考える．データの構造式から

$$\begin{aligned}
\hat{\mu}(A_iB_jC_k) &= \hat{\mu} + \underbrace{\hat{a}_i+\hat{b}_j+\widehat{(ab)}_{ij}}_{1\text{次}} + \underbrace{\hat{c}_k+\hat{f}_l+\widehat{(ac)}_{ik}}_{2\text{次}}\\
&= \bar{x} + \underbrace{(\bar{x}_{A_iB_j}-\bar{x})}_{1\text{次}} + \underbrace{(\bar{x}_{A_iC_k}-\bar{x}_{A_i}+\bar{x}_{F_l}-\bar{x})}_{2\text{次}}
\end{aligned} \tag{10.141}$$

より，$\hat{\mu}(A_1B_2C_1F_2)$ と $\hat{\mu}(A_1B_1C_1F_1)$ で共通の平均を消すと，

$$\hat{\mu}(A_1B_2C_1F_2) - \hat{\mu}(A_1B_1C_1F_1) = \underbrace{\bar{x}_{A_1B_2}-\bar{x}_{A_1B_1}}_{1\text{次}} + \underbrace{\bar{x}_{F_2}-\bar{x}_{F_1}}_{2\text{次}} \tag{10.142}$$

となるので，各単位での有効反復数は，

$$\frac{1}{n_{d(1)}} = 2\times\frac{1}{4} = \frac{1}{2},\quad \frac{1}{n_{d(2)}} = 2\times\frac{1}{8} = \frac{1}{4} \tag{10.143}$$

となり，点推定量の差の分散は

$$\hat{V}(\bar{x}_{1212} - \bar{x}_{1111}) = \frac{V_{E(1)}}{n_{d(1)}} + \frac{V_{E(2)}}{n_{d(2)}}$$

$$= \frac{10.57}{2} + \frac{3.11}{4}$$

$$= 6.063 \tag{10.144}$$

となる.サタースウェイトの等価自由度は,

$$\frac{\left(\frac{10.57}{2} + \frac{3.11}{4}\right)^2}{\phi^*} = \frac{\left(\frac{10.57}{2}\right)^2}{4} + \frac{\left(\frac{3.11}{4}\right)^2}{5} \tag{10.145}$$

から,$\phi^* = 5.17$ となり,5%点は

$$t(5.17, 0.05) = 0.17 \times t(6, 0.05) + 0.83 \times t(5, 0.05)$$

$$= 0.17 \times 2.447 + 0.83 \times 2.571$$

$$= 2.550 \tag{10.146}$$

となる.したがって,最適水準と $A_1 B_1 C_1 F_1$ との母平均の差の信頼区間は次のようになる.

$$\hat{\mu}_{1212} - \hat{\mu}_{1111} \pm t(\phi^*, \alpha)\sqrt{\hat{V}(\bar{x}_{1212} - \bar{x}_{1111})} = 11.84 \pm t(5.17, 0.05)\sqrt{6.063}$$

$$= 11.84 \pm 2.550 \times 2.462$$

$$= 11.84 \pm 6.28$$

$$= 5.56, \ 18.12 \tag{10.147}$$

Excel解析 10

直交配列表実験による分割法

表 10.14 のデータを解析してみる．表 10.14 は，五つの 2 水準因子 A, B, C, D, F を取り上げ，五つの交互作用 $A \times B, A \times C, A \times D, B \times C, D \times F$ を考慮した実験において，A, B を 1 次因子，C, D, F を 2 次因子とした $L_{16}(2^{15})$ 直交配列表による分割実験を行った．ただし，1 日に 8 回しか実験できないため，反復 R を入れて 2 日間で行った結果である．

表 10.14（再掲）　因子の割り付けとデータ

No.	[1] R	[2] A	[3]	[4] B	[5]	[6] $A\times B$	[7] $D\times F$	[8] C	[9] D	[10] $A\times C$	[11] $A\times D$	[12] $B\times C$	[13]	[14] F	[15]	実験順序 1次	実験順序 2次	データ
1	1	1	1	1	1	1	1	1	1	1	1	1	1	1	1	6	12	13.5
2	1	1	1	1	1	1	1	2	2	2	2	2	2	2	2		11	16.2
3	1	1	1	2	2	2	2	1	1	1	1	2	2	2	2	7	13	31.2
4	1	1	1	2	2	2	2	2	2	2	2	1	1	1	1		14	21.9
5	1	2	2	1	1	2	2	1	1	2	2	1	1	2	2	8	15	20.5
6	1	2	2	1	1	2	2	2	2	1	1	2	2	1	1		16	12.1
7	1	2	2	2	2	1	1	1	1	2	2	2	2	1	1	5	10	20.7
8	1	2	2	2	2	1	1	2	2	1	1	1	1	2	2		9	14.4
9	2	1	2	1	2	1	2	1	2	1	2	1	2	1	2	1	1	20.6
10	2	1	2	1	2	1	2	2	1	2	1	2	1	2	1		2	21.9
11	2	1	2	2	1	2	1	1	2	1	2	2	1	2	1	3	6	28.7
12	2	1	2	2	1	2	1	2	1	2	1	1	2	1	2		5	25.2
13	2	2	1	1	2	2	1	1	2	2	1	1	2	2	1	4	7	22.4
14	2	2	1	1	2	2	1	2	1	1	2	2	1	1	2		8	12.1
15	2	2	1	2	1	1	2	1	2	2	1	2	1	1	2	2	3	19.1
16	2	2	1	2	1	1	2	2	1	1	2	1	2	2	1		4	15.0
成分	a	b	ab	c	ac	bc	abc	d	ad	bd	abd	cd	acd	bcd	$abcd$			
群	1群	2群		3群				4群										
単位		1次単位						2次単位										

手順1　データの整理

1) データを入力して整理する

　操作1　直交配列表を B3:P18 に入れ，1 行目には列番号，2 行目には割り付けた要因を入力する．データは Q3:Q18 に入力する．

各列において，水準ごとの合計，平方和を計算する．

操作2 データの合計 [Q19]=SUM(Q3:Q18)

操作3 第[1]列における第2水準の合計
[B20]=SUMIF(B3:B18,"=2",$Q$18:$Q$18)

操作4 第[1]列における第1水準の合計 [B19]=$Q$19−B20

操作5 第[1]列における列平方和 [B21]=(B19-B20)^2/16

操作6 第[2]列から第[15]列は，[B19:B21]を[C19:P21]にコピーする．

A	B	C	D	E	F	G	H	I	J	K	L	M	N	O	P	Q
	[1]	[2]	[3]	[4]	[5]	[6]	[7]	[8]	[9]	[10]	[11]	[12]	[13]	[14]	[15]	
■データ表	R	A		B		AxB	DxF	C	D	AxC	AxD	BxC		F		
1	1	1	1	1	1	1	1	1	1	1	1	1	1	1	1	13.5
2	1	1	1	1	1	1	1	2	2	2	2	2	2	2	2	16.2
3	1	1	1	2	2	2	2	1	1	1	1	2	2	2	2	31.2
4	1	1	1	2	2	2	2	2	2	2	2	1	1	1	1	21.9
5	1	2	2	1	1	2	2	1	1	2	2	1	1	2	2	20.5
6	1	2	2	1	1	2	2	2	2	1	1	2	2	1	1	12.1
7	1	2	2	2	2	1	1	1	1	2	2	2	2	1	1	20.7
8	1	2	2	2	2	1	1	2	2	1	1	1	1	2	2	14.4
9	2	1	2	1	2	1	2	1	2	1	2	1	2	1	2	20.6
10	2	1	2	1	2	1	2	2	1	2	1	2	1	2	1	21.9
11	2	1	2	2	1	2	1	1	2	1	2	2	1	2	1	28.7
12	2	1	2	2	1	2	1	2	1	2	1	1	2	1	2	25.2
13	2	2	1	1	2	2	1	1	2	2	1	1	2	2	1	22.4
14	2	2	1	1	2	2	1	2	1	1	2	2	1	1	2	12.1
15	2	2	1	2	1	1	2	1	2	2	1	2	1	1	2	19.1
16	2	2	1	2	1	1	2	2	1	1	2	1	2	2	1	15
第1水準T₁	150.5	179.2	151.4	139.3	150.3	141.4	153.2	176.7	160.1	147.6	159.8	153.5	152.1	145.2	156.2	315.5
第2水準T₂	165.0	136.3	164.1	176.2	165.2	174.1	162.3	138.8	155.4	167.9	155.7	162.0	163.4	170.3	159.3	
平方和S	13.1406	115.026	10.0806	85.1006	13.8756	66.8306	5.17562	89.775625	1.38063	25.7556	1.05063	4.51562	7.98062	39.3756	0.60062	

操作1 ～ **操作6**

図10.26 データ表

また，交互作用を求めるための二元表を作成する．まず，AB の水準組合せにおける合計を求める．

操作7 水準 A_1B_1 の合計 [T3]=SUMIFS(Q3:Q18,C3:C18,"=1",E3:E18,"=1")

操作8 水準 A_1B_2 の合計 [U3]=SUMIFS(Q3:Q18,C3:C18,"=1",E3:E18,"=2")

操作9 水準 A_2B_1 の合計 [T4]=SUMIFS(Q3:Q18,C3:C18,"=2",E3:E18,"=1")

操作10 水準 A_2B_2 の合計 [U4]=SUMIFS(Q3:Q18,C3:C18,"=2",E3:E18,"=2")

同様にして，AC, AD, BC, DF の二元表を求める．（**操作11**）

注）Excel 2003 以前の場合

Excel 2003 以前では，SUMIFS 関数が組み込まれていないため，**操作7** ～ **操作10** は，SUMPRODUCT を使用して次のように入力する．

操作7 水準 A_1B_1 の合計
[T3]=SUMPRODUCT((E3:E18=1)*(C3:C18=1),Q3:Q18)

操作8 水準 A_1B_2 の合計
[U3]=SUMPRODUCT((E3:E18=2)*(C3:C18=1),Q3:Q18)

操作9 水準 A_2B_1 の合計
[T4]=SUMPRODUCT((E3:E18=1)*(C3:C18=2),Q3:Q18)

第10章 乱塊法と分割法

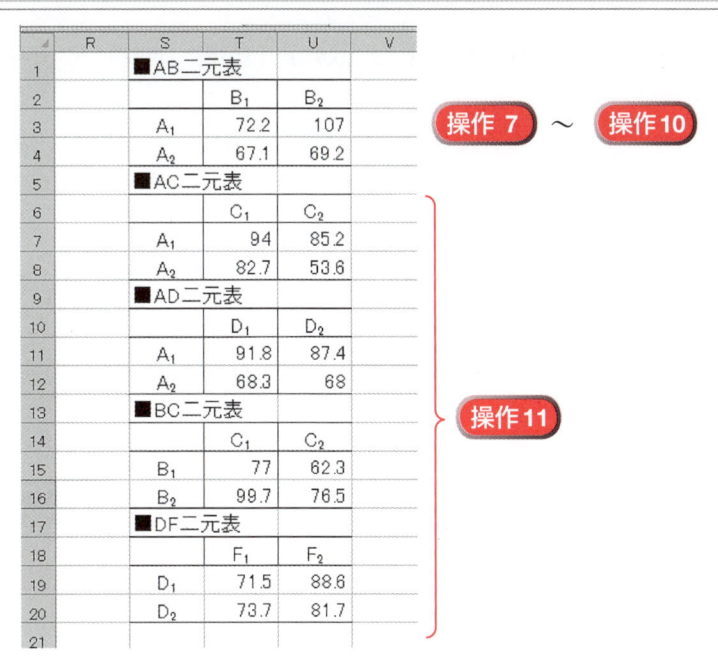

	R	S	T	U	V
1		■AB二元表			
2			B_1	B_2	
3		A_1	72.2	107	
4		A_2	67.1	69.2	
5		■AC二元表			
6			C_1	C_2	
7		A_1	94	85.2	
8		A_2	82.7	53.6	
9		■AD二元表			
10			D_1	D_2	
11		A_1	91.8	87.4	
12		A_2	68.3	68	
13		■BC二元表			
14			C_1	C_2	
15		B_1	77	62.3	
16		B_2	99.7	76.5	
17		■DF二元表			
18			F_1	F_2	
19		D_1	71.5	88.6	
20		D_2	73.7	81.7	
21					

操作7〜操作10（行3〜4）
操作11（行5〜20）

図10.27　二元表

操作10　水準 A_2B_2 の合計
[U4]=SUMPRODUCT((E3:E18=2)*(C3:C18=2),Q3:Q18)

2) データをグラフ化する

一つのグラフにまとめるには，データ配列を作り直す．

操作12　A列には横軸にくる水準名を入れる．

操作13　因子 R の各水準の平均 [B24]=B19/8，[B24] を [B25] にコピーする．

操作14　因子 A の各水準の平均 [C26]=C19/8，[C26] を [C27] にコピーする．

操作15　因子 B の各水準の平均 [D28]=E19/8，[D28] を [D29] にコピーする．

操作16　因子 C の各水準の平均 [E30]=I19/8，[E30] を [E31] にコピーする．

操作17　因子 D の各水準の平均 [F32]=J19/8，[F32] を [F33] にコピーする．

操作18　因子 F の各水準の平均 [G34]=O19/8，[G34] を [G35] にコピーする．

操作19　AB の各水準組合せの平均 [H36]=T3/4，[H36] を [H36:I37] にコピーする．

操作20　AC の各水準組合せの平均 [J38]=T7/4，[J38] を [J38:K39] にコピーする．

操作21　AD の各水準組合せの平均 [L40]=T11/4，[L40] を [L40:M41] にコピーする．

操作22 BC の各水準組合せの平均［N42］=T15/4，［N42］を［N42:O43］にコピーする．

操作23 DF の各水準組合せの平均［P44］=T19/4，［P44］を［P44:Q45］にコピーする．

操作12 から **操作23** で作成したデータ表からグラフを作成する．

操作24 データ範囲 A23:Q45 を指定して，「挿入」タブの「折れ線」から「マーカー付き折れ線」を選ぶと，折れ線グラフが表示される．「軸の書式設定(F)」においてグラフを整形する．

図 10.28　グラフ化のためのデータ表の作成

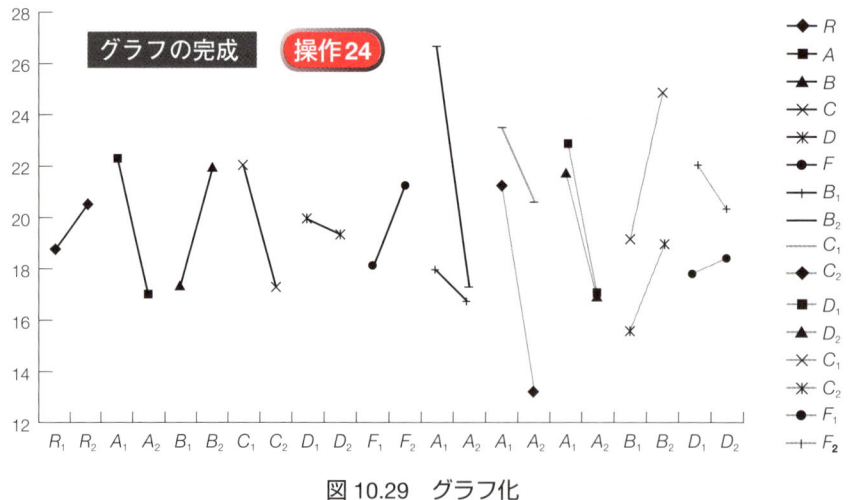

図 10.29　グラフ化

手順2　分散分析表の作成

1) 分散分析表にまとめる

操作25　平方和と自由度

S_R　　[B63]=B21　　　　　ϕ_R　　　[C63]=1
S_A　　[B64]=C21　　　　　ϕ_A　　　[C64]=1
S_B　　[B65]=E21　　　　　ϕ_B　　　[C65]=1
$S_{A \times B}$　[B66]=G21　　　　　$\phi_{A \times B}$　　[C66]=1
$S_{D \times F}$　[B67]=H21　　　　　$\phi_{A \times B}$　　[C67]=1
$S_{E(1)}$　[B68]=D21+F21　　　$\phi_{E(1)}$　　[C68]=2
S_C　　[B69]=I21　　　　　ϕ_C　　　[C69]=1
S_D　　[B70]=J21　　　　　ϕ_D　　　[C70]=1
S_F　　[B71]=O21　　　　　ϕ_F　　　[C71]=1
$S_{A \times C}$　[B72]=K21　　　　　$\phi_{A \times C}$　　[C72]=1
$S_{A \times D}$　[B73]=L21　　　　　$\phi_{A \times D}$　　[C73]=1
$S_{B \times C}$　[B74]=M21　　　　　$\phi_{B \times C}$　　[C74]=1
S_T　　[B76]=SUM(B21:P21)　ϕ_T　　　[C76]=15
$S_{E(2)}$　[B75]=N21+P21　　　$\phi_{E(2)}$　　[C75]=C76−SUM(C63:C74)

操作26　平均平方　[D63]=B63/C63，[D63] を [D64:D75] にコピーする．

操作27　1次単位の F_0 値　[E63]=D63/$D$68，[E63] を [E64:E67] にコピーする．

2次単位の F_0 値　[E68]=D68/$D$75，[E68] を [E69:E74] にコピーする．

操作28　1次単位の P 値　[F63]=FDIST(E63,C63,$C$68)，[F63] を [F64:F67] にコピーする．

2次単位の P 値　[F68]=FDIST(E68,C68,$C$75)，[F68] を [F69:F74] にコピーする．

操作29　1次単位の F 境界値　[G63]=FINV(0.05,C63,$C$68)，[G63] を [G64:G67] にコピーする．

注）Excel 2010 では，F.INV.RT(0.05,C63,$C$68) を使用

2次単位の F 境界値　[G68]=FINV(0.05,C68,$C$75)，[G68] を [G69:G74] にコピーする．

注）Excel 2010 では，F.INV.RT(0.05,C68,$C$75) を使用

分散分析表

	A	B	C	D	E	F	G	H
61	■分散分析表							
62	要因	平方和S	自由度φ	平均平方V	F_0値	P値	F境界値	
63	反復R	13.14	1	13.14	1.10	40.5%	18.5	pooling
64	因子A	115.03	1	115.03	9.60	9.0%	18.5	
65	因子B	85.10	1	85.10	7.10	11.7%	18.5	
66	交互作用A×B	66.83	1	66.83	5.58	14.2%	18.5	
67	交互作用D×F	5.18	1	5.18	0.43	57.9%	18.5	pooling
68	誤差E(1)	23.96	2	11.98	2.79	26.4%	19.0	
69	因子C	89.78	1	89.78	20.92	4.5%	18.5	
70	因子D	1.38	1	1.38	0.32	62.8%	18.5	pooling
71	因子F	39.38	1	39.38	9.18	9.4%	18.5	
72	交互作用A×C	25.76	1	25.76	6.00	13.4%	18.5	
73	交互作用A×D	1.05	1	1.05	0.24	67.0%	18.5	pooling
74	交互作用B×C	4.52	1	4.52	1.05	41.3%	18.5	pooling
75	E誤差(2)	8.58	2	4.29				
76	合計T	479.66	15					

操作25 操作26 操作27 操作28 操作29

図 10.30 分散分析表

2) プーリングを検討する

反復 R と交互作用 $D×F$ を1次誤差に，主効果 D と交互作用 $A×D$, $B×C$ を2次誤差にプーリングして，分散分析表を作り直す．

操作30 平方和と自由度

S_A 　　[J64]=B64
S_B 　　[J65]=B65
$S_{A×B}$ 　　[J66]=B66
$S_{E(1)}$ 　　[J68]=B68+B63+B67
S_C 　　[J69]=B69
S_F 　　[J71]=B71
$S_{A×C}$ 　　[J72]=B72
S_T 　　[J76]=B76
$S_{E(2)}$ 　　[J75]=B75+B70+B73+B74

自由度　　[J64:J76] を [K64:K76] にコピーする．

操作31 平均平方 [L64]=J64/K64，[L64] を [L65:L75] にコピーする．
プーリングしたセルは適宜空白にする．（以下 操作32 ～ 操作34 まで同

様)

操作32 1次単位の F_0 値 [M64]=L64/$L$68,[M64] を [M65:M66] にコピーする.

2次単位の F_0 値 [M68]=L68/$L$75,[M68] を [M69:M72] にコピーする.

操作33 1次単位の P 値 [N64]=FDIST(M64,K64,$K$68),[N64]を[N65:N66]にコピーする.

2次単位の P 値 [N68]=FDIST(M68,K68,$K$75),[N68]を[N69:N72]にコピーする.

操作34 1次単位の F 境界値 [O64]=FINV(0.05,K64,$K$68),[O64] を [O65:O66]にコピーする.

注)Excel 2010 では,F.INV.RT(0.05,K64,$K$68) を使用

2次単位の F 境界値 [O68]=FINV(0.05,K68,$K$75),[O68] を [O69:O72] にコピーする.

注)Excel 2010 では,F.INV.RT(0.05,K68,$K$75) を使用

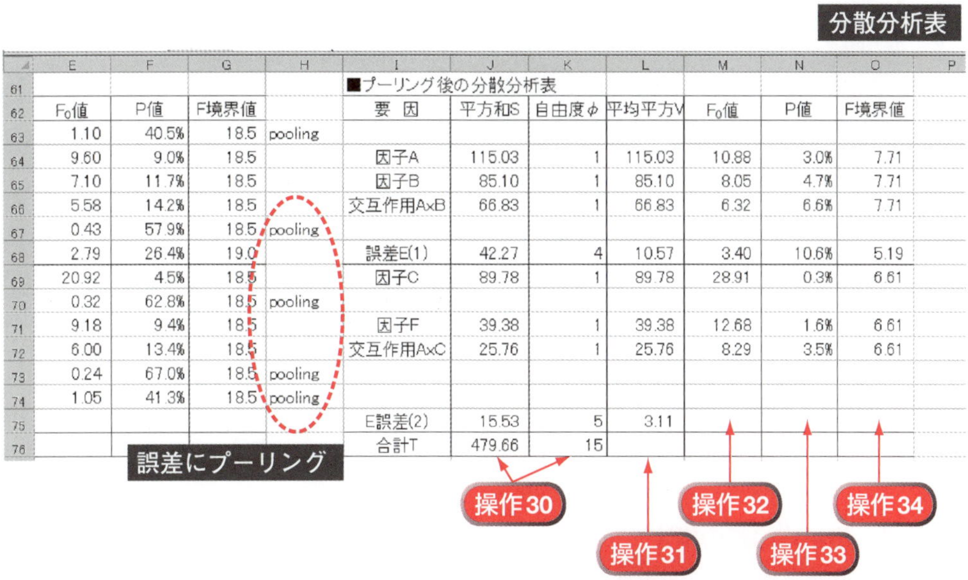

分散分析表

	E	F	G	H	I	J	K	L	M	N	O
61					■プーリング後の分散分析表						
62	F_0値	P値	F境界値		要因	平方和S	自由度φ	平均平方V	F_0値	P値	F境界値
63	1.10	40.5%	18.5	pooling							
64	9.60	9.0%	18.5		因子A	115.03	1	115.03	10.88	3.0%	7.71
65	7.10	11.7%	18.5		因子B	85.10	1	85.10	8.05	4.7%	7.71
66	5.58	14.2%	18.5		交互作用A×B	66.83	1	66.83	6.32	6.6%	7.71
67	0.43	57.9%	18.5	pooling							
68	2.79	26.4%	19.0		誤差E(1)	42.27	4	10.57	3.40	10.6%	5.19
69	20.92	4.5%	18.5		因子C	89.78	1	89.78	28.91	0.3%	6.61
70	0.32	62.8%	18.5	pooling							
71	9.18	9.4%	18.5		因子F	39.38	1	39.38	12.68	1.6%	6.61
72	6.00	13.4%	18.5		交互作用A×C	25.76	1	25.76	8.29	3.5%	6.61
73	0.24	67.0%	18.5	pooling							
74	1.05	41.3%	18.5	pooling							
75					E誤差(2)	15.53	5	3.11			
76					合計T	479.66	15				

誤差にプーリング

図 10.31 プーリング後の分散分析表

手順3 最適水準の決定と母平均の推定

1) 最適水準の決定

交互作用で因子 A が重複しているので,水準を固定する.

操作35 水準 A_1 のとき [B79]=U3/4+T7/4-C19/8

操作36 水準 A_2 のとき [B80]=U4/4+T8/4-C20/8

水準 A_1 のときに最大となるので，$A_1B_2C_1$ が選ばれる．因子 F は O19:O20 より F_2 が選ばれる．したがって，最適水準は $A_1B_2C_1F_2$ となる．

2) $A_1B_2C_1F_2$ における母平均の点推定

操作37 点推定値 [E78]=B79+O20/8-Q19/16

3) $A_1B_2C_1F_2$ における母平均の信頼率 95% での区間推定

操作38 1 次誤差の係数 [E79]=(1+K64+K65+K66)/16

操作39 2 次誤差の係数 [E80]=(K69+K71+K72)/16

操作40 点推定量の分散 [E81]=$L$68*E79+$L$75*E80

操作41 等価自由度
[E82]=E81^2/(($L$68*E79)^2/$K$68+($L$75*E80)^2/$K$75)

操作42 t 分布点 [E83]=(INT(E82)+1-E82)*TINV(0.05,E82)+(E82-INT(E82))*TINV(0.05,E82+1)

注）Excel 2010 では，(INT(E82)+1-E82)*T.INV.2T(0.05,E82)+(E82-INT(E82))*T.INV.2T(0.05,E82+1) を使用

操作43 区間幅 [E84]=E83*SQRT(E81)

操作44 信頼下限 [E85]=E78-E84

操作45 信頼上限 [E86]=E78+E84

手順4 データの予測

1) $A_1B_2C_1F_2$ におけるデータの点予測

操作46 点予測 [H78]=E78

2) $A_1B_2C_1F_2$ におけるデータの信頼率 95% での区間予測

操作47 1 次誤差の係数 [H79]=E79+1/2

操作48 2 次誤差の係数 [H80]=E80-1/2+1

操作49〜**操作54** [E81:E86] を [H81:H86] にコピーする．

手順5 母平均の差の推定

1) 最適水準 $A_1B_2C_1F_2$ と $A_1B_1C_1F_1$ における母平均の差の点推定

操作55 点推定 [K78]=E78-(T3/4+T7/4-C19/8+O19/8-Q19/16)

2) $A_1B_2C_1F_2$ におけるデータの信頼率 95% での区間予測

操作56 1 次誤差の係数 [K79]=1/2

操作57 2 次誤差の係数 [K80]=1/4

操作58〜**操作62** [E81:E86] を [K81:K86] にコピーする．

第 10 章 乱塊法と分割法

	A	B	C	D	E	F	G	H	I	J	K
77			■$A_1B_2C_1F_2$における母平均の推定				■$A_1B_2C_1F_2$におけるデータの予測			■母平均の差の推定	
78	■最適水準決定			点推定値	29.41875		点予測値	29.41875		差の点推定値	11.8375
79	A1のとき	27.85		1次誤差の係数	0.25		1次誤差の係数	0.75		1次誤差の係数	0.5
80	A2のとき	20.9375		2次誤差の係数	0.1875		2次誤差の係数	0.6875		2次誤差の係数	0.25
81				点推定量の分散	3.224336		点推定量の分散	10.06121		点推定量の分散	6.060469
82	操作35			等価自由度	5.734654		等価自由度	6.091654		等価自由度	5.17249
83				t分布点	2.479727		t分布点	2.43937		t分布点	2.54925
84	操作36			区間幅	4.452706		区間幅	7.737538		区間幅	6.275749
85				信頼下限	24.96604		予測下限	21.68121		予測下限	5.561751
86				信頼上限	33.87146		予測上限	37.15629		予測上限	18.11325

操作37 〜 操作45　　操作46 〜 操作54　　操作55 〜 操作62

図 10.32　推定と予測

10.9 実験の繰り返しと測定の繰り返し

一つの実験で何回か測定して複数のデータをとることがよくあるが，これは測定を繰り返しているだけで，実験を繰り返しているのではない．測定を繰り返すことで，実験で生じる誤差のうちの測定誤差を分離することはできるが，実験を繰り返さないと交互作用を検出することはできない．

繰り返しのある二元配置実験では，データの構造式は

$$x_{ijk} = \mu + a_i + b_j + (ab)_{ij} + \varepsilon_{ijk} \tag{10.148}$$

となり，誤差 ε_{ijk} は要因以外によるデータのばらつきを表している．一方，測定の繰り返しのみの二元配置実験では，データの構造式は

$$x_{ijk} = \mu + a_i + b_j + (ab)_{ij} + \varepsilon_{(1)ij} + \varepsilon_{(2)ijk} \tag{10.149}$$

となり，誤差 ε_{ijk} は測定誤差 $\varepsilon_{(2)ijk}$ とその他の実験誤差 $\varepsilon_{(1)ij}$ に分離される．誤差 $\varepsilon_{(1)ij}$ は水準 A_iB_j における実験設定にかかわる誤差であり，繰り返しには関係のない誤差だから添え字は ij となり，交互作用と交絡する．繰り返しのある二元配置実験で測定も繰り返して行えば，データの構造式は

$$x_{ijkl} = \mu + a_i + b_j + (ab)_{ij} + \varepsilon_{(1)ijk} + \varepsilon_{(2)ijkl} \tag{10.150}$$

となり，交互作用も測定誤差も両方とも分離することができる．

このように，測定の繰り返しは分割法の一つと見なすことができるので，**実験誤差**（1次誤差）や**測定誤差**（2次誤差）の平方和は，分割法における計算方法で求めることができる．

測定を繰り返すことで測定誤差が検出され，実験誤差と区別できる．要因効果は実験誤差によって検定するため，より適切に行うことができる．推定においても，測定の繰り返しのないとき，水準 A_iB_j における母平均の推定量の分散は，

$$V[\hat{\mu}(A_iB_j)] = \frac{\sigma^2}{n_e} = \frac{1}{n_e}(\sigma_{(1)}{}^2 + \sigma_{(2)}{}^2) \tag{10.151}$$

であるが，測定を r 回繰り返すと，測定誤差が $1/r$ になり，

$$V[\hat{\mu}(A_iB_j)] = \frac{1}{n_e}\left(\sigma_{(1)}{}^2 + \frac{\sigma_{(2)}{}^2}{r}\right) \tag{10.152}$$

と表される．測定した分だけ推定量の分散が小さくなり，信頼区間の区間幅が狭くなる．特に，測定誤差が大きい実験では，測定を繰り返すことで推定量の分散を小さくする．

10.9.1 分散分析

分散分析では，誤差要因に実験誤差（1次誤差）と測定誤差（2次誤差）が出る．各要因は実験誤差（1次誤差）で検定し，1次誤差は2次誤差で検定する．検定の結果，

1次誤差が2次誤差にプーリングされる場合には誤差が一つになり，分割法によらない方法で推定を行うことができる．

因子 A（a 水準），因子 B（b 水準）と測定の繰り返し（r 回）の場合の分散分析表は，表 10.18 のようになる．

表 10.18 分散分析表

要因	平方和 S	自由度 ϕ	平均平方 V	F_0 値	P 値	$E(V)$
A	S_A	ϕ_A	V_A	$V_A/V_{E(1)}$	P_A	$\sigma_{(2)}^2 + r\sigma_{(1)}^2 + br\sigma_A^2$
B	S_B	ϕ_B	V_B	$V_B/V_{E(1)}$	P_B	$\sigma_{(2)}^2 + r\sigma_{(1)}^2 + ar\sigma_B^2$
$E_{(1)}$	$S_{E(1)}$	$\phi_{E(1)}$	$V_{E(1)}$	$V_{E(1)}/V_{E(2)}$	$P_{E(1)}$	$\sigma_{(2)}^2 + r\sigma_{(1)}^2$
$E_{(2)}$	$S_{E(2)}$	$\phi_{E(2)}$	$V_{E(2)}$			$\sigma_{(2)}^2$
T	S_T	ϕ_T				

このとき，各誤差分散の推定値は $E(V)$ から計算される．

$$\hat{\sigma}_{(1)}^2 = \frac{V_{E(1)} - V_{E(2)}}{r} \tag{10.153}$$

$$\hat{\sigma}_{(2)}^2 = V_{E(2)} \tag{10.154}$$

直交配列表実験でも測定を繰り返すと，測定誤差を分離することができる．列平方和は，2水準系なら

$$S_{[k]} = \frac{(T_{[k]1} - T_{[k]2})^2}{N} \tag{10.155}$$

より計算できる．ここで，分母の N は総データ数だから，L_8 で測定を2回行ったなら，$N=16$ となる．1次誤差の平方和は誤差の割り付けられた列の列平方和である．総平方和 S_T は個々のデータから計算し，S_T と列平方和の合計との差が2次誤差の平方和となる．

10.9.2 分散の推定値

推定量の分散の推定値を，誤差分散の推定値を用いて表すと

$$\begin{aligned}\hat{V}[\hat{\mu}(A_iB_j)] &= \frac{1}{n_e}\left(\hat{\sigma}_{(1)}^2 + \frac{\hat{\sigma}_{(2)}^2}{r}\right) \\ &= \frac{1}{n_e}\left(\frac{V_{E(1)} - V_{E(2)}}{r} + \frac{V_{E(2)}}{r}\right) \\ &= \frac{1}{n_e} \times \frac{V_{E(1)}}{r}\end{aligned} \tag{10.156}$$

となる．また，データの予測では，点推定量の分散にデータの分散 $\sigma_{(1)}^2 + \sigma_{(2)}^2$ が加わり，

$$\hat{V} = \hat{V}[\hat{\mu}(A_i B_j)] + (\hat{\sigma}_{(1)}^2 + \hat{\sigma}_{(2)}^2)$$

$$= \frac{1}{n_e}\left[\hat{\sigma}_{(1)}^2 + \frac{\hat{\sigma}_{(2)}^2}{r}\right] + (\hat{\sigma}_{(1)}^2 + \hat{\sigma}_{(2)}^2)$$

$$= \frac{1}{n_e} \times \frac{V_{E(1)}}{r} + \frac{V_{E(1)} - V_{E(2)}}{r} + V_{E(2)}$$

$$= \left(1 + \frac{1}{n_e}\right)V_{E(1)} + \frac{r-1}{r}V_{E(2)} \tag{10.157}$$

となる.

10.10 測定を繰り返した直交配列表実験の解析例

2水準因子 A, B, C と交互作用 $A \times B$, $A \times C$ を取り上げて $L_8(2^7)$ 直交配列表による実験を計画し,各水準組合せで2回の測定を行った.因子の割り付けと測定結果を示す.

表10.19 因子の割り付けとデータ

No.	[1] A	[2] B	[3] A×B	[4] C	[5] A×C	[6] $E_{(1)}$	[7] $E_{(1)}$	データ	
1	1	1	1	1	1	1	1	21	31
2	1	1	1	2	2	2	2	23	21
3	1	2	2	1	1	2	2	33	43
4	1	2	2	2	2	1	1	29	31
5	2	1	2	1	2	1	2	73	79
6	2	1	2	2	1	2	1	28	20
7	2	2	1	1	2	2	1	59	69
8	2	2	1	2	1	1	2	35	29

手順1 データの整理

各列で第1水準と第2水準の合計を計算して,列平方和を求める.また,交互作用を調べるために二元表にまとめる.

データをグラフ化すると,主効果 A, C と交互作用 $A \times C$ に効果がありそうである.主効果 B と交互作用 $A \times B$ の効果は判然としない.

総平方和は

$$S_T = (21^2 + 31^2 + \cdots + 29^2) - \frac{624^2}{16} = 5838 \tag{10.158}$$

で求められ,2次誤差の平方和は

$$S_{E(2)} = S_T - (S_{[1]} + S_{[2]} + \cdots + S_{[7]}) = 222 \tag{10.159}$$

となる.総自由度は $N-1=15$ だから,2次誤差の自由度は8となる.

第 10 章　乱塊法と分割法

表 10.20　データ表

No.	[1] A	[2] B	[3] $A \times B$	[4] C	[5] $A \times C$	[6] $E_{(1)}$	[7] $E_{(1)}$
第1水準の和	232	296	288	408	240	328	288
第2水準の和	392	328	336	216	384	296	336
$S_{[k]}$	1600	64	144	2304	1296	64	144

	B_1	B_2
A_1	96	136
A_2	200	192

	C_1	C_2
A_1	128	104
A_2	280	112

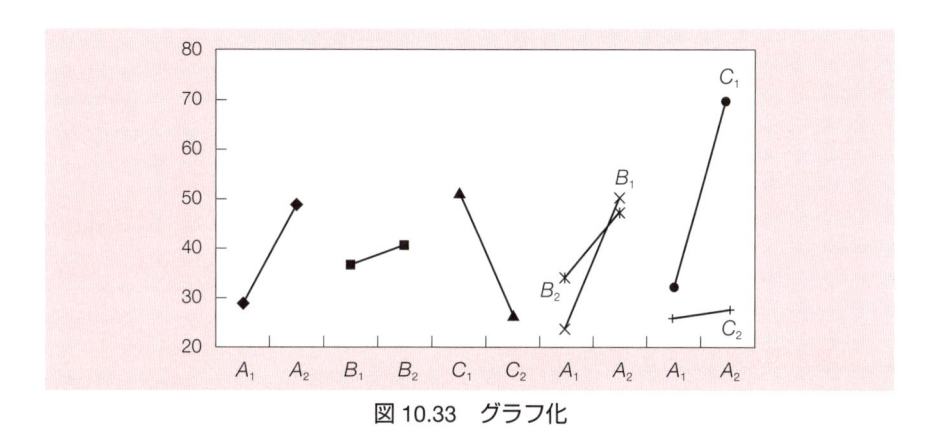

図 10.33　グラフ化

手順2　分散分析表の作成

表 10.21　分散分析表

要因	平方和 S	自由度 ϕ	平均平方 V	F_0 値	P 値	$E(V)$
A	1600	1	1600	15.4	5.9%	$\sigma_{(2)}^2 + 2\sigma_{(1)}^2 + 8\sigma_A^2$
B	64	1	64	0.62	51.5%	$\sigma_{(2)}^2 + 2\sigma_{(1)}^2 + 8\sigma_B^2$
C	2304	1	2304	22.2*	4.2%	$\sigma_{(2)}^2 + 2\sigma_{(1)}^2 + 8\sigma_C^2$
$A \times B$	144	1	144	1.38	36.0%	$\sigma_{(2)}^2 + 2\sigma_{(1)}^2 + 4\sigma_{A \times B}^2$
$A \times C$	1296	1	1296	12.5	7.2%	$\sigma_{(2)}^2 + 2\sigma_{(1)}^2 + 4\sigma_{A \times C}^2$
$E_{(1)}$	208	2	104	3.75	7.1%	$\sigma_{(2)}^2 + 2\sigma_{(1)}^2$
$E_{(2)}$	222	8	27.75			$\sigma_{(2)}^2$
T	5838	15				

$F(1,2;0.05) = 18.5,\ F(1,2;0.01) = 98.5$
$F(2,8;0.05) = 4.46,\ F(2,8;0.01) = 8.65$

　主効果 C が有意となった．主効果 A と交互作用 $A \times C$ と1次誤差は有意ではないが，F_0 値が小さくないので残す．主効果 B と交互作用 $A \times B$ は有意でなく，F_0 値も小さいので1次誤差にプーリングして，分散分析表を作り直す．

表10.22　プーリング後の分散分析表

要因	平方和 S	自由度 ϕ	平均平方 V	F_0 値	P 値	$E(V)$
A	1600	1	1600	15.4*	1.7%	$\sigma_{(2)}^2 + 2\sigma_{(1)}^2 + 8\sigma_A^2$
C	2304	1	2304	22.2**	0.9%	$\sigma_{(2)}^2 + 2\sigma_{(1)}^2 + 8\sigma_C^2$
$A \times C$	1296	1	1296	12.5*	2.4%	$\sigma_{(2)}^2 + 2\sigma_{(1)}^2 + 4\sigma_{A \times C}^2$
$E_{(1)}$	416	4	104	3.75	5.3%	$\sigma_{(2)}^2 + 2\sigma_{(1)}^2$
$E_{(2)}$	222	8	27.75			$\sigma_{(2)}^2$
T	5838	15				

$F(1,8;0.05) = 7.71, \quad F(1,8;0.01) = 11.3$
$F(4,8;0.05) = 3.84, \quad F(4,8;0.01) = 7.01$

主効果 C が高度に有意，主効果 A と交互作用 $A \times C$ が有意となった．誤差分散の推定値を $E(V)$ に基づいて計算する．

$$\hat{\sigma}_{E(1)}^2 = \frac{V_{E(1)} - V_{E(2)}}{2} = \frac{104 - 27.75}{2} = 38.125 \tag{10.160}$$

$$\hat{\sigma}_{E(2)}^2 = V_{E(2)} = 27.75 \tag{10.161}$$

手順3　最適水準の決定と母平均の推定

推定に用いるデータの構造式は

$$x_{ijk} = \mu + \underbrace{a_i + c_j + (ac)_{ij} + \varepsilon_{(1)ij}}_{1次} + \underbrace{\varepsilon_{(2)ijk}}_{2次} \tag{10.162}$$

であるから，AC が最大となるのは AC 二元表から水準 A_2C_1 が選ばれ，最適水準となる．

A_2C_1 における母平均の点推定値は，A_2C_1 における平均から求める．

$$\hat{\mu}(A_2C_1) = \overline{\mu + a_2 + c_1 + (ac)_{21}} = \frac{280}{4} = 70.0 \tag{10.163}$$

各次数における有効反復数は

$$\frac{1}{n_{e(1)}} = \frac{1+1+1}{16} = \frac{3}{16}, \quad \frac{1}{n_{e(2)}} = \frac{0}{16} = 0 \tag{10.164}$$

となるので，点推定量の分散は

$$\hat{V}(\bar{x}) = \frac{V_{E(1)}}{N} + \frac{V_{E(1)}}{n_{e(1)}} + \frac{V_{E(2)}}{n_{e(2)}}$$

$$= \frac{V_{E(1)}}{4}$$

$$= \frac{104}{4}$$

$$= 26.0 \tag{10.165}$$

である．自由度は $\phi_{E(1)} = 4$ を用いる．したがって，最適水準における母平均の信頼率

95％での信頼区間は次のようになる．

$$\hat{\mu}(A_2C_1) \pm t(\phi_{E(1)}, \alpha)\sqrt{\hat{V}(\bar{x})} = 70.0 \pm t(4, 0.05)\sqrt{26.0}$$
$$= 70.0 \pm 2.776 \times 5.099$$
$$= 70.0 \pm 14.2$$
$$= 55.8,\ 84.2 \qquad (10.166)$$

手順4　データの予測

最適水準と同じ条件で新たにデータをとるとき，得られる値を予測する．点予測値は，母平均の点推定値と同じになる．

$$\hat{x}(A_2C_1) = 70.0 \qquad (10.167)$$

区間予測では，点推定量の分散にデータの分散 $\sigma_{(1)}^2 + \sigma_{(2)}^2$ が加わるから，

$$\hat{V} = \hat{V}(\bar{x}) + (\hat{\sigma}_{(1)}^2 + \hat{\sigma}_{(2)}^2)$$
$$= \frac{V_{E(1)}}{4} + \frac{V_{E(1)} - V_{E(2)}}{2} + V_{E(2)}$$
$$= \frac{3}{4}V_{E(1)} + \frac{V_{E(2)}}{2}$$
$$= \frac{3}{4} \times 104 + \frac{27.75}{2}$$
$$= 91.875 \qquad (10.168)$$

である．サタースウェイトの等価自由度は，

$$\frac{\left(\frac{3}{4} \times 104 + \frac{27.75}{2}\right)^2}{\phi^*} = \frac{\left(\frac{3}{4} \times 104\right)^2}{4} + \frac{\left(\frac{27.75}{2}\right)^2}{8} \qquad (10.169)$$

から，$\phi^* = 5.46$ となり，t 分布の5％点は

$$t(5.46, 0.05) = 0.46 \times t(6, 0.05) + 0.54 \times t(5, 0.05)$$
$$= 0.46 \times 2.447 + 0.54 \times 2.571$$
$$= 2.514 \qquad (10.170)$$

となる．したがって，最適水準におけるデータの予測区間は次のようになる．

$$\hat{\mu} \pm t(\phi^*, \alpha)\sqrt{\hat{V}} = 70.0 \pm t(5.46, 0.05)\sqrt{91.875}$$
$$= 70.0 \pm 2.514 \times 9.585$$
$$= 70.0 \pm 24.1$$
$$= 45.9,\ 94.1 \qquad (10.171)$$

Excel 解析 11

測定を繰り返した直交配列表実験

表 10.19 のデータを Excel で解析してみる．表 10.19 は，2 水準因子 A, B, C と交互作用 $A \times B$, $A \times C$ を取り上げて $L_8(2^7)$ 直交配列表による実験を計画し，各水準組合せで 2 回の測定を行ったものであり，因子の割り付けと測定結果を再掲する．

表 10.19（再掲）　因子の割り付けとデータ

No.	[1] A	[2] B	[3] $A \times B$	[4] C	[5] $A \times C$	[6] $E(1)$	[7] $E(1)$	データ	
1	1	1	1	1	1	1	1	21	31
2	1	1	1	2	2	2	2	23	21
3	1	2	2	1	1	2	2	33	43
4	1	2	2	2	2	1	1	29	31
5	2	1	2	1	2	1	2	73	79
6	2	1	2	2	1	2	1	28	20
7	2	2	1	1	2	2	1	59	69
8	2	2	1	2	1	1	2	35	29

手順 1　データの整理

1) データを入力し，基本統計量を計算する

操作 1　直交配列表を B3:B10 に入れ，1 行目には列番号，2 行目には割り付けた要因名を入力する．繰り返して測定したデータは I3:J10 に入力する．

各列において，水準ごとの合計や平方和を計算する．

操作 2　データの合計　［J11］=SUM(I3:J10)

操作 3　第 [1] 列における第 2 水準の合計
［B12］=SUMIF(B3:B10,"=2",$I$3:$I$10)+SUMIF(B3:B10,"=2",$J$3:$J$10)-J11

操作 4　第 [1] 列における第 1 水準の合計　［B11］=SUM($I$3:$J$10)-B12

操作 5　第 [1] 列における列平方和　［B13］=(B11-B12)^2/16

操作 6　第 [2] 列から第 [7] 列は，［B11:B13］を［C11:H13］にコピーする．

また，交互作用を求めるための二元表を作成する．AB の各水準組合せにおける合計を求める．

第 10 章　乱塊法と分割法

	A	B	C	D	E	F	G	H	I	J
1	■データ表	[1]	[2]	[3]	[4]	[5]	[6]	[7]		
2	No.	A	B	A×B	C	A×C	E(1)	E(1)	データ	
3	1	1	1	1	1	1	1	1	21	31
4	2	1	1	1	2	2	2	2	23	21
5	3	1	2	2	1	1	2	2	33	43
6	4	1	2	2	2	2	1	1	29	31
7	5	2	1	2	1	2	1	2	73	79
8	6	2	1	2	2	1	2	1	28	20
9	7	2	2	1	1	2	2	1	59	69
10	8	2	2	1	2	1	1	2	35	29
11	第1水準T_1	232	296	288	408	240	328	288		624
12	第2水準T_2	392	328	336	216	384	296	336		
13	平方和S	1600	64	144	2304	1296	64	144		

操作1 ～ 操作6

図 10.34　データ表

操作7　水準 A_1B_1 の合計
[M3]=SUMIFS(I3:I10,B3:B10,"=1",C3:C10,"=1")+SUMIFS(J3:J10,B3:B10,"=1",C3:C10,"=1")

操作8　水準 A_1B_2 の合計
[N3]=SUMIFS(I3:I10,B3:B10,"=1",C3:C10,"=2")+SUMIFS(J3:J10,B3:B10,"=1",C3:C10,"=2")

操作9　水準 A_2B_1 の合計
[M4]=SUMIFS(I3:I10,B3:B10,"=2",C3:C10,"=1")+SUMIFS(J3:J10,B3:B10,"=2",C3:C10,"=1")

操作10　水準 A_2B_2 の合計
[N4]=SUMIFS(I3:I10,B3:B10,"=2",C3:C10,"=2")+SUMIFS(J3:J10,B3:B10,"=2",C3:C10,"=2")

同様にして，AC 二元表も作成する．（**操作11**）

注）Excel 2003 以前の場合

Excel 2003 以前では，SUMIFS 関数が組み込まれていないため，**操作7**～**操作10** は，SUMPRODUCT を使用して次のように入力する．

操作7　水準 A_1B_1 の合計
[M3]=SUMPRODUCT((C3:C10=1)*(B3:B10=1),I3:I10)
+SUMPRODUCT((C3:C10=1)*(B3:B10=1),J3:J10)

操作8　水準 A_1B_2 の合計
[N3]=SUMPRODUCT((C3:C10=2)*(B3:B10=1),I3:I10)
+SUMPRODUCT((C3:C10=2)*(B3:B10=1),J3:J10)

操作9　水準 A_2B_1 の合計

[M4]=SUMPRODUCT((C3:C10=1)*(B3:B10=2),I3:I10)
+SUMPRODUCT((C3:C10=1)*(B3:B10=2),J3:J10)

操作10 水準 A_2B_2 の合計

[N4]=SUMPRODUCT((C3:C10=2)*(B3:B10=2),I3:I10)
+SUMPRODUCT((C3:C10=2)*(B3:B10=2),J3:J10)

	K	L	M	N	O
1		■AB二元表			
2			B_1	B_2	
3		A_1	96	136	
4		A_2	200	192	
5		■AC二元表			
6			C_1	C_2	
7		A_1	128	104	
8		A_2	280	112	

操作7 〜 操作10 (rows 3–4)
操作11 (rows 7–8)

図 10.35　二元表の作成

2) データをグラフ化する

一つのグラフにまとめるには，データ配列を作り直す．

操作12 A 列には横軸にくる水準名を入れる．

操作13 因子 A の各水準の平均　[B16]=B11/8，[B17]=B12/8

操作14 因子 B の各水準の平均　[C18]=C11/8，[C19]=C12/8

操作15 因子 C の各水準の平均　[D20]=E11/8，[D21]=E12/8

操作16 AB の各水準の組合せの平均　[E22]=M3/4，[E22] を [E22:F23] にコピーする．

操作17 AC の各水準の組合せの平均　[G24]=M7/4，[G24] を [G24:H25] にコピーする．

グラフ用データ表

	A	B	C	D	E	F	G	H
15		A	B	C	B_1	B_2	C_1	C_2
16	A_1	29						
17	A_2	49						
18	B_1		37					
19	B_2		41					
20	C_1			51				
21	C_2			27				
22	A_1				24	34		
23	A_2				50	48		
24	A_1						32	26
25	A_2						70	28
26								

操作12 〜 操作17

図 10.36　グラフ化のためのデータ表作成

第 10 章　乱塊法と分割法

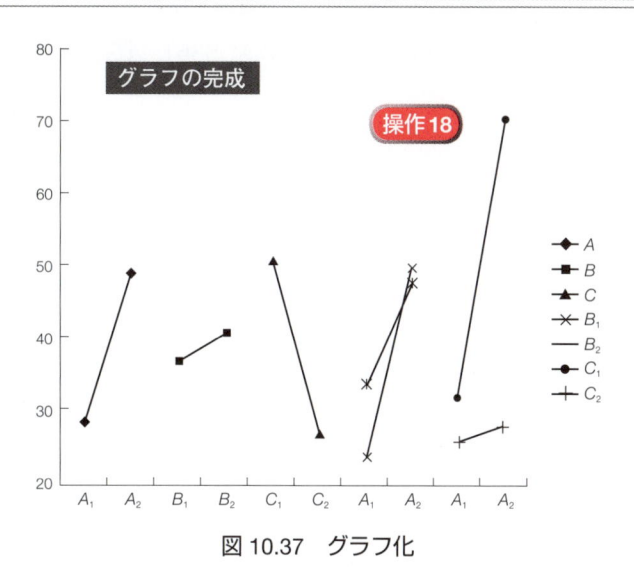

```
グラフの完成
操作18
```

図 10.37　グラフ化

操作12 から 操作17 で作成したデータ表からグラフを作成する．

操作18　データ範囲 A15:H25 を指定して，「挿入」タブの「折れ線」から「マーカーつき折れ線」を選ぶと，折れ線グラフが表示される．「軸の書式設定(F)」においてグラフを整形する．

手順 2　分散分析表の作成

1) 分散分析表にまとめる

操作19　平方和と自由度

S_A　　[B30]＝B13　　　　　　　ϕ_A　　[C30]＝1
S_B　　[B31]＝C13　　　　　　　ϕ_B　　[C31]＝1
S_C　　[B32]＝E13　　　　　　　ϕ_C　　[C32]＝1
$S_{A \times B}$　[B33]＝D13　　　　　　　$\phi_{A \times B}$　[C33]＝1
$S_{A \times C}$　[B34]＝F13　　　　　　　$\phi_{A \times C}$　[C34]＝1
$S_{E(1)}$　[B35]＝G13+H13　　　　　　$\phi_{E(1)}$　[C35]＝2
S_T　　[B37]＝SUMSQ(I3:J10)-J11^2/16　ϕ_T　[C37]＝15
$S_{E(2)}$　[B36]＝B37−SUM(B30:B35)　　$\phi_{E(2)}$　[C36]　B36 をコピーする．

操作20　平均平方　[D30]＝B30/C30，[D30] を [D31:D36] にコピーする．

操作21　F_0 値　[E30]＝D30/$D$35，[E30] を [E31:E34] にコピーする．
　　　　[E35]＝D35/D36

操作22　P 値　[F30]＝FDIST(E30,C30,$C$35)，[F30] を [F31:F34] にコピーする．
　　　　[F35]＝FDIST(E35,C35,C36)

操作23 F 境界値 [G30]=FINV(0.05,C30,$C$35)，[G30] を [G31:G34] にコピーする．

[G35]=FINV(0.05,C35,C36)

注）Excel 2010 では，F.INV.RT(0.05,C30,$C$35) を使用

分散分析表

	A	B	C	D	E	F	G	H
28	■分散分析表							
29	要因	平方和S	自由度φ	平均平方V	F_0値	P値	F境界値	
30	因子A	1600	1	1600	15.4	5.9%	18.5	
31	因子B	64	1	64	0.62	51.5%	18.5	pooling
32	因子C	2304	1	2304	22.2	4.2%	18.5	
33	交互作用A×B	144	1	144	1.38	36.0%	18.5	pooling
34	交互作用A×C	1296	1	1296	12.5	7.2%	18.5	
35	誤差E(1)	208	2	104	3.75	7.1%	4.46	
36	誤差E(2)	222	8	27.75				
37	合計T	5838	15					

図 10.38　分散分析表

2）プーリングを検討する

主効果 B と交互作用 $A \times B$ を 1 次誤差にプーリングして，分散分析表を作り直す．

操作24 平方和と自由度

S_A 　　　[J30]=B30

S_C 　　　[J32]=B32

$S_{A \times C}$ 　[J34]=B34

$S_{E(1)}$ 　　[J35]=B35+B31+B33

S_T 　　　[J37]=B37

$S_{E(2)}$ 　　[J36]=B36

自由度 [J30:J37] を [K30:K37] にコピーする．

操作25 平均平方 [L30]=J30/K30，[L30] を [L32:L36] にコピーする．プーリングしたセルは適宜，空白にする．（以下，**操作26**〜**操作28** まで同様）

操作26 F_0 値 [M30]=L30/$L$35，[M30] を [M32:M34] にコピーする．

[M35]=L35/L36

操作27 P 値 [N30]=FDIST(M30,K30,$K$35),[N30] を [N32:N34] にコピーする．

[N35]=FDIST(M35,K35,K36)

操作28 F 境界値 [O30]=FINV(0.05,K30,$K$35),[O30] を [O32:O34] にコピーする．

[O35]=FINV(0.05,K35,K36)

注）Excel 2010 では，F.INV.RT(0.05,K30,$K$35) を使用

分散分析表

	E	F	G	H	I	J	K	L	M	N	O
28					■プーリング後の分散分析表						
29	F_0値	P値	F境界値		要因	平方和S	自由度φ	平均平方V	F_0値	P値	F境界値
30	15.4	5.9%	18.5		因子A	1600	1	1600	15.3846	1.7%	7.71
31	0.62	51.5%	18.5	pooling							
32	22.2	4.2%	18.5		因子C	2304	1	2304	22.1538	0.9%	7.71
33	1.38	36.0%	18.5	pooling							
34	12.5	7.2%	18.5		交互作用A×C	1296	1	1296	12.4615	2.4%	7.71
35	3.75	7.1%	4.46		誤差E(1)	416	4	104	3.74775	5.3%	3.84
36					誤差E(2)	222	8	27.75			
37					合計T	5838	15				

誤差にプーリング

図 10.39 プーリング後の分散分析表

手順3 最適水準の決定と母平均の推定

1) 最適水準の決定

　M7:N8 の中で AC が最大となる A_2C_1 が最適水準となる．

2) A_2C_1 における母平均の点推定

　操作29 点推定値 [C39]=M8/4

3) A_2C_1 における母平均の信頼率 95%での区間推定

　操作30 1 次誤差の係数 [C40]=(1+K30+K32+K34)/16

　操作31 2 次誤差の係数 [C41]=0

　操作32 点推定量の分散 [C42]=$L$35*C40+$L$36*C41

　操作33 等価自由度

　　[C43]=C42^2/(($L$35*C40)^2/$K$35+($L$36*C41)^2/$K$36)

　操作34 t 分布点

　　[C44]=(INT(C43)+1-C43)*TINV(0.05,C43)+(C43-INT(C43))*TINV(0.05,C43+1)

　　注）Excel 2010 では，(INT(C43)+1-C43)*T.INV.2T(0.05,C43)+(C43

-INT(C43))*T.INV.2T(0.05,C43+1)を使用

操作35 区間幅［C45］=C44*SQRT(C42)

操作36 信頼下限［C46］=C39-C45

操作37 信頼上限［C47］=C39+C45

	A	B	C	D	E	F	G
38	■A_1C_1における母平均の推定			■A_1C_1におけるデータの予測			
39		点推定値	70		点予測値	70	
40		1次誤差の係数	0.25		1次誤差の係数	0.75	
41		2次誤差の係数	0		2次誤差の係数	0.5	
42		点推定量の分散	26		点推定量の分散	91.875	
43		等価自由度	4		等価自由度	5.46321	
44		t分布点	2.77645		t分布点	2.5133	
45		区間幅	14.1571		区間幅	24.0903	
46		信頼下限	55.8429		予測下限	45.9097	
47		信頼上限	84.1571		予測上限	94.0903	

操作29 ～ 操作37　　　操作38 ～ 操作46

図 10.40　推定と予測

手順 4 **データの予測**

1) A_2C_1 におけるデータの点予測

　操作38 点予測［F39］=C39

2) A_2C_1 におけるデータの信頼率 95％での区間予測

　操作39 1次誤差の係数［F40］=C40+1/2

　操作40 2次誤差の係数［F41］=C41-1/2+1

　操作41 ～ **操作46**　［C42:C47］を［F42:F47］にコピーする．

第Ⅲ部

実験計画法活用事例

社会に役立つ製品とサービスを提供しつづけるために，企業はお客様視点でさまざまな活動を行っています．製造業においては新製品の創出が大きな課題の一つであり，そのための技術開発に特に力を入れています．そうした企業において実験計画法は，技術開発を支援する有効なツールとして多く使われています．第Ⅲ部では，「企業における実験計画法の活用事例」として，開発段階で取り組まれた実験計画法の設計から解析までのプロセスを紹介します．この事例を通して，目的を明らかにして実験計画法を活用する重要性を理解いただくことをねらいとしています．

第11章
企業における実験計画法の活用事例

11.1 日本ガイシ株式会社——燃料電池の開発

　日本ガイシは，特別高圧がいしの国産化を手掛けて始まったものづくりの企業である．多彩なセラミック技術をコアテクノロジーとし，送電用がいし，変電用ブッシング，電力貯蔵用の大型電池，自動車用排ガス浄化フィルター，電子・電機機器や半導体製造装置用の部品などを製造し，エコロジー（Ecology），エネルギー（Energy），エレクトロニクス（Electronics）のトリプル E の領域で幅広い事業をグローバルに展開している（図 11.1）．

排ガス浄化フィルター

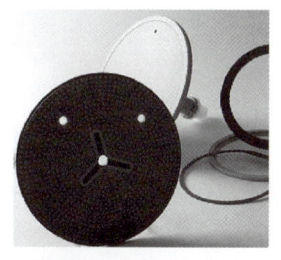

半導体製造装置用部品

送電用懸垂がいし

電力貯蔵用 NAS 電池

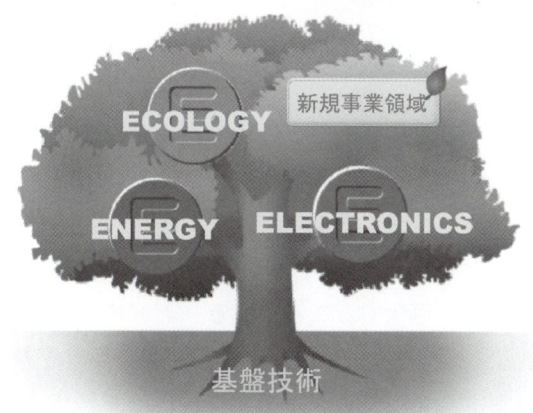

基盤技術
材料技術　生産技術　解析技術

図 11.1　日本ガイシの事業概要

　新規事業領域では，セラミックスに関する材料技術，生産技術，解析技術を活かして新製品の開発を行っている．その取組みの一つとして，クリーンで高効率な発電システムとして近年注目されている燃料電池の開発がある．いろいろなタイプの燃料電池が開発されている中で，SOFC（Solid Oxide Fuel Cells）と呼ばれるセラミック製の燃料電

池は最も発電効率が高く，また他のタイプと異なり，水素以外の天然ガス・石炭ガスを燃料として直接利用できることから改質器が不要で，低コスト・コンパクトな発電システムになると期待されている（図11.2）．

この章では，日本ガイシがSOFCの開発で実験計画法を利用した事例の一つを紹介しながら，企業での開発において大切と考えているポイントや実験を行う際の注意点を筆者の経験から述べる．

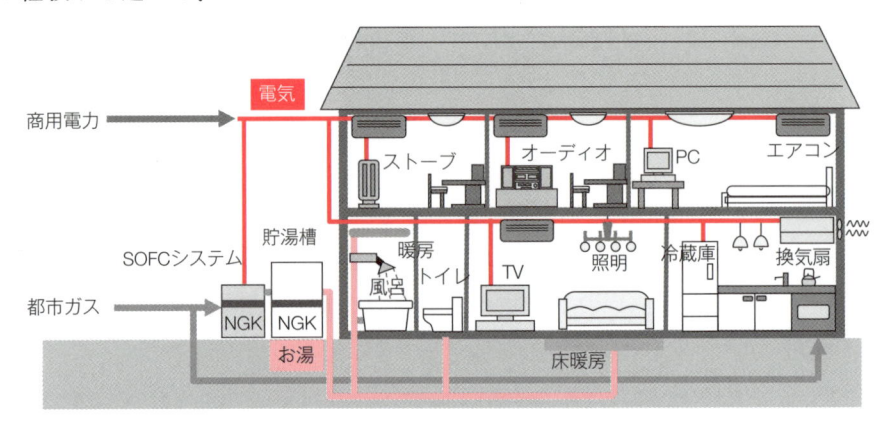

図11.2 家庭用SOFCシステム

11.2 開発のねらいと技術課題

開発でまず大切なポイントは，その**ねらい**を明らかにすることである．具体的には，開発する価値があると判断した新製品に対し，そのお客様が誰で，何が求められているのかということである．これが明らかになっていないと，開発すべき対象も目標も定められないからである．さらにそれが組織で共通認識化されていることも重要である．多くの部署がかかわる開発プロセスはそのねらいが共通認識化されていなければ決してスピードアップすることはできない．SOFCの開発のねらいは，コンビニエンスストアやショッピングセンターなどの事業所や家庭に設置する小規模な発電設備（分散型電源）として実用化することである．お客様は中小規模の事業主や各家庭と定め，また，発電出力は数 kW ～数十 kW の容量が必要と予想されるため，SOFCの中核部品であるセラミック製の発電素子（セル）にはそのサイズとコストを実現できる高い発電性能が要求される．

開発を始めると簡単には乗り越えられそうにない技術的な壁が現れる．取り組まなければならない項目の中で，何が重要な**技術課題**となるのかその見極めを行い，最適に資源を投入する必要がある．SOFCでは，必要とされる電力を安定して効率よく出力することが要求され，そのため，以下の二つの技術課題が浮上してきた．

① 作動温度およびガス供給の均一化と発電部のコンパクト化とを両立する構造の

設計
② 高い発電性能が得られるセルの作製プロセス

後者については，開発当初，セルをどんな材料でどうやって作り，どのように評価するのか，基礎的な調査からスタートし，大学との共同研究で指導を受けながら小さなペレット状のセルを社内で作製・評価できる簡単な装置を導入した．最初に直面した問題は，大学で指導を受けたとおりに作製したものの，期待された発電性能が得られないことだった．使用する材料，作製方法，評価装置など多方面から検討し，電子顕微鏡による解析を進める中でわかったことは，社内で試作したセルの微細構造は，粒子が粗く，大きさも揃っていないということだった．発電性能を大きく左右している要因の一つは，微細構造にあるらしい…．そこで，微細構造の制御を作製プロセス上の技術課題として取り上げ，発電性能の向上を目指した．

> **◀ポイント▶**
> ● お客様が求めているものは何かを明らかにし，共通認識化する．
> ● 乗り越えなければならない技術課題を見極め，重点的に取り組む．

11.3 技術課題に対する背景理論

技術課題に対して背景となっている理論を明らかにする必要がある．後述するように，実験計画の準備段階では「こういうメカニズムであるから，こういう構造にすれば，こんな機能を発現するはずである」というように仮説を立てることが大変重要であるが，背景理論はそのベースとなる知識である．以下にSOFCの理論について簡単に紹介する．

SOFCのセル基本構造と反応メカニズムを図11.3に示す．セルは，酸素イオンのみを透過する特殊なイオン導電性セラミックス（電解質）を電子導電性セラミックス（空気極と燃料極）で挟み込んだ3層構造になっている．電解質で仕切られた片側に空気を供給し，反対側に燃料（例えば水素や一酸化炭素を含むガス）を供給すると，1)空気中の酸素が電子と結びついて酸素イオンになり，2)その酸素イオンが固体電解質中を移動し，3)燃料中の水素や一酸化炭素と反応して水や二酸化炭素になる．その際に電子を放出して起電力を発生し，電子は外部回路を通って発電することができる．セルの発電性能は，セルの電気抵抗が小さいほど高い性能が得られる．電気抵抗の原因の一つは，燃料極での電気化学反応がスムーズに進まないことにあり，これは燃料極の微細構造に大きく左右されるといわれている．

一般に知られている背景理論の調査に加え，社内の技術的な知見を体系的に整理することも必要である．まったく新しい開発製品であっても社内の技術を多く利用して開発していくことになるはずである．関係する技術に関しては，過去の経験からわかってい

(a) セル基本構造

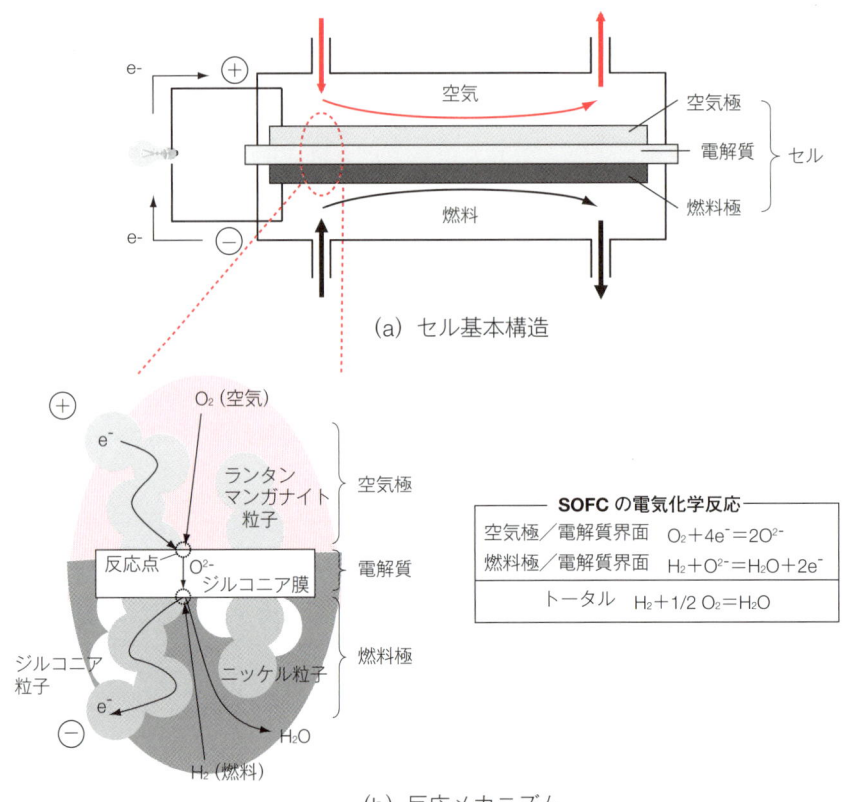

(b) 反応メカニズム

SOFC の電気化学反応
空気極／電解質界面　$O_2+4e^-=2O^{2-}$
燃料極／電解質界面　$H_2+O^{2-}=H_2O+2e^-$
トータル　$H_2+1/2\,O_2=H_2O$

図 11.3　SOFC のセル基本構造と反応メカニズム

ることをデータで把握するとともに，新たに調べなければならないことを明確にし，開発チーム内で共有する．こうした過去の経験の整理と情報の共有は，新たな課題に対して方策アイデアを練る際には大変な強みになるはずである．

> **◀ ポイント ▶**
> - 対象とする技術について，機能発現の原理を明らかにする．
> - すでにわかっている知見をデータで確認する．
> - 調べなければならない知見は何かを明らかにする．

SOFC の性能向上に向けて，電気化学反応がスムーズに進行する燃料極の微細構造とはどういうものか，仮説を立てて実験を行い，「発電性能と燃料極の微細構造の関係」を明らかにする必要がある．以下に紹介する事例は，燃料極の微細構造の制御によって電気抵抗を低減して SOFC の性能向上を実現した事例である．

11.4 課題解決のための仮説

課題解決の方策検討で重要なポイントは，どのようにしたら解決できるかについて，単なる思いつきではなく，技術的な仮説をしっかり立てた上でアイデアを発想することである．意味のある的の絞り方をするということである．

燃料極の微細構造の何が分極値に効く要因となるのか明確にはわかっていない．しかし，背景理論とそれまでの社内の経験による解析結果によって，燃料極を構成するニッケル粒子と電解質と燃料気体の3相が接する反応ポイントを増やすことによって電気化学反応がスムーズに進行し，分極値は低減すると考えられた．図11.4は，「燃料極の微細構造を更に細かくすることで，反応ポイントが増える」という仮説を示す模式図である．この仮説のもと，燃料極の微細構造をいかに制御するかを作製プロセスの面から検討していくこととした．

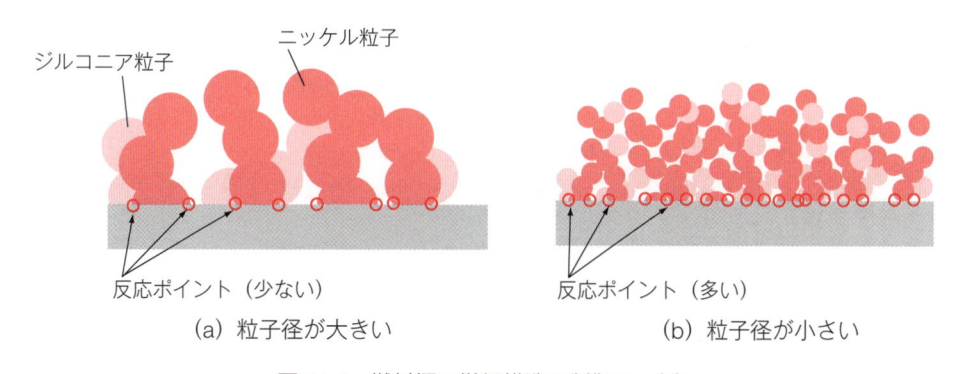

図 11.4 燃料極の微細構造の制御の一例

また，図11.5は，セルの発電性能を向上するための方策を整理した系統図の一部である．燃料極の粒子径や配合量などが燃料極の微細構造に影響し，反応ポイントを増やして燃料極の電気化学反応をスムーズに進め，それによって電気抵抗は低減し，発電性能は向上するという一連の因果関係を予測したものである．これらを予測するには，やはり，背景理論を基に原理・原則から考えることと，それまでの経験を活かして整理していくことが必要である．

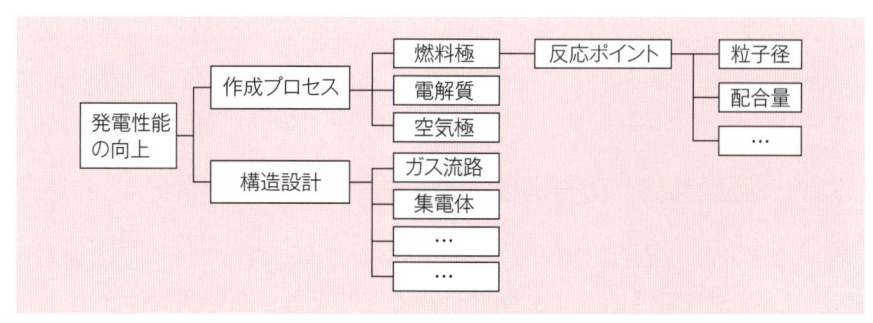

図 11.5 燃料極の作製条件と発電性能の向上の関係

> **◀ ポイント ▶**
> - 技術的な仮説は，理論と経験の双方を吟味して立てる．
> - 仮説に基づき，課題解決のアイデアを発想する．

11.5 課題解決の進め方と実験計画法の利点

課題解決の方策を検討するにあたり，特性値に影響すると考えられる要因を洗い出し，その中から特に重要であると考える要因を仮説に基づいて選定する．そして，その要因の影響度を実験によって調べる．この場合，どの要因が特性に影響を与えているのか，もし影響を与えているならその要因をどうすると特性値が高くなるのか，そのときの特性値はいくらになるのかなど，要因と特性との関係について結果を精度よく効率的に得るには実験計画法が有効である．

実験を計画する際に技術者が犯しやすい過ちを筆者の経験からいくつか指摘したい．

11.5.1 「思い込み」の落とし穴

思い込みとは，そもそもは，順序立てて論理的に考えなくてもすばやく判断して行動できるようにするために備わった人間の優先順位付けの能力であるとされている．しかし，この能力は，ちょっとした小さな変化を見逃してしまう悪さをすることがある．たとえば，目標の特性を得るための条件設定では，先を急ぐあまりすぐできる条件をよしとして思い込みで固定してしまい，その裏に隠れている特性の変化を見逃しがちである．

新たな仮説を検証していく場合には，特性に影響を及ぼすと考えられる要因を常に多面的に吟味すると同時に，実験を計画的に行って最適値はどこにあるのかを精度高く，効率的に見いだすことが必要である．実験計画法はそれを支援する大変有効な道具である．

11.5.2 「逐次実験」の甘い罠

いくつかの要因を取り上げて実験を行う際，ある要因について一つだけ条件を変えて比較するという実験を順次行って，条件を決めていく方法を**逐次実験**という．たとえば，要因 A, B, C とあって，まずは要因 A だけ水準を振ってよい条件（たとえば A_2）

を採用し，次に A_2 で固定したたまま，次に要因 B だけ水準を振ってよい条件（たとえば B_1）を採用し，最後に A_2 と B_1 を固定したまま要因 C だけ水準を振ってよい条件（たとえば C_3）を採用する．そして，$A_2B_1C_3$ が最適であると定めるような実験のやり方である．逐次実験は，差の有無の判断手順が簡単であるため，安易に採用しがちである．しかし，この判断が正しいのは，交互作用がまったくないということがわかっているときだけである．

新しいものを検討する開発初期段階においては，いろいろな要因が関係する複雑な現象を扱うので交互作用の可能性を無視するのは危険である．逐次実験をやってしまったために，何度も実験をやり直せざるをえないという苦い経験を筆者もしてきた．この点，実験計画法，特に直交配列表実験は，技術的な背景や知見をしっかり押さえた上で上手に使えば，可能性のある要因に関してすべてを網羅する形で効果を効率的に予測できる大変よい方法である．

11.5.3 「几帳面さ」の災い

選定した要因について，とにかくすべての水準の組合せを実施して総当たりの実験を行うという几帳面さにも注意したい．これは，実験に要する時間が短ければ問題ないし，得られる結果の精度も高い．しかし，一つの実験に要する時間が長い場合には，総当たりの実験では大変な時間がかかるため，開発スピードへの影響を考えなければならない．

SOFC の場合，技術の内容が高度で複雑であるため取り上げる要因も多く，また，試作評価にも時間がかかるため，すべての要因について条件を振って，すべての組合せの実験を行うことは到底困難であった．実験計画法には，実験回数を減らすための工夫があり，少ない回数で要因効果を明らかにすることができるため，開発スピードのアップにもつながる大変よい方法である．

> **ポイント**
> - 実験を計画する際には，①「思い込み」の落とし穴，②「逐次実験」の罠，③「几帳面さ」の災いに注意する．

　以下に，SOFCの開発において，「燃料極の微細構造を制御することによって反応ポイントは増える」との仮説のもと，微細構造を変えることができると思われる要因を洗い出し，その中から特性値に効くと思われる要因を選定して，実験計画法によってその影響を調査した事例を紹介する．

11.6　実験計画法の実施

● Step 1　実験計画法の準備

（1）　特性値の選定

　まず，目的にあった特性を選ぶことが必要である．この実験で測定の対象となる**特性値**は，所定の発電条件において，電気抵抗によって生じる電圧ロスである．具体的には，図11.6に示すSOFCの発電試験装置と測定回路を使って測定される燃料極の電気化学反応に起因する電圧ロスである．電流遮断法とよばれる方法で測定された電位波形の模式図を図11.7に示す．現状50 mVの電圧ロスを，25 mV以下とすることを目標とした．

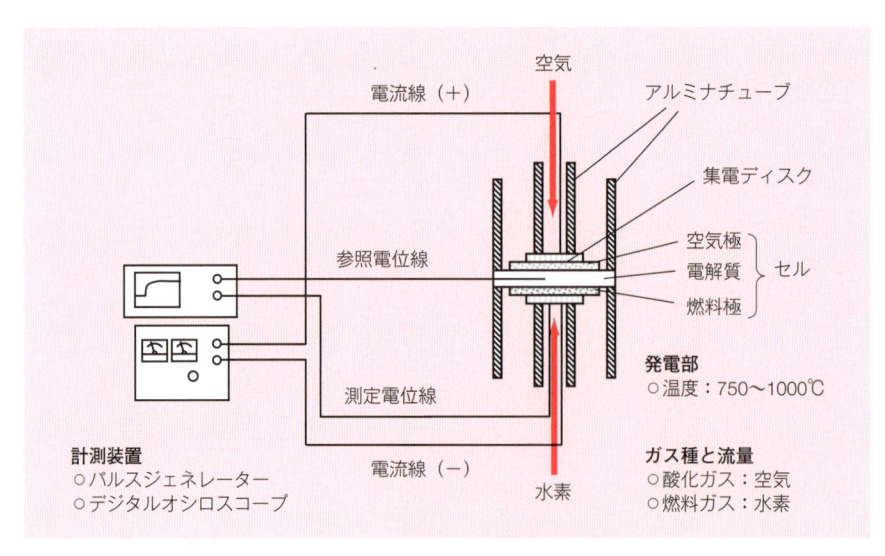

図11.6　SOFCの発電試験装置と測定回路

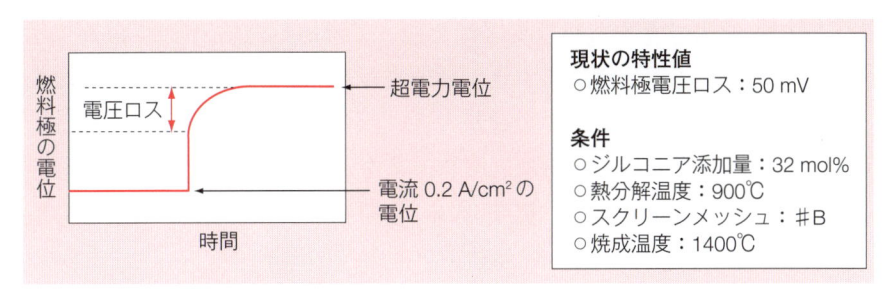

第 11 章　企業における実験計画法の活用事例　　　267

図 11.7　電流遮断法のオシロスコープで測定される燃料極の電位波形

（図中）
- 燃料極の電位
- 電圧ロス
- 超電力電位
- 電流 0.2 A/cm² の電位
- 時間

現状の特性値
○燃料極電圧ロス：50 mV

条件
○ジルコニア添加量：32 mol%
○熱分解温度：900℃
○スクリーンメッシュ：♯B
○焼成温度：1400℃

(2) 要因の抽出

電圧ロスに影響を及ぼすと思われる要因は，作製プロセスにあると考えられる．燃料極の作製プロセスを図 11.8 に示す．燃料極の作製は，酸化ニッケルとジルコニアの混合粉体を電解質上に塗布し，焼成する方法が一般的である．日本ガイシでは，上述した反応メカニズムの知見から，水素の反応ポイントをより広くするため，比表面積の高い微細な粉末を作製可能な熱分解法を採用した．原料は，酢酸ニッケルとジルコニアゾルを使用し，所定量を調合してその混合物を水に溶かし，それを徐々に高温炉に滴下して熱分解して酸化物粉末を得る．溶液状態で混合したのちに熱分解して粒子化するため，微細な酸化ニッケル粉末と微細なジルコニア粉末が均一に混合した粉体を作製することができる．この粉体に結合剤や溶剤を加えてペースト化し，空気極を製膜済みの電解質ペレットにスクリーン印刷し，その後，電気炉中で焼成して，燃料極評価用のセルを作製する．

燃料極の作製プロセスを踏まえ，燃料極の電圧ロスに影響を及ぼすと考えられる作製プロセスにおける要因を 4M ［Man（人），Machine（機械），Material（材料），

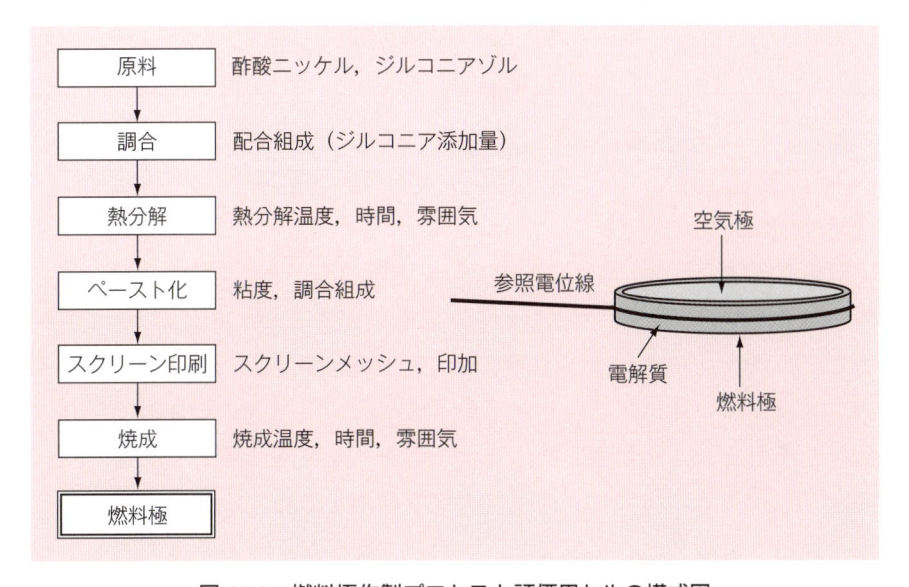

図 11.8　燃料極作製プロセスと評価用セルの模式図

プロセスフロー：
- 原料　　　　酢酸ニッケル，ジルコニアゾル
- 調合　　　　配合組成（ジルコニア添加量）
- 熱分解　　　熱分解温度，時間，雰囲気
- ペースト化　粘度，調合組成
- スクリーン印刷　スクリーンメッシュ，印加
- 焼成　　　　焼成温度，時間，雰囲気
- 燃料極

評価用セル：空気極，参照電位線，電解質，燃料極

Method（方法）]を大骨とする特性要因図を使って抽出した結果を図11.9に示す．この中から，特に燃料極の微細構造に大きく影響すると考えられる要因を選定した．材料面では，ジルコニアゾルの配合量の影響が大きいと考えられる．また，方法面では，混合粉体の粒子サイズを左右する熱分解温度や，スクリーン印刷時の塗布量（厚み）を決めるスクリーンのメッシュ，また，焼成時の粒子同士の結合具合に影響する焼成温度を選定した．

要因の洗い出しや重要要因の選定をいかにして行うかに注意が必要である．一人よがりの意思決定をせず，できるだけ多くの人がこの過程に関与して知恵を結集することが大切である．専門家の意見も取り入れ，開発にかかわるメンバーが十分議論を重ねた上で，重要要因を選定する．

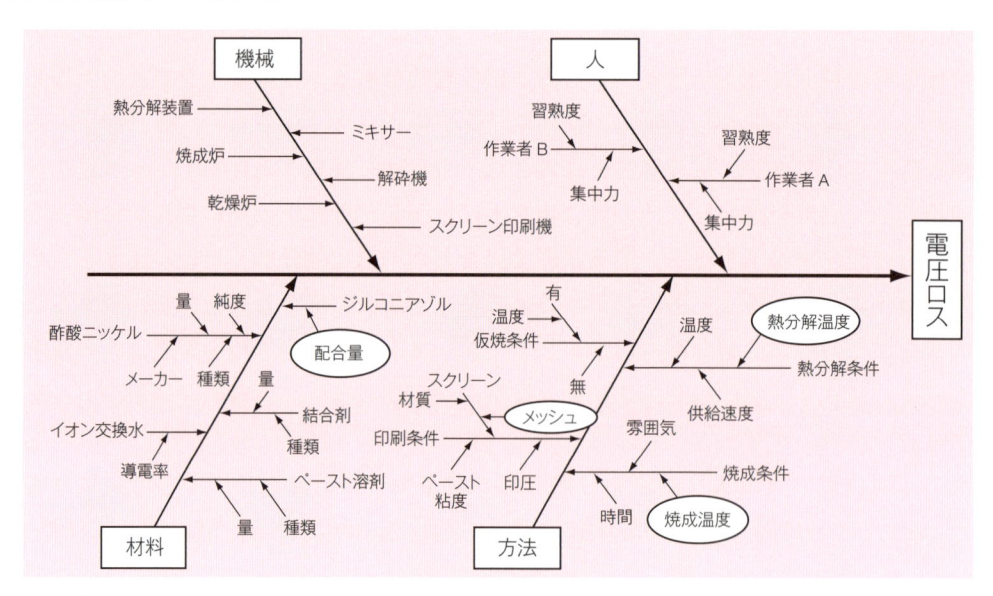

図11.9 特性要因図

◀ ポイント ▶

- 要因の洗い出しや重要要因の選定は，開発メンバーの知恵を集める．

（3） 因子と水準

特性に影響を及ぼすと考えられる重要要因を実験の因子として取り上げる．そして，それぞれの因子について技術的な知見から水準を設定する．本事例では，電圧ロスを下げる目的で，四つの因子（A：焼成温度，B：熱分解温度，C：ジルコニア配合量，D：スクリーンメッシュの種類）を取り上げた．水準は，因子Aの焼成温度を3水準，その他の因子をそれぞれ2水準とした．また，考慮する交互作用としては，$A \times B$，$B \times C$，$A \times C$の三つとした．ここで，すべての交互作用を考慮するなら，因子Dと他の因子との交互作用も検討すべきであるが，因子Dが燃料極の厚みを規定するものであって，厚みと他の因子との交互作用はないと考えられたため，この実験では，取り上げて

いない．

　因子の水準は，特性値のデータが取得できる範囲で，しかも特性値への影響が大きく現れるであろう広い範囲を選ぶ必要がある．まずは，特性に影響する因子を見つけることが目的であるからである．この水準設定は，ある程度，過去の技術的な知見が必要となる．もし，その知見がないならば，あらかじめ**予備実験**を行って検討する必要がある．

　本事例では，燃料極としての機能が発現できる評価可能な範囲で広く水準を選定している．たとえば，A：焼成温度は，粉体を焼き固めて燃料極の機械的な強度をもたせるためには，1300℃以上が必要である．1300℃以下では，強度がなく，取り扱い上破壊してしまうなどの不具合が発生し，データを採取することができない．一方，1500℃を超える温度では，温度が高すぎ，好ましくない反応生成物が発生するなどの不具合が出る．したがって，燃料極としての機能を発現できる最適値がこの範囲にあるものと考え，水準は，1300℃，1400℃，1500℃とした．B：熱分解温度についても，750℃より低い温度では，熱分解反応が十分に進まず，目的の物質が得られない．また，950℃以上では，温度が高すぎ，硬く固化して粉末状態を維持できず，スクリーン印刷用のペーストを作ることができないという制約から，750〜950℃の条件としている．ジルコニア配合量については，予備実験から 27〜32 mol％の範囲とした．因子と水準を表11.1 に示す．

表11.1　因子と水準

因子	水準	1	2	3
A　焼成温度（℃）		1300	1400	1500
B　熱分解温度（℃）		750	950	—
C　ジルコニア配合量（mol％）		27	32	—
D　スクリーンメッシュ		A	B	—

> ◀ ポイント ▶
> ● 因子の水準は，事前検討による技術的な知見から決定する．

（4）実験計画の種類の選定

　取り上げた因子とそれらの水準のすべての組合せについてもれなく実験する要因配置実験を行うと，3×2×2×2＝24回の実験を行わなければならない．しかし，セルの作製から評価に至るまで通常10日程度かかるため，すべての因子の水準組合せを実験することは到底できない．そこで直交配列表実験を採用した．

　直交配列表の選定は，主効果（A, B, C, D）の自由度の合計が 2+1+1+1=5，交互作用（$A×B, B×C, A×C$）の自由度の合計が 2×1+1×1+1×2=5，あわせて自由度は 10 なので，2水準系の L_{16} 直交配列表を用いることとした．因子 A の3水準は，多

水準作成法を使った．

(5) 線点図

線点図と割り付けを図 11.10 に示す．必要な線点図(a)に示すように，因子 A については，「一つの線分とその両端の点」をひとかたまりにしている．また，このひとかたまりと B や C との交互作用列を考慮している．これを用意された線点図(b)に組み込むと，割り付けは(c)のようになる．

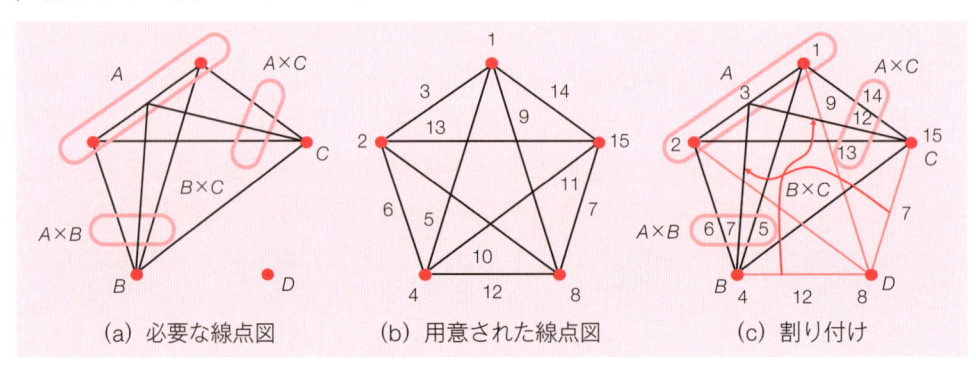

図 11.10　線点図と割り付け

(6) L_{16} 直交配列表への因子の割り付け

図 11.10 の線点図と割り付けに従い，L_{16} 直交配列表へ因子を割り付けた結果を図 11.11 に示す．この表で，因子 A は 3 水準なので，1～3 列を使って 4 水準作り（多水準作成法），ここへ割り付けた．また，実験 No.13～16 の 4 水準目は因子 A の水準 2 の繰り返しとした．つまり，この水準を形式的に 4 番目の水準として水増しして準備したということである（擬水準法）．水準 2 を繰り返しの条件に選んだ理由は，焼成温度は，高すぎず，低すぎず，最適値があると考えられ，1300℃の条件が最も性能が高くなると予想される重要な水準だからである．

列番号	[1]	[2]	[3]	[4]	[5]	[6]	[7]	[8]	[9]	[10]	[11]	[12]	[13]	[14]	[15]
要因	A	A	A	B	A×B	A×B	A×B	D			B×C	A×C	A×C	A×C	C
1	1	1	1	1	1	1	1	1	1	1	1	1	1	1	1
2	1	1	1	1	1	1	1	2	2	2	2	2	2	2	2
3	1	1	1	2	2	2	2	1	1	1	1	2	2	2	2
4	1	1	1	2	2	2	2	2	2	2	2	1	1	1	1
5	1	2	2	1	1	2	2	1	1	2	2	1	1	2	2
6	1	2	2	1	1	2	2	2	2	1	1	2	2	1	1
7	1	2	2	2	2	1	1	1	1	2	2	2	2	1	1
8	1	2	2	2	2	1	1	2	2	1	1	1	1	2	2
9	2	1	2	1	2	1	2	1	2	1	2	1	2	1	2
10	2	1	2	1	2	1	2	2	1	2	1	2	1	2	1
11	2	1	2	2	1	2	1	1	2	1	2	2	1	2	1
12	2	1	2	2	1	2	1	2	1	2	1	1	2	1	2
13	2	2	1	1	2	2	1	1	2	2	1	1	2	2	1
14	2	2	1	1	2	2	1	2	1	1	2	2	1	1	2
15	2	2	1	2	1	1	2	1	2	2	1	2	1	1	2
16	2	2	1	2	1	1	2	2	1	1	2	1	2	2	1

図 11.11　因子の割り付け

● Step 2　データをとる

（1）無作為化

実験は，ランダムな順序で行うことが求められる．直交配列表への割り付けで得られた実験の水準組合せと実験順序を表11.2に示す．本実験では，発電性能試験に時間がかかるため，特に，発電試験の順序によって，気温，気圧，湿度などが異なり，特性に影響が出るのではないかとの懸念があったため，順序をランダムにすることが重要であった．

（2）得られたデータ

実験で使った発電装置の模式図は先に示したとおり，図11.6の装置を利用した．燃料極の電圧ロスは，電流遮断法と呼ばれる手法で測定した．得られたデータを表11.2に示した．

表11.2　水準組合せと実験順序および得られたデータ

No.	水準組合せ				実験順序	データ（mV）
1	A_1	B_1	C_1	D_1	12	18
2	A_1	B_1	C_2	D_2	7	50
3	A_1	B_2	C_2	D_1	11	40
4	A_1	B_2	C_1	D_2	6	77
5	A_2	B_1	C_2	D_1	8	23
6	A_2	B_1	C_1	D_2	10	32
7	A_2	B_2	C_1	D_1	1	27
8	A_2	B_2	C_2	D_2	9	45
9	A_3	B_1	C_2	D_1	2	38
10	A_3	B_1	C_1	D_2	13	43
11	A_3	B_2	C_1	D_1	16	46
12	A_3	B_2	C_2	D_2	15	60
13	A_2'	B_1	C_1	D_1	5	31
14	A_2'	B_1	C_2	D_2	14	29
15	A_2'	B_2	C_2	D_1	3	36
16	A_2'	B_2	C_1	D_2	4	63

● Step 3　データを解析する

手順1　データをグラフ化する

取得したデータを実験順序でプロットしたグラフを図11.12に示す．一様に散らばっており，偏りはないので，実験順序による影響はなさそうである．

手順2　データの構造式を設定する

電圧ロスをxとし，全平均をμ，要因Aの効果をa_i，要因Bの効果をb_j，要因Cの効果をc_k，要因Dの効果をd_lとする．交互作用の効果をそれぞれ$(ab)_{ij}$, $(bc)_{jk}$, $(ac)_{ik}$

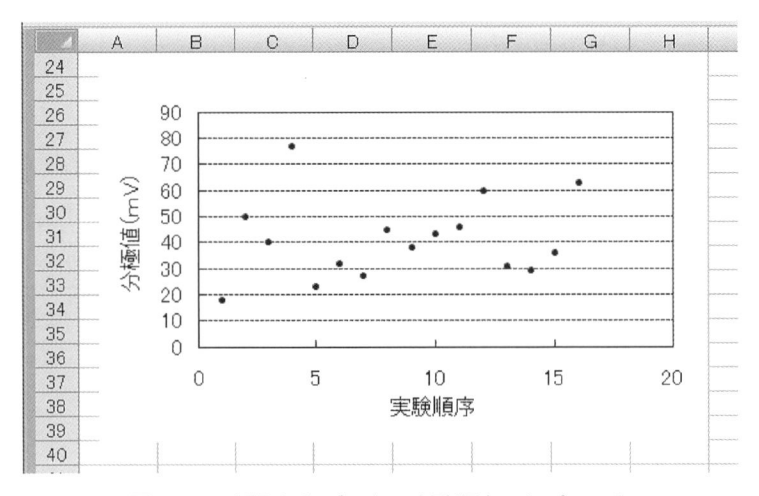

図 11.12 採取したデータの実験順序ごとプロット

とする．データの構造式は以下のようになる．

$$x = \mu + a_i + b_j + c_k + d_l + (ab)_{ij} + (bc)_{jk} + (ac)_{kl} + \varepsilon_{ijkl}$$
$$\varepsilon_{ijkl} \sim N(0, \sigma^2) \tag{11.1}$$

手順3　統計量を計算する

総平均，各要因について水準ごとの総和と平均，総平方和，各要因の平方和，誤差平方和などを計算する．図 11.13 に統計量の計算結果を示す．

図 11.13　統計量の計算

主効果についてグラフ化した結果を図 11.14 に示す．グラフ化により効果がありそうかどうかをまず視覚的に確認することができる．因子 A：焼成温度，因子 B：熱分解温

度，因子 D：スクリーンメッシュは，水準による差があるように見える．一方，因子 C：ジルニア配合量は水準による差がないように見える．

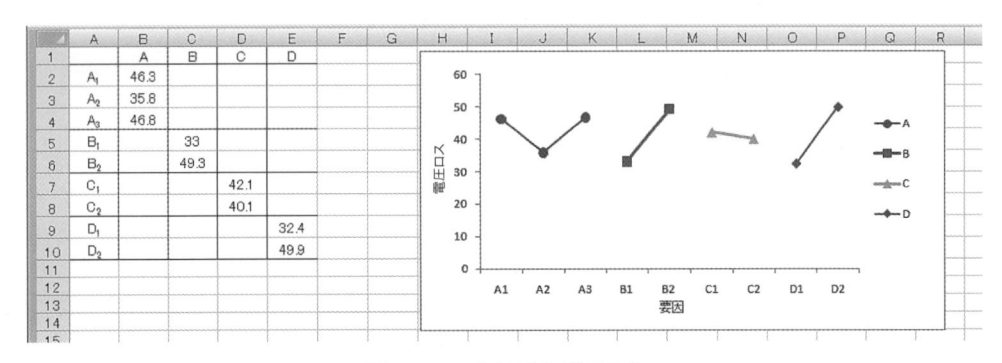

図 11.14 主効果のグラフ化

次に，交互作用をグラフ化した結果を図 11.15 に示す．$A\times B$，$A\times C$，$B\times C$ のいずれの交互作用も若干効果があるようにも見受けられるが，顕著ではなさそうである．

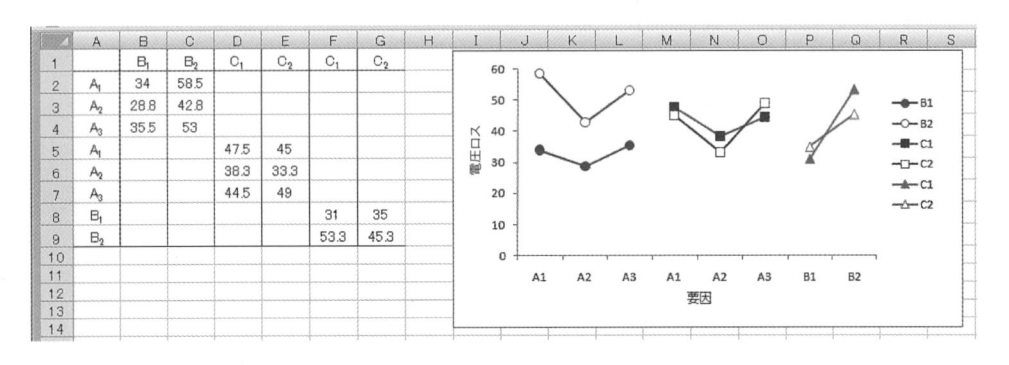

図 11.15 交互作用のグラフ化

手順 4 **分散分析表を作成する**

統計量の計算結果から，各要因について，平方和，自由度，分散，F_0 値，P 値を計算して分散分析表を作成する．分散分析表を図 11.16 に示す．この F_0 値を見て，2 より小さいかどうかを目安にプーリングするかどうかを検討する．その結果，要因 C，交

	平方和S	自由度φ	分散V	F0値	P値	F境界値	
■分散分析表							
因子A	463	2	231.4	1.9	24.8%	5.8	
因子B	1056	1	1056.3	8.5	3.3%	6.6	
因子C	16	1	16.0	0.1	73.4%	6.6	pooling
因子D	1225	1	1225.0	9.9	2.6%	6.6	
交互作用A×B	92	2	46.1	0.4	70.7%	5.8	pooling
交互作用A×C	61	2	30.3	0.2	79.2%	5.8	pooling
交互作用B×C	144	1	144.0	1.2	33.0%	6.6	pooling
誤差E	619	5	123.8				
合計T	3676	15					

図 11.16 分散分析表

互作用の $A \times B$, $A \times C$, $B \times C$ をプーリングすることとした．プーリング後の分散分析表を，図 11.17 に示す．

	A	B	C	D	E	F	G
44	■プーリング後の分散分析表						
45		平方和S	自由度φ	分散V	F0値	P値	F境界値
46	因子A	463	2	231.4	2.7	10.9%	3.68
47	因子B	1056	1	1056.3	12.5	0.5%	4.54
48	因子D	1225	1	1225.0	14.5	0.3%	4.54
49	誤差E'	932	11	84.7	1.0		
50	合計T	3676	15				
51							

図 11.17 プーリング後の分散分析表

手順5　因子の効果を確認する

プーリング後の分散分析表から，主効果 B と D が有意となった．すなわち，熱分解温度とスクリーンメッシュは特性に大きく影響を及ぼすことがわかった．この知見を基に，最適水準を選定し，特性値を推定，予測することとした．この場合，分散分析で残った主効果 A も，優位ではなかったが，効果がないとはいえないこと，また，これまでの技術的な知見も考慮して解析には使うことになる．

分散分析を行ったのちのデータの構造式を以下のように考えることにする．要因 B と D は有意であったので構造式に取り込む．また，A は有意ではないが，構造式には取り込む．分散分析表に残らなかった要因 C は，どちらの水準を選んでもほとんど同じなので，水準は設定せず，構造式にも取り込まない．

$$x_{ijl} = \mu + a_i + b_j + d_l + \varepsilon_{ijl}$$
$$\varepsilon_{ijl} \sim N(0, \sigma^2) \tag{11.2}$$

手順6　最適水準の設定を行う

最適水準は，$A_2B_1D_1$ である．構造式に従って，母平均の点推定値，および点予測値を計算する（図 11.18）．信頼率は 95% とした．

	A	B	C	D	E	F	G
1		■$A_2B_1D_1$における推定			■$A_2B_1D_1$における予測		
2		点推定値	18.90		点予測値	18.90	
3		1/ne	0.31		1+1/ne	1.31	
4		区間幅	11.32		区間幅	23.21	
5		信頼下限	7.58		予測下限	-4.31	
6		信頼上限	30.22		予測上限	42.11	
7							

図 11.18 点推定値と点予測値

● **Step 4　結果を検証する**

(1)　確認実験

　最適水準によって再びセルを作製し，発電試験を行い，結果を確かめる．直交配列表実験では，最適水準として選ばれた水準で実験をしているとは限らないので，推定した結果を確かめる意味でも確認実験は大事である．この事例では，最適水準がすでに行った実験の中に含まれていたが，再度，同様な試験を行って繰り返すとともに，発電性能試験を種々実施し，次の課題の洗い出しを行った．確認実験の電圧ロス測定結果を図11.19に示す．

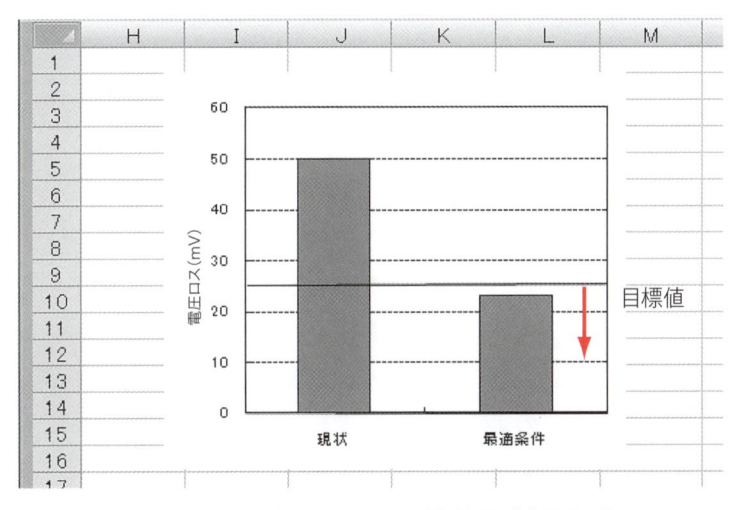

図11.19　燃料極の電圧ロス測定結果（確認実験）

(2)　考察と課題

　実験とは，構築された仮説を事実データから検証することが目的の一つである．要因を振ってその特性値への影響度を調べた結果が，立てた仮説と整合しているかどうかを調べ，その因果関係からメカニズムを考察することが大事である．

　本事例では，「燃料極の微細構造を更に細かくすることによって反応ポイントは増える」との仮説のもと，微細構造を変えることができると思われる要因を整理し，その中から燃料極の分極値に効くと思われる要因を選定して実験計画法によってその影響を調査した．その結果，大きく影響すると判断された因子は，熱分解温度とスクリーンメッシュであった．熱分解温度については，温度の低い方が生成する混合粉末の粒子径は小さくなる．このため，燃料極の微細構造の粒子径も小さくなり，図11.4に示す模式図のように反応ポイントが増えたと考えられる．

　また，スクリーメッシュについては，タイプAはタイプBに比べ燃料極の厚みが薄くなる．したがって，電気化学反応が進行する燃料極での燃料ガスの供給性や生成ガスの排出性が高まり，電気化学反応がスムーズに進行するのに寄与していると考えられ

る．追試を行った結果からも高い発電性能が認められたため，「燃料極の微細構造の制御が特性値向上の有力な手段となりうること」を確認できた．しかしながら，電圧ロスの値についてこの実験の範囲内では推定精度はそれほどよくない．課題として，ばらつき自体を小さくする改善も必要であることがわかった．

仮説が正しいと確認できたなら，それは，さらなる特性値の向上に向けた有力な技術的知見となり，開発の強みとなる武器を得たといってもよい．もし，仮説でうまく説明ができないなら，たとえ，現時点でよい結果が得られたとしても，再度，仮説を立て直して新たに実験を設計していく必要がある．

▶ポイント◀
- 実験結果から，仮説を検証し，メカニズムを考察する．

11.7 実験計画法の活用にあたって大切なこと

実験計画法を活用するにあたって大切なことは，その**目的**である．なぜ，この実験を行うのかということを明らかにしておく必要がある．特性に効く要因を探すため，最適な水準を探すため，あるいは，ばらつきの評価を行うため，などということをはっきりしておかないと，どんな仮説を立てて，どういう要因を取り上げ，因子と水準をどうするか，そして，どんなタイプの実験をどの程度行い，その結果をどのように考察して次へ活かしていくのか，という**実験全体の設計**をすることはできない．

新製品を開発から試作そして量産化へとつなげていくとき，開発段階でうまくいったものが試作や量産段階へ移行してうまくいかないということがときどき起こる．たとえば，開発部門で高い特性を得たが，いざ試作検討を始めると，特性が非常に不安定でばらつきが大きい，あるいは，高い特性を再現できないなどである．これも目的を明らかにしたうえで仮説・検証していくための実験を計画するという実験の準備段階がおろそかにされているために起こるものではないかと思われる．技術者は，目的によって実験の設計はまったく異なってくるということをしっかり認識しておく必要がある．

試作や量産移行時の最適水準の選定では，お客様の使用環境下でのばらつきに対する評価の重みがぐんと高くなる．また，量産で使う材料や製品のサイズなどの変更の影響も考慮しなければならない．そのため，高い特性を得るという目的だけでなく，安定性やばらつきに関する技術的な知見を得ることを目的とする必要があり，評価する際の因子や特性についても広範な中から選定すること，特性に対して何がどのように影響するのか実際に製品が使用される環境条件なども考慮して，その因果関係をしっかりつかんでおくことが大変重要となってくる．こうしたことを踏まえて，実験を設計し，実験計画法を活用していくことが大切である．

実験計画法について初心者が最初に抱くイメージは，物事を広くとらえて多くの可能

性ある要因を公平に扱うために，非常に複雑になってしまうのではないかという不安ではないだろうか．それゆえ実験計画法の利用を躊躇する場合もあるであろう．しかし，目的をもって実験計画法を活用した結果得られるものは，物事を単純化してとらえることができるようになるということである．メカニズムを整理して再構築していく作業によって，物事の本質を単純な形で表現することができる．そして，複雑に見えた現象をよく理解できるようになる．実験計画法は，本質を単純な形で表現してわかるようにするための技術開発支援ツールであり，その新たに理解できた本質こそが会社の強みになると筆者は考えている．

以上，筆者の経験から実験計画法の活用で大切だと考えているポイントを，事例とともに述べてきたが，皆さんがこれから実験計画法を活用する際の一助になれば幸いである．

ポイント
- 実験計画法を活用する目的を明確にする．
- お客様の使用条件を十分考慮して実験を設計する．
- 実験計画法は，物事の本質を単純な形で表現してわかるようにするための技術開発支援ツールである．

コラム6 ● 平均値とは実体のない数字

物事を判断するとき，
よく使われる数値に「平均いくら」という指標がある．
平均年齢35.4歳，平均身長178.7 cm，平均重量35.8 g……
たしかに全体像をイメージするにはもってこいの情報である．
しかし，平均値は実体のない数字であり，個々の物体はばらばらである．

　　　　いま，宝くじを買ったとする．
　　　　300円をポケットから出して1枚の宝くじを買った場合，
　　　　当選番号が発表されたとき，
　　　　その人は「ああ！　また外れた」返金0円，これが一番多い．
　　　　「お！　1000円当たっているよ」返金1000円，これがたまにある．
　　　　「ぎょ，ぎょ，ぎょ！　1億円！」返金1億円，全国で1, 2人はいる．
　　　　これが実態である．
　　　　宝くじを買って，平均値的に返金額を計算すると，
　　　　正確な数字ではないが，1人当たりの返金額は145円前後らしい．
　　　　これが平均返金額である．
　　　　しかし，1枚300円の宝くじを買って，
　　　　当選発表後，145円を手にする人は，全国どこを探してもいない．

品質には，「設計品質」と「製造品質」があり，
製造品質はばらつきをもって現れる．
そこで，ばらつきの情報から全体の姿，
個々の製品の仕上がり状態を「見える化」すれば，
よい品質の商品を提供しつづけることができるのである．
しかし，このばらつきの概念を扱うには少し高度な知識が必要になる．
その一つの方法が分散分析である．

難しいでしょうが，わかれば楽しくなります．
難しいパズルを解くのと同じです．
ひとつがんばってください．

索　引

A–Z

F 境界値 …………………………………… 28
F 値 ………………………………………… 55
F 分布 ……………………………………… 55
t 値 ………………………………………… 53
t 分布 ……………………………………… 53

あ　行

一元配置実験 …………………………… 28, 39, 69
一元配置法 ………………………………… 69
1 次因子 …………………………………… 203
1 次誤差 …………………………………… 203
伊奈の式 ………………………………… 107, 124
因子 ………………………………………… 21

か　行

擬水準法 …………………………………… 173
局所管理の原則 …………………………… 37
偶然誤差 …………………………………… 36
グラフ機能 ………………………………… 62
繰り返しのない二元配置実験 …………… 109
系統誤差 …………………………………… 36
検定 ………………………………………… 18
交互作用 ………………………………… 25, 90
構造式 …………………………………… 70, 140
交絡 ………………………………………… 109
誤差 ………………………………………… 17
　――自由度 ……………………………… 72
　――分散 ………………………………… 70
　――平方和 ……………………………… 71

さ　行

最適水準 ………………………………… 75, 93
サタースウェイトの等価自由度 …… 194, 232
三元配置実験 …………………………… 40, 121
3 水準系直交配列表 ……………………… 157
サンプル …………………………………… 19

実験計画法 ………………………………… 11
実験誤差 …………………………………… 244
修正項 ……………………………………… 72
自由度 ……………………………………… 72
主効果 ………………………………… 24, 31, 70
信頼区間　75, 93, 108, 124, 147, 194, 195, 209
信頼率 …………………………………… 75, 93
水準 ………………………………………… 24
成分 ………………………………………… 141
線点図 …………………………………… 143, 158
総自由度 …………………………………… 72
総平方和 …………………………………… 71
測定誤差 …………………………………… 244
測定の繰り返し …………………………… 244

た　行

田口の式 ………………………………… 107, 124
多元配置実験 …………………………… 40, 121
多水準法 …………………………………… 173
直交配列表 ……………………………… 31, 139
　――実験 …………………………… 38, 42, 139
データの予測区間 ………………………… 76
点推定値 …………………………………… 75
特性 ………………………………………… 11
　――要因図 ……………………………… 15

な　行

二元配置実験 …………………………… 29, 39, 89
二元配置法 ………………………………… 89
2 次因子 …………………………………… 203
2 次誤差 …………………………………… 203
2 水準系直交配列表 ……………………… 141

は　行

ばらつき …………………………………… 16
反復 ………………………………………… 204
　――の原則 ……………………………… 35
ヒストグラム ……………………………… 27

フィッシャーの三原則 ………………… 33
プーリング ……………………… 31, 106, 146
部分配置実験 …………………………… 38
ブロック因子 …………………………… 191
分割法 …………………………… 42, 191
分散比 …………………………………… 28
分散分析 ………………………………17, 71
　——表 …………………… 20, 75, 123
分析ツール ……………………………… 58
平均平方 ………………………………… 72
平方和 …………………………………… 71
変量因子 ………………………………… 22
母集団 …………………………………… 19
母数因子 ………………………………… 22
母平均の差 ……………………………… 76

ま 行

無作為化の原則 ………………………… 36

や 行

有意 ……………………………………… 20
　——水準 ……………………………… 19
有効反復数 ……………………………… 107
要因 ……………………………………… 11
　——自由度 …………………………… 72
　——配置実験 ………………………… 37
　——平方和 …………………………… 71
予測区間 ……………… 94, 108, 125, 210
4M ……………………………………… 15

ら 行

乱塊法 …………………………… 41, 191

著者紹介

森田　浩（もりた　ひろし）

　　1983 年 3 月　　大阪大学工学部卒業
　　1988 年 3 月　　大阪大学大学院工学研究科退学
　　大阪府立大学，大阪市立大学，神戸大学を経て，
　　現在，大阪大学大学院情報科学研究科教授，博士（工学）
　　主な著書：『Excel でここまでできる統計解析［第 2 版］』日本規格協会，2015（共著）
　　　　　　『工学系の数学解析』大阪大学出版会，2015（共著）
　　　　　　『よくわかる最新実験計画法の基本と仕組み［第 2 版］』秀和システム，2019
　　　　　　『TQM の基本と進め方：持続的成長のために』日科技連出版社，2019（共著）

今里　健一郎（いまざと　けんいちろう）

　　1972 年 3 月　　福井大学工学部電気工学科卒業
　　1972 年 4 月　　関西力株式会社入社，同社 TQM 推進グループ課長，能力開発センター主
　　　　　　　　　席講師を経て退職
　　2003 年 7 月　　ケイ・イマジン設立
　　2006 年 9 月　　関西大学工学部講師
　　現在，ケイ・イマジン代表
　　神戸大学海事科学部講師，近畿大学農学部講師，流通科学大学商学部講師
　　一般財団法人日本規格協会嘱託，一般財団法人日本科学技術連盟嘱託
　　主な著書：『改善力を高めるツールブック』日本規格協会，2004
　　　　　　『Excel で手軽にできるアンケート解析』日本規格協会，2008（共著）
　　　　　　『Excel でつくる QC 七つ道具を使いこなす本』秀和システム，2010
　　　　　　『見える化で目標を達成する本』秀和システム，2011（共著）
　　　　　　『Excel でここまでできる統計解析［第 2 版］』日本規格協会，2015（共著）
　　　　　　『Excel でいつでも使える QC 七つ道具と新 QC 七つ道具』日本規格協会，
　　　　　　　2015（共著）

奥村　清志（おくむら　きよし）

　　1988 年 3 月　　名古屋大学大学院原子核工学専攻修了
　　1988 年 4 月　　日本ガイシ株式会社入社，研究開発本部基礎研究所，開発企画部
　　2007 年 4 月　　NGK 人財開発株式会社　マネージャー
　　2015 年 6 月　　日本ガイシ株式会社　人事部人材開発グループ　マネージャー
　　現在，同社にて日本ガイシグループ会社の人材育成に従事
　　名城大学大学院経営学研究科講師

Excel でここまでできる実験計画法
——一元配置実験から直交配列表実験まで

2011 年 9 月 22 日	第 1 版第 1 刷発行
2024 年 4 月 22 日	第 2 刷発行

著　者　森田　浩・今里健一郎・奥村清志
発行者　朝日　弘
発行所　一般財団法人　日本規格協会
　　　　〒108-0073　東京都港区三田 3 丁目 13-12　三田 MT ビル
　　　　　　　　　　https://www.jsa.or.jp/
　　　　　　　　　　振替　00160-2-195146
製　作　日本規格協会ソリューションズ株式会社
印刷所　株式会社平文社

© H. Morita, K. Imazato, K. Okumura, 2011　　　Printed in Japan
ISBN978-4-542-60108-6

● 当会発行図書，海外規格のお求めは，下記をご利用ください．
　JSA Webdesk（オンライン注文）：https://webdesk.jsa.or.jp/
　電話：050-1742-6256　E-mail：csd@jsa.or.jp

図書のご案内

Excelでここまでできる統計解析
[第2版]
—ヒストグラムから重回帰分析まで—

今里健一郎・森田 浩 著
B5判・262ページ
定価 3,190円（本体 2,900円＋税 10%）

統計解析の基本的な考え方と解析手順が具体例で学べる！

- 『統計』は難しそう？
  Excelの基本機能＋αで，『分布』・『検定と推定』・『分散分析』・『実験計画法』・『重回帰分析』などの統計解析が可能なのです．
- "かいせきファミリー"が遭遇する日常生活の様々な場面を例に，統計解析の基本的な考え方と解析手順を解説．
- 難しい計算の部分は，Excelの『関数』・『グラフ』・『分析ツール』を使ってみよう．
  操作方法を図解で紹介した"目でみて進めることができる解説書"です．
- Excel 2013/2010/2007対応

●主 要 目 次●

第1章 品質と統計的手法
1.1 品質とは
1.2 統計的品質管理とは
1.3 統計的手法とは
1.4 統計的手法の活用場面
1.5 Excelによる統計解析の基本的な使い方

第2章 データのまとめ方と分布
2.1 母集団を推測するデータのまとめ方
2.2 分布の状態を視覚的にみるヒストグラム
2.3 母集団の分布状態を表す正規分布

第3章 計量値の検定と推定
3.1 サンプルデータから母集団を推測
3.2 母分散がわかっているときの母平均の検定と推定
3.3 t検定による母集団の推測方法
3.4 二つの母平均の差の検定と推定

第4章 計数値の検定と推定
4.1 計数値の検定と推定の概要
4.2 母不良率の検定と推定
4.3 母不良率の差の検定と推定
4.4 分割表による検定
4.5 適合度の検定

第5章 分散分析
5.1 分散分析とは
5.2 一元配置法の解析手順とExcelによる解析
5.3 繰り返しのある二元配置法の解析手順とExcelによる解析
5.4 繰り返しのない二元配置法の解析手順とExcelによる解析

第6章 実験計画法
6.1 実験計画法とは
6.2 乱塊法
6.3 直交配列表実験

第7章 相関と回帰
7.1 二つの変数の関係をみる相関と回帰
7.2 二つの変数の関係を視覚的にみる散布図
7.3 二つの変数の関係を表す相関係数
7.4 特性値を予測する単回帰分析

第8章 重回帰分析
8.1 重回帰分析の解析手順
8.2 回帰式の推定
8.3 回帰関係の有意性検討
8.4 回帰係数の有意性検討
8.5 寄与率と自由度調整済寄与率
8.6 点予測
8.7 Excel「分析ツール」による重回帰分析の解析手順

日本規格協会

https://webdesk.jsa.or.jp/

図書のご案内

Excelでいつでも使える
QC七つ道具と新QC七つ道具
—解析と発想に役立つ14のツール—

今里健一郎・高木美作恵　著

B5判・200ページ

定価 3,190円（本体 2,900円＋税 10%）

実務で効率よくQC七つ道具を使いたい！

- "QC七つ道具"と"新QC七つ道具"を合わせた14の手法の活用方法をわかりやすく，手法ごとに特徴，作成手順を説明し，Excelでの作図手順を解説．
- Excel 2013/2010/2007対応

●主要目次●

第1章　データとQC手法
1.1　事実を知る手がかり
1.2　必要な情報を得るための道具
1.3　数値データから情報を得る"QC七つ道具"
1.4　言語データから情報を得る"新QC七つ道具"
1.5　QC七つ道具の活用場面
1.6　新QC七つ道具の活用場面
1.7　QC手法とExcelの活用

第2章　グラフ
2.1　グラフとは
2.2　折れ線グラフの作成手順
2.3　Excelによる折れ線グラフの作成手順
2.4　棒グラフの作成手順
2.5　Excelによる棒グラフの作成手順
2.6　円グラフの作成手順
2.7　Excelによる円グラフの作成手順
2.8　帯グラフの作成手順
2.9　Excelによる帯グラフの作成手順
2.10　レーダーチャートの作成手順
2.11　Excelによるレーダーチャートの作成手順

第3章　チェックシート
3.1　チェックシートとは
3.2　チェックシートの作成手順
3.3　チェックシートの種類
3.4　Excelのピボットテーブルによるクロス集計

第4章　パレート図
4.1　パレート図とは
4.2　パレート図の作成手順
4.3　Excelによるパレート図の作成手順
4.4　パレート図による解析例

第5章　特性要因図
5.1　特性要因図とは
5.2　特性要因図の作成手順
5.3　Excelによる特性要因図の作成手順
5.4　特性要因図による原因の追求例
5.5　品質特性と要因

第6章　ヒストグラム
6.1　ヒストグラムとは
6.2　ヒストグラムの作成手順
6.3　Excelによるヒストグラムの作成手順
6.4　平均値と標準偏差の計算
6.5　Excelによる平均値と標準偏差の計算手順
6.6　工程能力指数の計算
6.7　ヒストグラムによる工程解析例

第7章　散布図
7.1　散布図とは
7.2　散布図の作成手順
7.3　Excelによる散布図の作成手順
7.4　Excelによる層別散布図の作成手順
7.5　相関係数の計算
7.6　Excelによる相関係数の計算
7.7　回帰直線の計算
7.8　Excelによる回帰直線の作成手順
7.9　散布図による解析例

第8章　管理図
8.1　管理図とは
8.2　$X\text{-}R$管理図の作成手順
8.3　Excelによる$X\text{-}R$管理図の作成手順
8.4　$X\text{-}R$管理図による工程管理例

第9章　親和図法
9.1　親和図法とは
9.2　親和図の作成手順
9.3　Excelによる親和図の作成手順

第10章　連関図法
10.1　連関図法とは
10.2　連関図の作成手順
10.3　Excelによる連関図の作成手順

第11章　系統図法
11.1　系統図法とは
11.2　系統図の作成手順
11.3　Excelによる系統図の作成手順

第12章　マトリックス図法
12.1　マトリックス図法とは
12.2　マトリックス図の作成手順
12.3　Excelによるマトリックス図の作成手順

第13章　アローダイアグラム法
13.1　アローダイアグラム法とは
13.2　アローダイアグラムの作成手順
13.3　アローダイアグラムによる工程の短縮
13.4　Excelによるアローダイアグラムの作成手順

第14章　PDPC法
14.1　PDPC法とは
14.2　PDPCの作成手順
14.3　ExcelによるPDPCの作成手順
14.4　最悪の事態を回避するためのPDPC法の活用例

第15章　マトリックス・データ解析法
15.1　マトリックス・データ解析法とは
15.2　Excelによるマトリックス・データ解析の手順

日本規格協会

https://webdesk.jsa.or.jp/

図書のご案内

Excel で手軽にできるアンケート解析

—研修効果測定から
　ISO 関連のお客様満足度測定まで—

今里健一郎　著
B5 判・230 ページ
定価 3,190 円（本体 2,900 円＋税 10%）

しっかりした「設計」と，Excel を使用して適切な「解析」を理解すれば，アンケートの効果が変わる！

「目的」と「仮説」をはっきりさせて，アンケートを成功に導く 2 ステップ！
　■Step1　設計
　・目的に応じた具体的な 5 つのアンケート設計の考え方と手順を解説
　・実際のアンケートシートのヒナ形を掲載
　・企業・団体での有効なアンケートの実施事例を紹介
　■Step2　解析
　・適切な調査結果を出すための，様々な解析方法の特徴を解説
　・Excel の基本機能だけを利用して，複雑な解析が手軽にできる操作方法を紹介
　　（Windows 2000・XP・Vista 対応，Excel 2000〜2003・2007 対応）

●目　次●

第 1 章　アンケートとは
1.1　日常生活にアンケートは切っても切れないもの
1.2　失敗談から，アンケートには設計が重要であることに気づく
1.3　しっかりとした設計と適切な解析がよいアンケートに導く
1.4　設計から解析までを ISO 9001 お客様満足度評価の例で紹介する
1.5　アンケートの実施事例を紹介する—アンケートの実施事例

第 2 章　アンケートの設計
2.1　アンケートの設計は仮説を立てて進める
2.2　アンケートの目的を決めて仮説を考える
2.3　アンケート用紙を作成する
2.4　調査の対象者を決める
2.5　調査の方法を決める

第 3 章　アンケートの解析
3.1　アンケートの解析方法は知りたいことから選ぶ
3.2　アンケートの結果を集計する
3.3　グラフから全体の姿や傾向をみる
3.4　クロス集計から着眼点をみる
3.5　相関分析から質問間の関係をみる
3.6　重回帰分析から目的に対する要因の関係度合いをみる
3.7　ポートフォリオ分析により重点改善項目をみる
3.8　親和図から回答者ニーズをみる

【付録】アンケート実施結果を A3 判シートにまとめる

日本規格協会　　　　　　　https://webdesk.jsa.or.jp/